职业技能等级认定培训教材

人工智能训练师

（五级　四级）

人工智能训练师职业技能等级认定培训教材编审委员会　组织编写

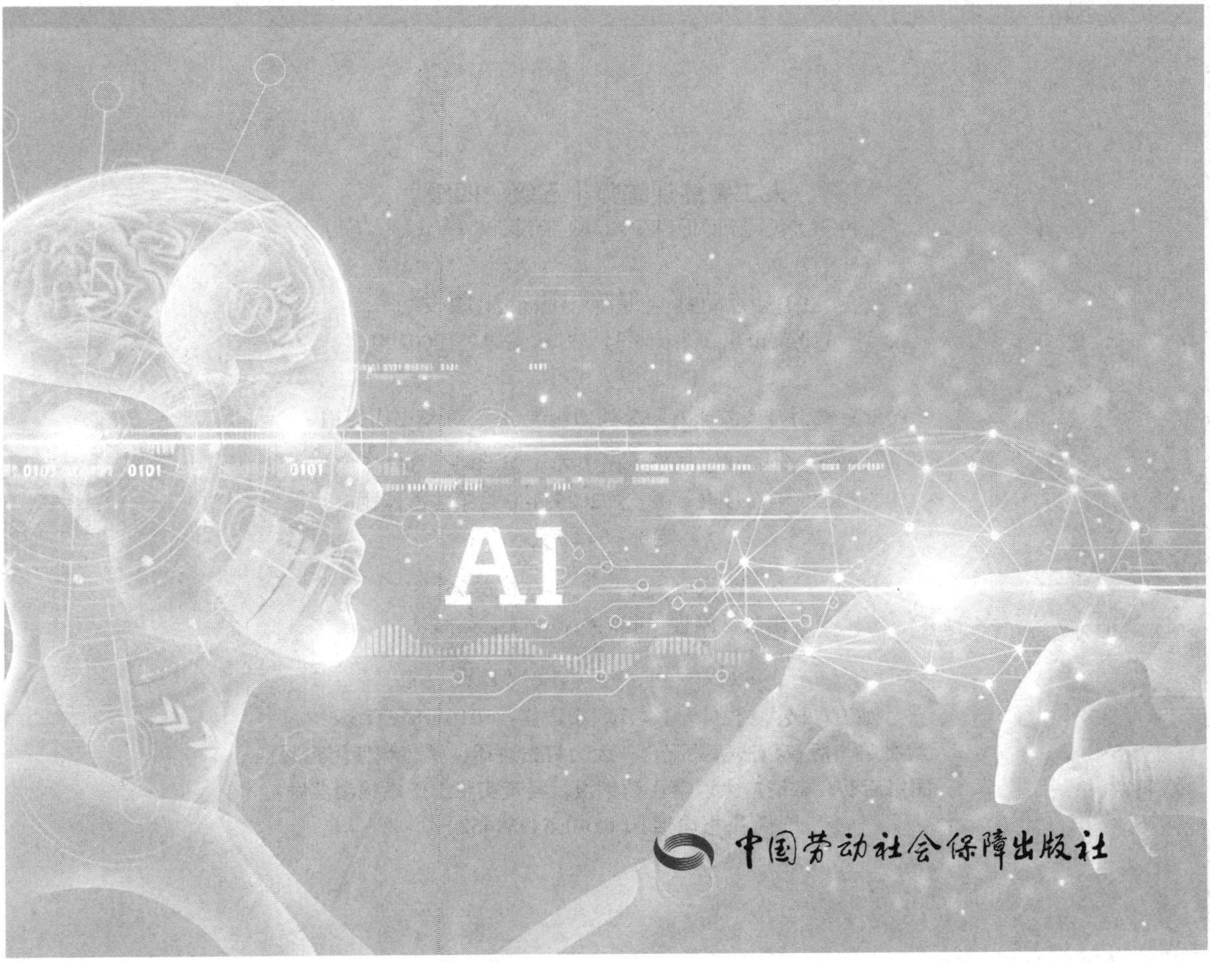

中国劳动社会保障出版社

图书在版编目（CIP）数据

人工智能训练师. 五级 四级 / 人工智能训练师职业技能等级认定培训教材编审委员会组织编写. -- 北京：中国劳动社会保障出版社，2025. --（职业技能等级认定培训教材）. -- ISBN 978-7-5167-6975-1

Ⅰ. TP18

中国国家版本馆 CIP 数据核字第 2025S5P812 号

人工智能训练师（五级 四级）
RENGONG ZHINENG XUNLIANSHI（WUJI SIJI）

中国劳动社会保障出版社出版发行
（北京市惠新东街 1 号 邮政编码：100029）

*

北京鑫海金澳胶印有限公司印刷装订 新华书店经销
787 毫米 ×1092 毫米 16 开本 21 印张 343 千字
2025 年 6 月第 1 版 2025 年 6 月第 1 次印刷
定价：54.00 元

营销中心电话：400-606-6496
出版社网址：https://www.class.com.cn

版权专有 侵权必究

如有印装差错，请与本社联系调换：（010）81211666
我社将与版权执法机关配合，大力打击盗印、销售和使用盗版图书活动，敬请广大读者协助举报，经查实将给予举报者奖励。
举报电话：（010）64954652

编审委员会

主　任　孙　诚
副主任　王　琦　张根岭　巩振文　刘　彬
委　员　张晓梅　宗　诚　高立军　杜　刚　毛卢丹　卜　涛　孔令军

本书编审人员

主　编　贾艳光　武　蕾
副主编　王　琦　廖银萍　韩英华　邓凡星
编　者　郭文武　李　薇　曹建斌　何　波　朱　宁　余侠芸　高海杰
　　　　　陈宏丽　许　靖　武东锟　王梦珏　唐　桂　付丽娟　李　欢
　　　　　寇　松　罗辉艳　孙运贺
主　审　舒晓东
审　稿　白浩杰　李　滔　姜斌斌

前　　言

为加快建立劳动者终身职业技能培训制度，全面推行职业技能等级制度，推进技能人才评价制度改革，进一步规范培训管理，提高培训质量，我们组织有关专家根据《人工智能训练师国家职业标准（2021年版）》（以下简称《标准》）编写了人工智能训练师职业技能等级认定培训系列教材（以下简称等级教材）。

人工智能训练师等级教材紧贴《标准》要求编写，内容上突出职业能力优先的编写原则，结构上按照职业功能模块分级别编写。该等级教材共包括《人工智能训练师（五级　四级）》《人工智能训练师（三级）》《人工智能训练师（二级　一级）》3本。

本书是职业技能等级认定推荐教材，也是职业技能等级认定题库开发的重要依据，适用于职业技能等级认定培训和中短期职业技能培训。

本书在编写过程中得到中关村科学城数据投资运营（北京）集团有限公司、中关村创新研修学院、上海商汤智能科技有限公司、商予科技（北京）有限公司、北京市总工会职工大学（北京市工会干部学院）、北京汇智有识科技有限公司、山西博阅数据科技有限公司、北京中发展智源人工智能科技发展有限公司、北京北科软科技有限公司、北京市信息管理学校、上海市信息管理学校、北京信息职业技术学院、深圳技师学院、北京轻工技师学院、广州市轻工技师学院等单位的大力支持与协助，在此一并表示衷心感谢。

人工智能训练师职业技能等级认定培训教材编审委员会

目 录 CONTENTS

第 1 部分　基础知识

职业模块 1　职业道德 ·· 1
　培训课程 1　职业道德基本知识 ·· 3
　培训课程 2　人工智能训练师职业守则 ·· 5

职业模块 2　通用知识和相关法律、法规知识 ·· 7
　培训课程 1　通用知识 ··· 9
　　学习单元 1　人工智能训练师工作要求 ··· 9
　　学习单元 2　计算机操作知识 ·· 11
　　学习单元 3　人工智能技术常见概念 ··· 18
　培训课程 2　相关法律、法规知识 ··· 21

第 2 部分　人工智能训练师（五级）

职业模块 3　数据采集和处理 ·· 29
　培训课程 1　业务数据采集 ··· 31
　　学习单元 1　原始业务数据采集 ··· 31
　　学习单元 2　数据库内业务数据采集 ·· 46
　培训课程 2　业务数据处理 ··· 53
　　学习单元 1　业务数据整理归类 ··· 53
　　学习单元 2　业务数据汇总 ··· 61

职业模块 4　数据标注 ··· 71
　培训课程 1　数据清洗与标注 ··· 73
　　学习单元 1　数据清洗 ··· 73

学习单元2　数据标注 …… 93
　培训课程2　标注后数据分类与统计 …… 107
　　学习单元1　分类标注后数据 …… 107
　　学习单元2　统计标注后数据 …… 117

职业模块5　智能系统运维 …… 127
　培训课程1　智能系统基础操作 …… 129
　　学习单元1　智能系统的开启 …… 129
　　学习单元2　智能系统的简单使用 …… 145
　培训课程2　智能系统维护 …… 150
　　学习单元1　智能系统功能应用情况记录 …… 150
　　学习单元2　智能系统应用数据情况记录 …… 157

第3部分　人工智能训练师（四级）

职业模块6　数据采集和处理 …… 171
　培训课程1　业务数据质量检测 …… 173
　　学习单元1　业务数据审核 …… 173
　　学习单元2　编制业务数据采集规范 …… 191
　　学习单元3　编制业务数据处理规范 …… 197
　培训课程2　数据处理方法优化 …… 205
　　学习单元1　业务数据采集流程优化 …… 205
　　学习单元2　业务数据处理流程优化 …… 213

职业模块7　数据标注 …… 219
　培训课程1　数据归类和定义 …… 221
　　学习单元1　数据聚类 …… 221
　　学习单元2　数据归类 …… 230
　　学习单元3　数据定义 …… 245
　培训课程2　标注数据审核 …… 256
　　学习单元1　数据审核 …… 256

学习单元 2　数据纠错 ·· 265
学习单元 3　数据筛选 ·· 269

职业模块 8　智能系统运维 ·· 279
培训课程 1　智能系统维护 ·· 281
学习单元 1　智能系统知识库维护 ·· 281
学习单元 2　智能系统数据维护 ·· 288
学习单元 3　智能产品应用 ·· 295
学习单元 4　智能系统部署 ·· 302
培训课程 2　智能系统优化 ·· 311
学习单元 1　智能系统数据分析 ·· 311
学习单元 2　智能系统单一功能优化需求提出 ······································· 320

第1部分 基础知识

职业模块 ① 职业道德

培训课程 1

职业道德基本知识

一、职业道德的定义

职业道德是指个人在职业活动中应遵循的行为规范和道德准则。这些规范和准则通常涉及诚信、责任、公正、尊重和专业性等方面。职业道德不仅体现在劳动者对工作的热情和敬业精神上，还体现在对客户、同事、社会以及环境的责任感和尊重中。它要求个人在工作中展现出高度的诚信，避免利益冲突，保护客户和公众的利益，同时也要求个人持续学习和提升自己的专业技能，以确保提供的服务或产品符合专业标准。

二、遵守职业道德的重要意义

学习与遵守职业道德对于个人职业生涯的发展至关重要。它能够帮助个人建立起良好的职业形象，赢得同事和客户的信任，从而为职业晋升和发展打下坚实的基础。对企业而言，员工的职业道德水平直接影响着企业的声誉和品牌形象。企业文化中强调职业道德能够吸引优秀人才，增强客户忠诚度，减少法律风险，并增强企业在市场中的竞争力。对整个行业而言，普遍的高标准职业道德能够促进行业内的公平竞争，提升服务质量，保护消费者权益，从而推动整个行业的健康和可持续发展。

三、职业道德影响因素

在日常生活中可以看到很多不同的职业道德标准，这些标准间的差异与众多因素相关，这些因素共同塑造了一个职业的道德框架和行为准则。

造成职业道德标准差异最核心的因素就是职业的本质。不同的职业有着不同的目标、责任和工作内容，这些特点决定了其职业道德的独特性。例如，医生的职业道德强调对患者应奉行人道、博爱，恪尽职守，依法执业，尊重并保护患者的隐私，而律师的职业道德则侧重于为客户提供公正的法律服务和保护客户的合法权益。

此外，职业道德的差异还与文化背景、法律法规、行业标准和组织文化等因素有关。不同国家和地区对于职业行为的期望可能有所不同，法律法规为职业行为设定了最低标准，行业标准则提供了更为具体的指导原则，而组织文化会影响从业者在特定工作环境中的行为模式。

而对于人工智能训练师这一新兴职业来说，其职业道德也随着技术的发展而不断完善。在人工智能基础技术发展的初期阶段，借鉴一般职业的行为规范（如诚实、公正、尊重他人等），以及相关信息技术领域的特定道德属性（如数据隐私的保护等），尚能够满足当前的需求。但随着技术的发展，智能系统对社会造成的影响也将越来越深远，伦理判断与社会责任将成为人工智能训练师绕不过去的话题。未来会产生更加独特的职业道德标准，来指导人工智能训练师这一职业的健康发展。

培训课程 2

人工智能训练师职业守则

随着人工智能技术的快速发展，越来越多的企业和组织开始意识到人工智能的潜力，并希望将其应用到自己的业务中。然而，人工智能的开发和应用并非易事，其需要专业的知识和技能。人工智能训练师的工作可以帮助企业和组织快速拥有属于自己的人工智能技术，并有效地应用到实际场景中。

可以说，人工智能训练师的职业意义就在于运用自己的知识和技能推动人工智能技术的发展以及相关应用的普及，帮助企业解决现实问题，提高效率和竞争力，进一步推动人机交互的发展。

人工智能训练师在人工智能产业中如此重要，必然需要严格遵守职业道德与职业守则。只有这样，才能为客户和合作伙伴提供优质的人工智能训练服务，推动人工智能技术的发展和应用。

一、诚实公正，严谨求是

人工智能训练师应该始终保持诚实公正、严谨求是的作风。对客户和合作伙伴，应提供真实、准确的信息，不夸大事实、不隐瞒事实。在进行人工智能训练的过程中，要严谨求是，遵循科学的方法和原则，以确保训练结果的可靠性和有效性。

诚实公正，严谨求是原则还体现在人工智能训练师对于人工智能技术的应用和影响上。人工智能训练师要坦诚地告知客户和合作伙伴技术的局限性和风险，避免夸大其能力和效果。同时，人工智能训练师要保护用户的隐私和数据安全，不滥用或泄露用户的个人信息。

二、遵纪守法，恪尽职守

人工智能训练师作为中华人民共和国的公民，要遵守国家和地区的法律法规，不从事违法活动。要尊重知识产权，不侵犯他人的专利、版权和商业秘密。在进行人工智能训练时，还要遵循相关的伦理规范和行业标准，确保训练过程符合法律法规和行业标准。

恪尽职守是人工智能训练师的基本要求。在日常工作中要充分了解客户的需求和期望，为其提供专业的人工智能训练服务。要时刻保持学习的态度和意识，不断提升自己的专业知识和技能，以更好地跟上产业的发展，满足更多的客户需求。

三、勤勉好学，追求卓越

人工智能产业快速发展的特性，需要人工智能训练师不断追求卓越，提高训练质量和效果，随时关注人工智能领域的最新发展和研究成果，不断更新自己的知识和技能，积极参与学术交流和行业活动，与同行进行经验分享和合作。

勤勉好学，追求卓越的原则还体现在对待工作的态度上。要保持积极的工作态度，勇于面对挑战和困难，不断地反思和总结工作经验，改进训练方法和流程，提高工作效率和质量，并根据客户的反馈和意见，不断改进和优化训练方案。

职业模块 2
通用知识和相关法律、法规知识

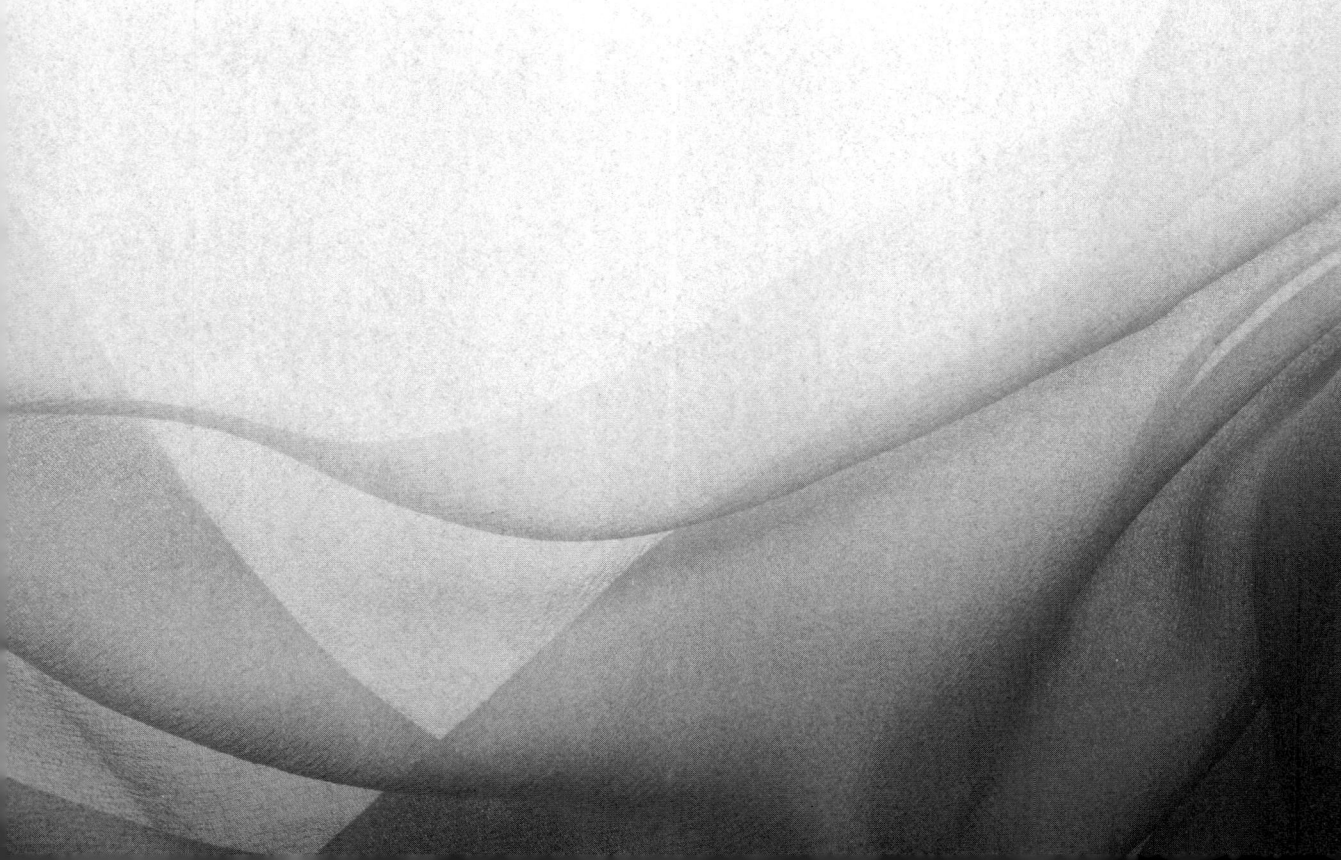

培训课程 1

通用知识

学习单元 1　人工智能训练师工作要求

为了贯彻落实《关于深化人才发展体制机制改革的意见》，规范从业者的从业行为，引导职业教育的培训方向，促进专业技术人员提升职业素养，推动经济社会全面发展，根据《中华人民共和国劳动法》有关规定，人力资源社会保障部联合工业和信息化部组织有关专家，制定了《人工智能训练师国家职业技能标准（2021年版）》（以下简称《标准》）。

根据《标准》，人工智能训练师的职业定义为：使用智能训练软件，在人工智能产品实际使用过程中进行数据库管理、算法参数设置、人机交互设计、性能测试跟踪及其他辅助作业的人员。本职业包含数据标注员、人工智能算法测试员两个工种。

通过对《标准》中五级/初级工、四级/中级工、三级/高级工、二级/技师、一级/高级技师的工作要求进行分析，可以看到人工智能训练师的工作主要有七项内容。

一、数据采集和处理

数据采集和处理工作给人工智能训练提供了数据来源，人工智能训练师要利用设备工具完成数据采集，并对采集来的数据进行初步的归类与汇总。

二、数据标注

数据标注是一项关键工作，它包括：①对采集的原始数据进行细致处理和加工；②去除质量不佳或不符合项目要求数据的数据清洗；③对筛选出的高质量数据进行标注，标注好的数据将被组织起来，进行分类和统计分析。通过对数据的内在关联性和特征的深入理解，数据会被归类和定义，使其成为训练人工智能系统的理想材料。

三、智能系统运维

对于成型的智能系统，人工智能训练师应该知道使用和进行日常维护的方法，以保证智能系统的工作状态。

四、业务分析

人工智能训练师是推动人工智能产品在应用场景中落地的关键岗位。业务分析工作的重点有三个方面：既要懂得应用场景中传统的业务内容；也要能够预见并结合人工智能产品特性，分析未来业务内容的发展趋势；最终运用自己的专业知识，做好本职的业务，实现人工智能训练师的岗位价值。

五、智能训练

人工智能训练师并非研发岗位，智能训练的内容是针对已有的算法进行算法训练与测试，并不断对参数和过程进行调优，以适应业务场景需求。

六、智能系统设计

能做好智能系统设计工作的人员必须具备深厚的业务知识并对人工智能技术的核心原理有深刻理解。人工智能训练师承担着智能系统设计的工作，担负着根据业务需求制定智能产品解决方案的重任，推动这些方案的实施，以及负责将这些解决方案转化为具体的系统设计和实施计划，并在系统运行过程中进行持续监控与优化，以确保系统性能不断提升。

七、培训与指导

高级别的人工智能训练师要对低级别的人工智能训练师进行培训与指导。人工智能的时代会需要越来越多的人工智能训练师，来帮助人工智能产品应用到各行各业，所以人工智能训练师的人才梯队培养工作也是非常重要的。

学习单元 2　计算机操作知识

一、计算机基础操作知识

人工智能训练师的工作，无论是基础的数据采集、处理、标注，还是进阶的数据集维护、算法测试，又或者是管理层面的流程设计、方案编写都需要在计算机上完成。

作为基础知识中的通用知识，人工智能训练师应掌握键盘常用快捷键、鼠标操作、连接网络、登录系统常见操作和多人协同办公五方面知识，从而更好地进行人工智能训练。

1. 键盘常用快捷键

键盘是计算机操作中最常用的输入设备之一，人工智能训练师掌握常用快捷键可以提高工作效率，减少对鼠标的依赖。在人工智能训练过程中，经常需要进行代码编写、调试和运行等操作，掌握键盘快捷键可以更快地完成这些任务。以下是在 Windows 操作系统中的一些常用的键盘快捷键。

（1）复制、剪切和粘贴

复制：Ctrl + C。

粘贴：Ctrl + V。

剪切：Ctrl + X。

（2）撤销和重做

撤销：Ctrl + Z。

重做：Ctrl + Y。

（3）保存和打开文件

保存：Ctrl + S。

打开：Ctrl + O。

（4）全选和取消选择

全选：Ctrl + A。

取消选择：单击鼠标左键。

（5）查找和替换

查找：Ctrl + F。

替换：Ctrl + H。

（6）切换窗口

切换到下一个窗口：Alt + Tab。

切换到上一个窗口：Alt + Shift + Tab。

（7）关闭当前窗口或程序

关闭当前窗口：Ctrl + W。

关闭当前程序：Alt + F4。

2. 鼠标操作

鼠标是计算机操作中另一个常用的输入设备，在人工智能训练过程中，需要使用鼠标进行图形界面的操作，如选择、拖拽、复制、粘贴等。人工智能训练师掌握鼠标操作可以更方便地完成这些任务。以下是一些常见的鼠标操作。

（1）单击：按下并松开鼠标左键。

（2）双击：快速连续两次单击鼠标左键。

（3）右击：按下并松开鼠标右键。

（4）拖动：移动鼠标到目标位置，按下鼠标左键并保持，拖动鼠标，完成拖动后松开鼠标左键。

（5）滚动：使用鼠标滚轮向上或向下滚动页面或文档。

3. 连接网络

人工智能训练通常需要使用互联网进行数据的获取、模型的下载和更新等。掌握网络连接的知识可以确保人工智能训练师顺利地进行这些操作，并及时获取最新的数据和模型。以下是一些常用的连接网络的方法。

（1）有线连接：使用网线将计算机与路由器或交换机相连。

（2）无线连接：通过 WiFi 连接到无线路由器。

（3）移动网络连接：使用移动网络提供商提供的数据服务连接互联网。

4. 登录系统常见操作

在人工智能训练过程中，需要登录各种系统和平台，如操作系统、开发环境、云平台等。掌握登录系统的常见操作可以确保人工智能训练师顺利地进入相应的系统和平台，并进行后续的操作。以下是常用的登录系统操作步骤。

（1）登录系统：找到系统图标，使用鼠标双击进入登录界面。

（2）选择用户：如果有多个用户，使用鼠标单击选择要登录的用户。

（3）输入用户名和密码：在登录界面使用键盘输入正确的用户名和密码。

（4）登录：使用鼠标单击登录按钮或按下键盘回车键登录系统。

5. 多人协同办公

人工智能训练通常是一个团队合作的过程，人工智能训练师需要与其他团队成员进行协同办公，所以掌握多人协同办公的知识可以更好地与团队成员进行沟通、协作和资源共享，提高工作效率和团队合作能力。以下是一些常见的多人协同办公的方法。

（1）共享文件：使用云存储服务（如百度网盘）共享文件，多人可以同时编辑和查看文件。

（2）实时通信：使用即时通信工具（如微信、QQ、飞书等）进行实时交流和协作。

（3）项目管理：使用项目管理工具（如钉钉、企业微信等，或各大厂商自有平台）进行任务分配和进度跟踪。

（4）视频会议：使用视频会议工具（如腾讯会议、Zoom 等）进行远程会议和协作。

二、常用办公软件使用知识

1. Word 的使用知识

Word 是一款功能强大的办公软件，广泛应用于各个领域。在人工智能训练师的工作中，熟练掌握 Word 的使用方法是非常重要的。下面简要介绍 Word 的基本操作、常用功能和高级功能。

（1）Word 的基本操作

1）启动 Word：双击桌面上的 Word 图标或通过"开始"菜单中的程序列表启动 Word。

2）创建新文档：启动 Word 后，会自动打开一个新的空白文档，也可以通过"文件"菜单中的"新建"选项创建新文档。

3）打开和保存文档：通过"文件"菜单中的"打开"选项可以打开已有的文档，通过"文件"菜单中的"保存"选项可以保存当前文档。

4）文本输入：在文档中单击，即可开始在鼠标光标所处位置输入文本。

5）文本编辑：选中文本后，可以使用剪切、复制和粘贴等编辑功能对文本进行操作。

6）撤销和恢复：通过"编辑"菜单中的"撤销"和"恢复"选项可以撤销和

恢复对文档的操作。

（2）Word 的常用功能

1）格式设置：通过"开始"菜单中的"字体"选项，可以设置文本的字体、字号、颜色等格式。

2）段落设置：通过"开始"菜单中的"段落"选项，可以设置文本的对齐方式、行间距、缩进等段落格式。

3）插入图片：通过"插入"菜单中的"图片"选项，可以选择从计算机中的文件、在线图片库甚至是通过图片 URL 来插入图片到文档中。

4）插入表格：通过"插入"菜单中的"表格"选项，可以插入表格到文档中，并设置表格的行列数和样式。

5）插入图表：通过"插入"菜单中的"图表"选项，可以插入各种类型的图表到文档中，并根据需要进行数据编辑和样式设置。

6）页面设置：通过"布局"菜单中的选项可以设置页面的大小、边距、页眉页脚等页面布局。

7）打印文档：通过"文件"菜单中的"打印"选项，可以预览和打印文档，还可以对页面范围、份数、打印机等进行设置，以便更好地控制打印输出。

（3）Word 的高级功能

1）标题样式和目录：通过使用 Word 提供的标题样式和目录功能，可以方便地创建和管理文档的章节标题和目录。

2）插入批注和修订：通过"审阅"菜单中的选项，可以插入批注和修订，方便多人协作和审阅文档。

3）文档保护：通过"文件"菜单中的"保护文档"选项（或在"审阅"菜单下的"保护"子菜单中），可以设置文档的保护密码或选择其他保护方式，以防止未经授权的修改。

4）邮件合并：通过"邮件"菜单中的选项，可以将 Word 文档与 Excel 表格或 Outlook 联系人进行合并，批量生成个性化的邮件或信件。

5）宏录制：通过"录制宏"功能，可以录制一系列操作并保存为宏，以便后续重复使用。

2. Excel 的使用知识

Excel 是一款功能强大的办公软件，广泛应用于数据处理、数据分析、图表制作等各个领域。作为人工智能训练师，应熟练掌握 Excel 的使用方法。下面简要介绍 Excel 的基本操作、常用功能和高级功能。

（1）Excel 的基本操作

1）启动 Excel：双击 Excel 图标或通过"开始"菜单打开 Excel。

2）创建新工作簿：启动 Excel 后，默认会打开一个新的工作簿，也可以通过"文件"菜单中的"新建"选项创建新的工作簿。

3）保存工作簿：通过"文件"菜单中的"保存"选项，可以将工作簿保存到指定位置。

4）打开已有工作簿：通过"文件"菜单中的"打开"选项，可以打开已有的工作簿文件。

5）关闭工作簿：通过"文件"菜单中的"关闭"选项，可以关闭当前的工作簿。

（2）Excel 的常用功能

1）单元格操作

输入数据：在单元格中直接输入数据，按回车键确认。

复制粘贴：选中要复制的单元格，按 Ctrl+C，然后选中要粘贴的位置，按 Ctrl+V。

填充数据：选中要填充的单元格，将鼠标移动到单元格右下角的小点处，按下左键并拖动鼠标即可对区域中填充数据。

删除数据：选中要删除的单元格，按 Delete 键或右键，选择"删除"选项。

2）公式和函数

输入公式：在单元格中以"="开头，然后输入相应的公式。

常用函数：Excel 提供了丰富的函数，如 SUM、AVERAGE、MAX、MIN 等，可以通过函数库进行查找和使用。

自动填充函数：利用自动填充功能，可以快速将公式应用到相邻的单元格中。

3）数据排序和筛选

数据排序：选中要排序的数据范围，单击"数据"菜单中的"排序"选项，选择排序的字段和排序方式。

数据筛选：选中要筛选的数据范围，单击"数据"菜单中的"筛选"选项，选择筛选条件进行数据筛选。

4）数据图表

创建图表：选中要创建图表的数据范围，单击"插入"菜单中的"图表"选项，选择合适的图表类型进行创建。

图表编辑：可以对图表进行编辑，如修改标题、调整数据范围、更改图表类型等。

5）数据分析

条件格式：通过设置条件格式，可以根据数据的不同条件自动进行格式化，如颜色标记、数据图标等。

数据透视表：通过数据透视表可以对大量数据进行汇总和分析，快速生成报表。

数据验证：可以对输入的数据进行验证，限制输入的范围和格式，提高数据的准确性和一致性。

（3）Excel 的高级功能

1）宏

录制宏：通过录制宏可以将一系列操作记录下来，以便后续重复执行。

编辑宏：可以对录制的宏进行编辑，修改宏的代码和执行方式。

运行宏：可以通过运行宏快速执行一系列操作，提高工作效率。

2）数据连接

外部数据源：可以通过连接外部数据源，如数据库、文本文件等，实现数据的导入和导出。

数据更新：可以设置数据连接的刷新方式，实现数据的自动更新。

3）数据分析工具

表格工具：通过表格工具可以对大量数据进行排序、筛选、汇总等操作。

数据透视图：通过数据透视图可以对数据进行多维度的分析和汇总。

目标查找工具：目标查找工具可以帮助用户在给定条件下查找最优解，进行更高级的数据分析。

数据分析工具包：Excel 提供了多种数据分析工具，如回归分析、假设检验、方差分析等。

3. PowerPoint 使用知识

PowerPoint 是一款常用的办公软件，它可以帮助用户创建演示文稿、幻灯片和演示动画等。熟练掌握 PowerPoint 的使用方法可以帮助人工智能训练师更好地进行教学和演示。下面简略介绍 PowerPoint 的基本功能、常用操作和进阶技巧。

（1）PowerPoint 的基本功能

1）创建幻灯片：PowerPoint 提供了多种幻灯片布局和设计模板，用户可以根据需要选择合适的布局，并在幻灯片上添加文本、图片、图表等内容。

2）添加动画效果：PowerPoint 可以为幻灯片中的元素添加动画效果，如淡入、滑动、旋转等，使演示更加生动有趣。

3）设计主题：PowerPoint 提供了多种主题和配色方案，用户可以根据需要选择合适的主题，使幻灯片的风格与内容相匹配。

4）演示放映：PowerPoint 可以将幻灯片制作成演示文稿，支持全屏放映和自动播放，方便用户进行教学和演示。

（2）PowerPoint 的常用操作

1）新建幻灯片：在 PowerPoint 中，单击"插入"选项卡，然后选择"新建幻灯片"按钮，即可新建一个幻灯片。用户还可以通过快捷键 Ctrl + M 来新建幻灯片。

2）添加文本：在幻灯片上单击鼠标左键即可添加文本框，然后在文本框中输入文字。

3）插入图片：在 PowerPoint 中，单击"插入"选项卡，然后选择"图片"按钮即可插入图片。用户还可以通过拖拽图片文件到幻灯片上来插入图片。

4）添加动画效果：在幻灯片上选择需要添加动画效果的元素，然后单击"动画"选项卡即可选择合适的动画效果。用户还可以通过设置动画的开始时间、持续时间和延迟时间来调整动画效果。

5）设计主题：在 PowerPoint 中，单击"设计"选项卡，可以选择合适的主题和配色方案。用户还可以通过自定义主题来创建符合自己需求的幻灯片风格。

6）演示放映：在 PowerPoint 中，单击"幻灯片放映"选项卡，然后选择"从头开始"按钮即可开始演示放映。用户还可以通过设置自动播放和循环播放来调整演示放映的方式。

（3）PowerPoint 的进阶技巧

1）利用快捷键：PowerPoint 提供了丰富的快捷键，如 Ctrl + C（复制）、Ctrl + V（粘贴）、Ctrl + Z（撤销）等，熟练掌握这些快捷键可以提高工作效率。

2）使用幻灯片大纲：PowerPoint 的幻灯片大纲功能可以帮助用户快速创建和编辑幻灯片的结构，方便整理和调整内容。

3）添加注释和批注：PowerPoint 的注释和批注功能可以帮助用户在幻灯片上添加说明和备注，方便与观众进行交流和讨论。

4）制作自定义动画：PowerPoint 提供了丰富的自定义动画选项，用户可以根据需要设置元素的动画效果、速度和顺序，使演示更加生动有趣。

5）利用幻灯片母版：PowerPoint 的幻灯片母版功能可以帮助用户统一设置幻灯片的布局、字体和背景，提高幻灯片的一致性和美观性。

学习单元 3　人工智能技术常见概念

人工智能是一个非常广泛的领域，涉及使计算机系统能够模拟和执行通常需要人类智能的任务，如视觉识别、语言理解、决策和翻译等。在实现智能系统的过程中，涌现了很多流派与方法。随着技术的不断进步、数据量的激增以及计算能力的飞跃，机器学习已经稳固地占据了现代人工智能领域的核心地位，成为驱动 AI 发展的主要力量。

一、机器学习

机器学习主要有四种方法：监督学习、无监督学习、半监督学习和强化学习。

1. 监督学习

监督学习是最早发展起来的机器学习方法之一。模型从带有标签的训练数据中学习，每个训练样本都是一个包含输入和预期输出的对象，模型的目标是学习这些输入与输出之间的映射，以便能够对新的、未见过的数据进行预测，典型的任务包括分类和回归。

这就像在教一个孩子认动物，给他看一张猫的图片并告诉他这是"猫"，然后给他看一张狗的图片并告诉他这是"狗"。通过这种方式，孩子学会了区分猫和狗。在监督学习中，模型也是通过这种方式学习的，通过给它"看"很多已经标记好的例子，它就能学会如何识别或预测。

一个典型的监督学习案例是垃圾邮件分类器。通过提供带有标签的邮件数据集（垃圾邮件或非垃圾邮件），模型可以学习如何区分新的邮件是否为垃圾邮件。

2. 无监督学习

无监督学习是机器学习中另一类重要方法，与监督学习不同，它处理的数据没有预先定义的标签。模型的任务是从无标签的数据中自主发现隐藏的结构、模式或规律，而非通过"答案"来学习。这种方法的核心在于让机器在未知的领域中进行探索，通过数据本身的特性来归纳信息。

就像给孩子一堆未标记的动物图片，但完全不告诉他这些动物的名称或类别。孩子需要自己观察图片的特征（如体形、耳朵形状、毛发长度等），将相似的动物分为一组，并为这些分组赋予自己的理解（如"长耳朵动物"和"短尾巴动物"）。尽管孩子不知道这些组对应"兔子"或"猫"的真实名称，但他能通过数据的内在特征建立分类逻辑。

无监督学习的一个典型例子是购物篮分析，超市可以通过无监督学习发现商品之间的关联规则，比如"买啤酒的人常买薯片"，从而用于优化货架摆放或组合促销。

3. 半监督学习

半监督学习介于监督学习和无监督学习之间。在这种方法中，模型使用的训练数据既包含有标签的样本也包含无标签的样本。这种方法通常在存在有限的标签数据和大量未标记数据的情况下使用。

这就像给孩子的动物图片中只有一部分告诉了他是什么动物，其他的则没有。孩子会利用他从有标签的图片中学到的知识来猜测其他图片中动物的种类。半监督学习正是在这种情况下发挥作用，它结合了有标签和无标签的数据来提高学习效率。

在自然语言处理中，半监督学习应用广泛，其中比较容易理解的场景是情感分析。通过一小部分标记的产品评论（正面或负面）和大量未标记的评论，模型可以学习如何更好地识别未知评论的情感倾向。

4. 强化学习

强化学习是一种学习范式，模型通过与环境互动来学习如何在给定的任务中表现得更好。模型执行动作，并根据动作的结果接受奖励或惩罚，从而学习一种策略，以最大化长期奖励。

想象一个孩子在玩一个新游戏，起初他不知道如何玩，但游戏会根据他的表现给予奖励或惩罚。通过不断尝试，孩子学会了如何玩游戏以获得更多的分数。强化学习就像这样，让模型通过不断地尝试来学习如何在特定任务中作出最佳决策。

一个典型的例子就是迷宫寻路，这种简单的决策问题，可以通过强化学习来不断地迭代出最优路径。

二、深度学习

深度学习是机器学习的一个分支，它基于人工神经网络的架构，尤其是深层神经网络，通过模拟人脑的工作机制，利用多层的非线性处理单元进行特征提取和转换，以完成复杂任务。这些神经网络由许多层次的节点（或称为神经元）组成，每一层都能够从输入数据中提取不同层次的特征。随着数据在网络中的传递，深度学习模型能够从简单的特征到复杂的模式，学习到越来越抽象的数据表示。

想象一个孩子正在学习识别动物。最开始，他可能只能注意到一些基本特征，比如动物的大小和颜色,这就像深度学习网络的第一层,它识别出数据中最简单的特征。随着学习的深入,他开始注意到更复杂的特征,比如动物的形状、皮毛纹理或叫声,这些更复杂的特征对应于深度网络中更深层次的节点。最终,孩子能够将所有特征综合起来,准确地识别出各种动物,在深度学习中,网络的最后几层就是在做这样的工作,它们将所有学到的特征组合起来,形成对数据的高层次理解,从而作出准确的预测或决策。

深度学习可以结合不同类型的学习方法,包括监督学习、无监督学习、半监督学习和强化学习,来处理各种复杂问题。

1. 监督学习

在深度学习中,监督学习通常使用大量带有正确答案的样本来训练神经网络。卷积神经网络(convolutional neural networks,CNN)用于图像识别,可以很好地识别不同类别的物体;循环神经网络(recurrent neural network,RNN)用于时间序列预测,可以完成对股票价格的预测或者自然语言处理中的语言翻译;Transformer 模型,可以用于文本分类和问答系统。

2. 无监督学习

在深度学习中,无监督学习通常用于聚类和降维任务。生成对抗网络(generative adversarial networks,GANs)可以用于生成逼真的图像、音乐或视频。变分自编码器(variational autoencoders,VAEs)可以用于生成新的数据样本,如设计新的分子结构等。

3. 半监督学习

在深度学习中,深度信念网络(deep belief network,DBN)结合无监督预训练和有监督微调学习特征,可用于图像和语音识别;半监督学习通过变体 Transformer 模型进行自然语言处理,可以在保持或提高模型性能的同时,显著地降低数据处理的成本和工作量。

4. 强化学习

深度学习与强化学习的结合被称为深度强化学习。深度 Q 网络(deep Q netwotk,DQN)结合 Q 学习和深度神经网络,在 Atari 视频游戏中取得了突破性成果;策略梯度方法可以实现对机器人运动的控制,结合蒙特卡洛树和深度学习的 AlphaGo 技术模型能够打败人类围棋冠军。

培训课程 2

相关法律、法规知识

作为普通的劳动者,人工智能训练师在参与劳动的过程中,虽然不必像法律相关工作者一样精通法律条款,但是也需要掌握一定的法律知识。掌握了一定的法律、法规知识后,不仅可以保护自身的权益,还可以避免做出违法的行为,在参与劳动的过程中还能直接或者间接地帮助公司减少法律风险,当出现纠纷和争议时,也可以运用合法的方式维护权益。

人工智能训练师可以对相关法律的立法目的、适用范围、主要内容进行简单了解,如果有需要,还可以从法律条款解读、法律执行和实施细节、违法后果、修订变化、案例分析等方面进行深入了解。

一、《中华人民共和国劳动法》

《中华人民共和国劳动法》(以下简称《劳动法》),旨在保护劳动者的合法权益,调整劳动关系,促进社会和谐稳定。作为人工智能训练师,了解和掌握《劳动法》的相关知识对于正确履行职责、维护自身权益具有重要意义。

1. 立法目的

《劳动法》的立法目的是保护劳动者的合法权益,调整劳动关系,建立和维护适应社会主义市场经济的劳动制度,促进经济发展和社会进步。它通过规定劳动者的基本权利和义务,明确用人单位的责任和义务,建立和完善劳动关系的制度,为劳动者提供公平、合理的劳动条件和环境。

2. 适用范围

《劳动法》适用于在中华人民共和国境内的企业、个体经济组织和与之形成劳动关系的劳动者。国家机关、事业组织、社会团体和与之建立劳动合同关系的劳动者,依照本法执行。

3. 主要内容

（1）劳动关系建立与劳动合同签订

1）劳动合同应当以书面形式订立，明确期限、工作内容、劳动报酬等必备条款。

2）试用期最长不超过6个月。

3）劳动合同解除条件及经济补偿。

4）集体合同的签订与效力。

（2）工作时间与休息休假

1）每日工作时间不超过8小时，平均每周工作时间不超过44小时。

2）法定节假日休假及加班工资标准。

3）带薪年休假制度。

（3）工资与福利保障

1）工资分配实行按劳分配、同工同酬。

2）最低工资保障制度。

3）社会保险覆盖范围及基金管理制度。

（4）劳动安全与特殊保护

1）用人单位需提供安全卫生条件及防护用品。

2）女职工孕期、产假、哺乳期等特殊保护。

3）未成年工禁止从事高危劳动。

（5）劳动争议处理

1）争议解决途径：协商、调解、仲裁、诉讼。

2）仲裁时效为争议发生之日起60日内。

（6）法律责任

1）用人单位违法延长工时、拖欠工资、未缴纳社保等行为的处罚。

2）劳动者违反保密义务或解除合同条件的赔偿责任。

4. 学习本法的目的和意义

（1）合法用工。了解劳动法律的规定，可以帮助人工智能训练师在招聘和用工过程中遵守法律，确保用工合法合规，识别违法用工行为。

（2）维护劳动者权益。掌握劳动法律的相关知识，可以帮助人工智能训练师了解劳动者的基本权益，如工作时间、工资报酬等，维护自身的合法权益。

（3）防范劳动纠纷。了解劳动法律的规定，可以帮助人工智能训练师预防和解决劳动纠纷，避免因不当行为引发法律纠纷和劳动仲裁。

（4）促进劳动关系和谐。掌握劳动法律的相关知识，可以帮助人工智能训练师建立和谐的劳动关系，促进与用工方的沟通和协调，提高工作效率和工作满意度。

二、《中华人民共和国劳动合同法》

《中华人民共和国劳动合同法》（以下简称《劳动合同法》）是中国劳动法律体系中的重要法律之一。作为人工智能训练师，掌握劳动合同法的相关知识对于合法合规地开展工作具有重要意义。

1. 立法目的

《劳动合同法》的立法目的是完善劳动合同制度、明确劳动合同双方当事人的权利和义务、保护劳动者的合法权益、构建和发展和谐稳定的劳动关系。该法旨在确保劳动者享有平等就业机会、合理工作条件和合法权益，促进劳动者与用人单位之间的公平交易，维护劳动关系的稳定和谐。

2. 适用范围

《劳动合同法》适用于在中华人民共和国境内的企业、个体经济组织、民办非企业单位等组织与劳动者建立劳动关系，订立、履行、变更、解除或者终止劳动合同。无论是国有企事业单位、集体企业、私营企业还是外资企业，都适用该法律。同时，该法律也适用于劳务派遣、劳务分包等劳动关系。

3. 主要内容

（1）劳动合同的订立

1）形式要求：建立劳动关系，应当订立书面劳动合同。用人单位自用工之日起超过1个月不满1年未与劳动者订立书面劳动合同的，应当向劳动者每月支付2倍的工资。

2）必备条款：包括合同期限、工作内容和工作地点、工作时间和休息休假、劳动报酬、社会保险等。

3）试用期限制：劳动合同期限3个月以上不满1年的，试用期不得超过1个月；劳动合同期限1年以上不满3年的，试用期不得超过2个月；3年以上固定期限和无固定期限的劳动合同，试用期不得超过6个月。劳动者在试用期的工资不得低于本单位相同岗位最低档工资或者劳动合同约定工资的80%，并不得低于用人单位所在地的最低工资标准。

4）特殊合同类型。

无固定期限合同：劳动者在该用人单位连续工作满 10 年，或连续订立 2 次固定期限劳动合同（无法律规定的例外情况），续订劳动合同的，用人单位与劳动者协商一致，可以订立无固定期限劳动合同。

劳务派遣合同：仅限临时性、辅助性或者替代性的工作岗位。

非全日制用工：以小时计酬为主，劳动者在同一用人单位一般平均每日工作时间不超过 4 小时，每周工作时间累计不超过 24 小时的用工形式。非全日制用工双方当事人可以订立口头协议，不得约定试用期。

（2）劳动合同的履行与变更

工资保障：用人单位需按时足额支付报酬，用人单位拖欠或者未足额支付劳动报酬的，劳动者可以依法向当地人民法院申请支付令。

劳动保护：禁止强迫加班，加班需支付加班费。

合同变更：需双方协商一致并以书面形式确认。

（3）劳动合同的解除

劳动者提前 30 日以书面形式通知用人单位，可以解除劳动合同。劳动者在试用期内提前 3 日通知用人单位，可以解除劳动合同。

用人单位有下列情形之一的（此处摘录部分条款），劳动者可以解除劳动合同。

1）未按照劳动合同约定提供劳动保护或者劳动条件的。

2）未及时足额支付劳动报酬的。

3）未依法为劳动者缴纳社会保险费的。

4）用人单位的规章制度违反法律、法规的规定，损害劳动者权益的。

劳动者有下列情形之一的（此处摘录部分条款），用人单位可以解除劳动合同。

1）在试用期间被证明不符合录用条件的。

2）严重违反用人单位的规章制度的。

3）严重失职，营私舞弊，给用人单位造成重大损害的。

4）劳动者同时与其他用人单位建立劳动关系，对完成本单位的工作任务造成严重影响，或者经用人单位提出，拒不改正的。

5）被依法追究刑事责任的。

（4）经济补偿

经济补偿按劳动者在本单位工作的年限，每满一年支付一个月工资的标准向劳动者支付。6 个月以上不满一年的，按一年计算；不满 6 个月的，向劳动者支付半个月工资的经济补偿。

用人单位违反本法规定解除或者终止劳动合同的，应当依照本法规定的经济补偿标准的 2 倍向劳动者支付赔偿金。

（5）法律责任与监督

用人单位责任：违法扣押证件、收取财物、未支付报酬等需承担罚款及赔偿责任。

劳动者责任：违反保密义务或竞业限制需赔偿损失。

行政监督：劳动行政部门有权检查用工情况，工会可介入争议处理。

4. 学习本法的目的和意义

（1）保护劳动者权益：了解《劳动合同法》的相关规定，可以帮助人工智能训练师更好地保护自己的合法权益，确保自己获得合理的工作条件和报酬。

（2）规范劳动关系：掌握《劳动合同法》的内容，可以帮助人工智能训练师与用人单位建立规范的劳动合同关系，明确双方的权责，维护劳动关系的稳定和谐。

（3）避免劳动争议：了解《劳动合同法》的变更和解除规定，可以帮助人工智能训练师在劳动合同变更或解除时遵循法律程序，避免劳动争议的发生。

三、《中华人民共和国网络安全法》

1. 立法目的

《中华人民共和国网络安全法》（以下简称《网络安全法》）的立法目的是保障网络安全，维护网络空间主权和国家安全、社会公共利益，保护公民、法人和其他组织的合法权益，促进经济社会信息化健康发展。

2. 适用范围

《网络安全法》适用于在中华人民共和国境内的网络建设、运营、维护和使用，以及网络安全的监督管理。它涵盖了网络安全支持与促进、网络运行安全、网络信息安全、监测预警与应急处理、法律责任等方面。

3. 主要内容

（1）网络安全基本制度

网络安全等级保护制度：网络运营者需履行安全保护义务，包括制定内部安全管理制度和操作规程、防范计算机病毒和网络攻击、留存网络日志、重要数据备份和加密等。

关键信息基础设施保护：对公共通信和信息服务、能源、交通、水利、金融、公共服务、电子政务等重要行业和领域实施重点保护。关键信息基础设施的运营者在境内运营中收集和产生的个人信息和重要数据应当在境内存储。因业务需要，确需向境外提供的，应当按照国家网信部门会同国务院有关部门制定的办法进行安全评估。

关键信息基础设施的运营者采购网络产品和服务，可能影响国家安全的，应当通过国家网信部门会同国务院有关部门组织的国家安全审查。

（2）网络运行安全

产品与服务规范：网络产品、服务应当符合相关国家标准的强制性要求，任何个人和组织发送的电子信息、提供的应用软件，不得设置恶意程序，不得含有法律、行政法规禁止发布或者传输的信息。

实名制管理：用户办理网络接入、信息发布等服务需提供真实身份信息。用户不提供真实身份信息的，网络运营者不得为其提供相关服务。

应急预案：网络运营者应当制定网络安全事件应急预案并定期演练。

（3）个人信息保护

收集与使用原则：网络运营者收集、使用个人信息，应当遵循合法、正当、必要的原则，公开收集、使用规则，明示收集、使用信息的目的、方式和范围，并经被收集者同意。网络运营者不得收集与其提供的服务无关的个人信息。

安全保障义务：网络运营者应当采取技术措施和其他必要措施，确保其收集的个人信息安全，防止信息泄露、毁损、丢失。

禁止非法行为：任何个人和组织不得窃取或者以其他非法方式获取个人信息，不得非法出售或者非法向他人提供个人信息。

（4）监测预警与应急处置

信息通报制度：国家建立网络安全监测预警和信息通报制度，统一发布网络安全监测预警信息。

风险分级处置：发生网络安全事件，应当立即启动网络安全事件应急预案，对网络安全事件进行调查和评估，要求网络运营者采取技术措施和其他必要措施，消除安全隐患，防止危害扩大，并及时向社会发布与公众有关的警示信息。

4. 学习本法的目的和意义

（1）合法合规运营。了解《网络安全法》的要求，可以帮助人工智能训练师合法合规地开展相关业务，避免违法行为的发生。

（2）保护用户隐私。掌握相关法律知识可以帮助人工智能训练师更好地保护用户的个人信息和隐私，避免用户信息被滥用或泄露。

（3）防范网络攻击。了解《网络安全法》的相关规定，可以帮助人工智能训练师加强网络安全防护，降低因违反法律法规而引发的风险，避免法律纠纷和处罚；提高系统的抗攻击能力，保障人工智能训练的稳定性和安全性。

四、中华人民共和国知识产权法律体系

1. 立法目的

中华人民共和国知识产权法的目的是保护知识产权，促进科技进步和社会经济发展。该法律体系旨在确立知识产权的法律地位，保护创造者的合法权益，鼓励创新和技术转移，促进经济发展和社会进步。

2. 适用范围

知识产权法律体系覆盖的客体包括传统领域和新兴领域的智力成果。根据《中华人民共和国著作权法》《中华人民共和国专利法》《中华人民共和国商标法》等核心法律，其适用范围涵盖如下。

著作权：文字、口述、音乐、美术、视听、计算机软件等作品，以及表演、录音、广播等邻接权。

专利权：发明、实用新型、工业品外观设计，要求具备新颖性、创造性和实用性。

商标权：商品商标、服务商标、集体商标、证明商标，并禁止使用与国旗、红十字等相同或近似的标识。

3. 主要内容

（1）《中华人民共和国著作权法》

保护对象：明确列举8类作品（如文字、视听、计算机软件等），并设置"符合作品特征的其他智力成果"条款。

权利内容：包括发表、署名、修改、复制、信息网络传播等16项人身权和财产权。

保护期限：自然人作品为作者终生及其死后50年，法人作品为首次发表后50年。

（2）《中华人民共和国专利法》

保护类型：发明、实用新型、外观设计。

授权条件：发明需具备新颖性、创造性、实用性，外观设计不得与现有设计相同。

期限：发明专利权的期限为20年，实用新型专利权和外观设计专利权的期限为10年。

（3）《中华人民共和国商标法》

注册要求：申请注册的商标，应当有显著特征，便于识别，并不得与他人在先取得的合法权利相冲突。商标为非禁用标志（如国家名称、误导性标识）。

保护范围：注册商标专用权，禁止未经商标注册人的许可使用相同或近似商标。

有效期：10年，期满可续展。

4. 学习本法律体系的目的和意义

（1）知识产权保护意识：了解该法律体系知识可以帮助人工智能训练师树立知识产权保护的意识，遵守相关法律法规，避免侵犯他人的知识产权。

（2）合法使用知识产权：掌握该法律体系知识可以帮助人工智能训练师了解知识产权的获取和保护方式，合法地使用他人的知识产权，避免侵权行为。

（3）知识产权合作与转让：了解该法律体系知识可以帮助人工智能训练师了解知识产权的转让和许可条件，促进技术转移和创新合作，推动人工智能产业的发展。

（4）知识产权纠纷解决：掌握该法律体系知识可以帮助人工智能训练师了解知识产权保护的救济措施，有效维护自身的合法权益，避免和解决知识产权纠纷。

第2部分 人工智能训练师（五级）

职业模块 ③ 数据采集和处理

党的二十大报告提出建设数字中国,加快发展数字经济,促进数字经济和实体经济深度融合,打造具有国际竞争力的数字产业集群。数据采集与处理是建设数字中国、加快发展数字经济以及促进数字经济和实体经济深度融合的基础和关键环节。通过不断提升这一能力,可以使中国在全球数字经济格局中占据更有利的地位。

数据采集和处理在人工智能训练过程中具有举足轻重的地位。数据采集为人工智能模型的训练和预测提供数据支持,是训练人工智能模型的基础,而数据处理可去除采集数据中的噪声数据和异常值,降低这些数据对模型训练的干扰。在本职业模块中,读者将学习数据采集和处理的相关知识,练习数据采集和处理的技能,达到以下知识与技能要求。

1. 了解业务背景知识,掌握数据采集工具使用知识,能够利用设备、工具等完成原始业务数据采集。

2. 掌握数据库内数据采集方法,能够完成数据库内业务数据采集。

3. 掌握数据整理规范和方法,能够根据数据处理要求完成业务数据整理归类。

4. 精通数据整理与汇总规范,能够根据实际需求对采集到的业务数据进行有效的整理、归类和汇总。

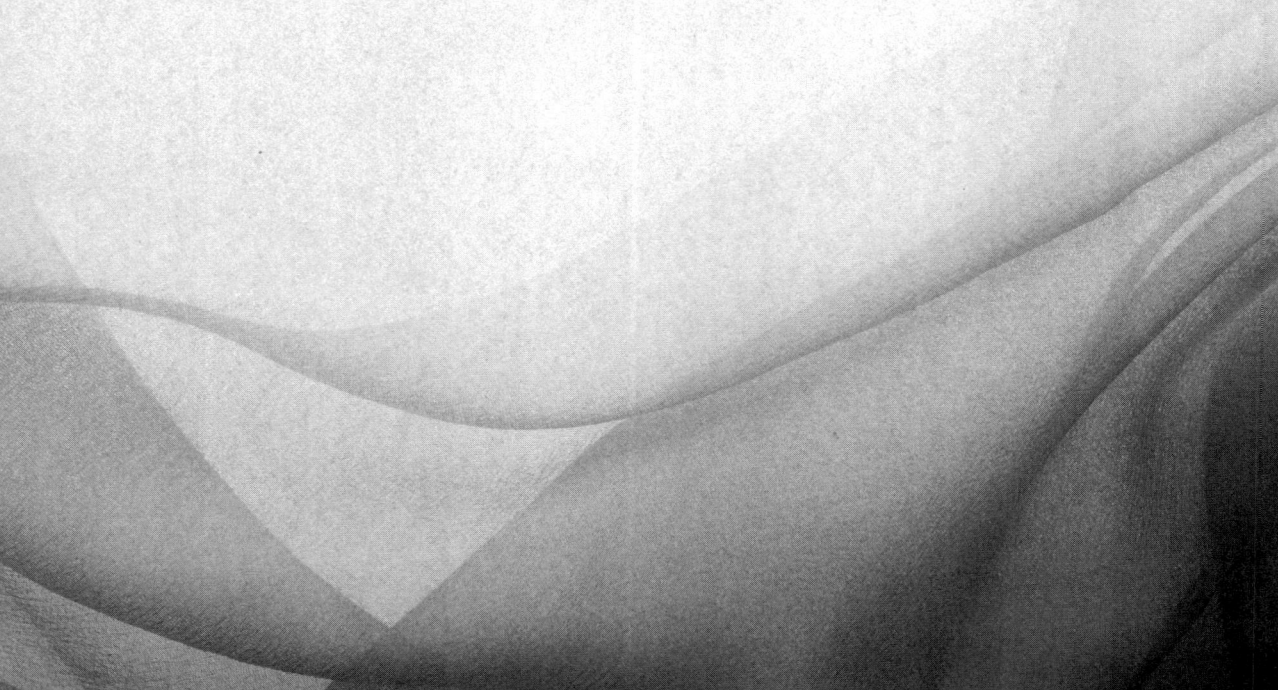

培训课程 1 业务数据采集

本培训课程模块设置了两个学习单元，分别讲解原始业务数据采集和数据库内业务数据采集。学习内容以业务数据采集项目为载体，学习者以数据采集助理身份，先学习数据采集基础知识、工具和方法，再通过图像数据采集、网络数据采集、音频数据采集和 MySQL 数据库业务数据采集共四个任务，达成初阶业务数据采集工作所需的知识和能力要求。

学习单元1 原始业务数据采集

情景描述

某科技有限公司是一家数据服务小微企业，业务包含数据采集与处理和数据标注。小北目前的岗位是数据采集助理，主要负责协助完成数据采集和处理的工作。近期，公司数据采集业务量激增，小北所在部门接到三项数据采集任务，分别为：①采集原始票据图片数据，用于开发某贸易公司的智能票据识别系统，促进该企业财务数字化转型；②采集电影排名数据，用于某传媒公司对市场影片的排名数据分析；③采集语音数据，用于开发中国某影视后期公司的影片对话实时转文本系统，推动中国优秀影视作品走出去，开展国际交流。为协助公司数据采集员完成这些工作，小北需要提前学习相关数据采集知识，并辅助完成数据采集任务。

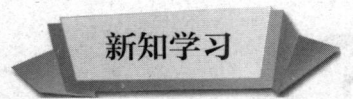

数据采集是从数据源中得到原始数据,通过标准化处理,转化为满足数据共享与利用需求信息的过程。这些数据源可以包括传感器、文件、网络日志、用户输入、数据库等,在通过人工或系统采集方式采集后,对数据进行清洗、转换分析等操作,以确保采集到高质量的数据,如图3-1所示。

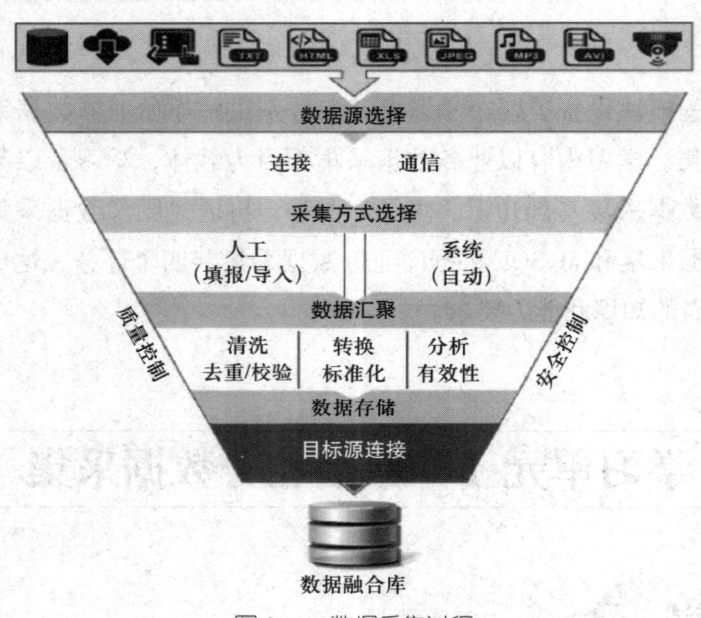

图3-1 数据采集过程

一、数据采集基础知识

1. 数据

数据是事实或者观察的结果,是对客观事物属性的逻辑归类,用于表示客观事物的未加工的原始素材。在计算机科学中,数据是所有能输入计算机中并被计算机程序处理的符号的总称。

数据和信息是相互联系的,是未经分析、未经组织的原始材料,在经过数据分析后人们才能得到有价值的信息。数据是信息的载体,信息是数据的含义并依赖于数据。

因此,当确定研究目的和问题时,需要先考虑如何获取与问题相关的数据,而且数据的质量和数量也可以直接影响到后续数据分析的准确性和价值。

从智慧城市建设与管理需求及我国智慧城市实践经验角度来看，数据采集内容包括但不限于基础数据、专题数据、业务专属数据和其他数据四大类，具体内容见表3-1。

表3-1 数据采集内容

序号	数据采集内容	举例说明
1	基础数据	如人口、法人单位、自然资源、地理空间、宏观经济、电子证照等数据
2	专题数据	如房屋、城市部件、网格等公共共享数据
3	业务专属数据	涉及公安、公共卫生和医疗、教育、民政、交通、水利、人力资源和社会保障、市场监管等众多领域的业务数据
4	其他数据	如互联网、工商业等数据（含开源数据[①]）

2. 数据组织形式

数据的组织是按照一定的方式和规则进行归并、存储、处理的过程。计算机系统中的数据组织形式主要有文件和数据库两种，见表3-2。

表3-2 计算机系统中的主要数据组织形式

序号	数据组织形式	解释说明
1	文件	计算机系统中的很多数据都是以文件形式存在的，如文本文件、网页文件、图片文件等。一个文件的文件名形式为"名称.扩展名"，扩展名用来表示文件的类型，如文本文档、图片、视频、音频等。在计算机中，文件是由文件系统负责管理的
2	数据库	数据库是一个按数据结构来存储和管理数据的计算机软件系统，是计算机系统中非常重要的数据组织形式。像新兴的数据存储技术中的开源分布式系统文件Hadoop，可用于存储大量的数据。非关系型数据库NoSQL具有较高的可用性和扩展性

3. 数据的类型

从数据采集的角度来看，数据的类型是多样化的，这主要源于现实世界信息的复杂性和多样性。从数据存储和表现形式的角度来看，数据类型主要分为结构化数据、非结构化数据和半结构化数据。随着数据种类的不断增多，结构化数据仅占全部数据量的20%，其余80%都是以文件形式存在的非结构化和半结构化数

[①] 开源数据，是提供给公众免费使用的数据集。它们通常由个人或组织公开发布，并允许任何人免费下载与使用。

据，且非结构化数据和半结构化数据越来越成为数据的主要部分。

（1）结构化数据。结构化数据也称为行数据，是由二维表结构来逻辑表达的数据（如学生成绩表），严格地遵守数据格式与长度规范，主要通过关系数据库来进行存储和管理。例如，MySQL表数据、SQL Server表数据、DB2表数据等使用二维形式表示的数据都是结构化数据。

结构化数据最终是以表格的形式存储到数据库中的，数据格式统一。结构化数据主要应用于如下场景中：企业资源计划（enterprise resource planning，ERP）系统、财务系统、医院信息系统、教育一卡通系统等。结构化数据的每个字段都有明确的定义和数据类型，使得数据查询、分析和处理变得相对简单和高效。常见的结构化数据包括用户信息、订单记录、产品详情等。

（2）非结构化数据。与结构化数据相对应的是非结构化数据，它的数据结构不规则或者不完整，不适合用数据库二维表来表现。非结构化数据格式非常多样，没有统一的数据结构，如所有格式的办公文档（Word、PPT等）、文本、HTML、图片、音频、图像等都是非结构化数据。

非结构化数据的格式是多样化的，标准也是多样化的。结构化数据与非结构化数据最大的区别在于分析数据时的便利性。对结构化数据和非结构化数据，需要根据具体的需求和应用场景选择适合的数据处理和分析方法。这两种模式都有允许用户访问的工具，目前结构化数据分析已经有成熟的工具，而非结构化数据的数量规模远比结构化数据大，且用于挖掘非结构化数据的分析工具正处于发展阶段。

非结构化数据包含事物的全部信息。这类数据包含了大量的信息，但由于其非结构化的特性，处理和分析起来相对复杂。如果直接分析原始数据，而没有对数据进行抽象、归纳等处理，在分析的过程中就会引入大量的错误或者无意义的数据信息，从而会对后续的操作造成干扰。因此，对于特定的应用场景，非结构化数据的价值密度相对较低。随着数据种类的不断增多，非结构化数据的数量规模会越来越大，对于海量的非结构化数据，需要进行存储和分析，从而在数据中挖掘出有价值的信息。随着大数据和人工智能技术的发展，非结构化数据的处理和分析变得越来越重要。

（3）半结构化数据。半结构化数据是介于结构化数据和非结构化数据之间的数据，如标记语言XML文档、JSON文档、电子邮件等。半结构化数据中，数据结构和数据内容混在一起，没有明显的区分，数据自身就描述了其相应的结构模式。这也决定了半结构化数据的数据结构具有自描述性、复杂性以及动态性。处理半结构化数据时,需要结合其结构特性和非结构特性进行综合分析。半结构化数据的存储多采用非关系型的 NoSQL 数据库,它不会将模式结构与数据分开,因此成为存储半结构化数据的更好选择。

二、数据采集的技术要求、方法、工具

1. 技术要求

数据采集技术应具备在复杂网络环境下进行不同异构数据源之间高速、稳定、弹性伸缩的数据移动及同步能力,以保证获得精准规范的数据,从而避免因陈旧数据、人为因素产生错误数据等"脏数据"。采集技术包括但不限于以下内容。

(1)针对结构单一,数据量相对较小的结构化数据,可通过数据库表、文件、网络服务、表述性状态传递(representational state transfer,REST)、超文本传输协议(hyper text transfer protocol,HTTP)、超文本传输安全协议(hypertext transfer protocol secure,HTTPS)、消息订阅/发布等技术进行数据采集。

(2)针对传感器、智能手机、PDA[①]设备、网络等渠道产生的类型丰富、数据量较大的数据,可通过分布式系统接口、分布式流数据收集、网络爬虫等技术进行数据采集。

(3)针对由麦克风、摄像头等设备产生的海量音视频数据,可通过语音图像识别、编解码等技术转化后进行数据采集。

(4)针对问卷调查、实地调研、资料分析等产生的数据,可通过在线填报、离线导入等人工转化方式进行数据采集。

2. 采集方法

(1)人工采集。通过人工填报、人工导入等方式获得数据。
(2)系统采集。通过系统自动录入等方式获得数据,其应满足的条件见表 3-3。

表 3-3 系统采集条件表

序号	条件	附加说明
1	支持全量、历史数据采集	应提供数据传输服务和高并发的离线数据上传下载服务,支持 TB/PB3 级别的数据导入(全量数据或历史数据的批量导入)及导出

---

① PDA 是指具有操作系统、内存、CPU、显卡、屏幕和键盘,具备数据传输处理能力,配置有电池,可以移动使用的数据处理终端。

续表

序号	条件	附加说明
2	支持实时或定时增量数据采集	宜提供实时同步、定时采集、数据订阅、日志采集等服务
3	支持条件过滤	按照指定条件进行指定过滤采集，例如字段内容
4	支持采集作业管理和调度	采集作业支持条件触发、并发调度、周期循环调度等模式
5	支持对作业进行启动、停止、暂停、恢复等操作	
6	支持数据标签	依据数据清洗要求为数据标识数据标签
7	支持数据建模	提供基于不同业务需求的数据建模功能

3. 常用的数据采集语言——Python 语言

Python 由荷兰数学和计算机科学研究学会的吉多·范罗苏姆（Guido Van Rossum）于 20 世纪 90 年代初设计，是一种面向对象的解释型高级编程语言，广泛应用于人工智能领域。目前，Python 已经成为最受欢迎的程序设计语言之一，借助丰富的第三方模块（或第三方库），可以方便、快捷地实现网络爬虫、数据清洗、数据可视化和科学计算等功能，在数据采集和处理环节应用广泛。

请用手机微信扫描二维码获取更多 Python 知识。

4. 采集工具

由于数据类型不同，数据采集方法不同，用于数据采集的采集工具也不同。数据采集工具有开源采集工具（如 Flume、Kafka 等）和商业采集工具（如日志集等）。根据数据的来源不同，对于互联网上的数据，可以通过现有的数据爬取软件（如八爪鱼、后羿等）获取，也可以通过 Python 等语言编程后爬取，还可以通过网站公开的 API 接口获取数据。对于非互联网数据，可以通过数据采集设备等进行采集，如视觉数据采集设备、录音笔等。本学习单元将介绍视觉数据采集设备和录音笔。

（1）视觉数据采集设备。视频（video）是由一幅幅静态画面所组成的图像序列，而组成视频的每一幅静态图像被称为"帧"。帧是视频（包含动画）内的单幅影像画面，相当于电影胶片上的一格影像，采集数据时，可以抽取视频中的帧来实现视频中图像的采集。采集图像等视觉类数据时可使用视觉传感器（visual sensor）、摄像头（camera）等视觉数据采集设备。

视觉传感器是利用光学元件和成像装置获取外部环境图像信息的仪器，视觉传感器的精度受分辨率和被测物体的检测距离影响。

摄像头又称为电子眼，是一种视频输入设备，被广泛应用于视频会议、远程医疗及实时监控等场景。摄像头一般具有视频摄像/传播和静态图像捕捉等基本功能，它借由镜头采集图像后，由摄像头内的感光组件电路及控制组件对图像进行处理并转换成计算机所能识别的数字信号，然后借由并行端口或 USB 连接计算机，将数字信号传输至计算机，由软件再进行图像还原。本单元中，将用手机上的摄像头采集视觉数据。

（2）录音笔。录音笔是录制声音的专业录音设备，大致可分为数码录音笔和智能录音笔。

数码录音笔属于数字录音器的一种，也称作数码录音棒、数码录音机，是通过数字存储的方式记录音频的器材。

智能录音笔，采用 AI 智能技术，是集高清录音、语音转换文字、同声传译、云端存储等功能为一体的智能录音器材。

手机录音功能一般与第一代数码录音笔功能相近，与智能录音笔相比有很大差距，特别是在语音清晰度、文字转换、人机互动、同步翻译、远距离收音等方面。

音频格式：CD 格式、WAV 格式、MP3 格式、WMA 格式等。

采集电影排名数据

小北接到任务，需获取电影排行榜信息，针对此项任务，小北采用网络爬虫技术，编写 Python 脚本程序从网络上获取电影排行榜页面的内容，解析网页中的信息，将符合条件的数据存储到指定文件中。任务流程如图 3-2 所示。

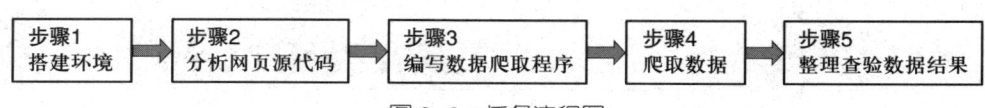

图 3-2　任务流程图

步骤 1：搭建环境

安装 Python 的集成发行版本 Anaconda 和 Python 第三方库。

（1）在浏览器里打开 Anaconda 官网，单击"Download"按钮下载 Anaconda，如图 3-3 所示。

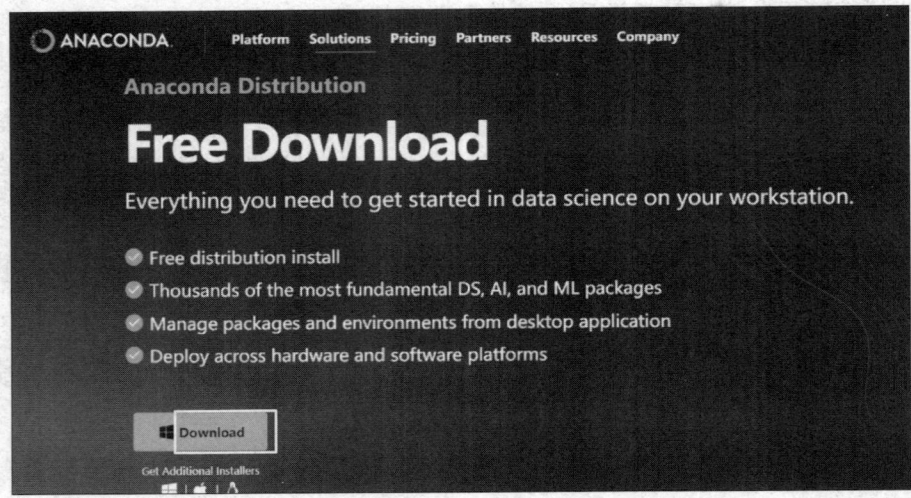

图 3-3　下载 Anaconda

（2）双击下载后的 Anaconda 安装程序文件，进行安装，安装过程默认配置，在高级安装选项（Advanced Installation Options）配置窗口中勾选添加到环境变量（Add Anaconda3 to my PATH environment variable），如图 3-4 所示。

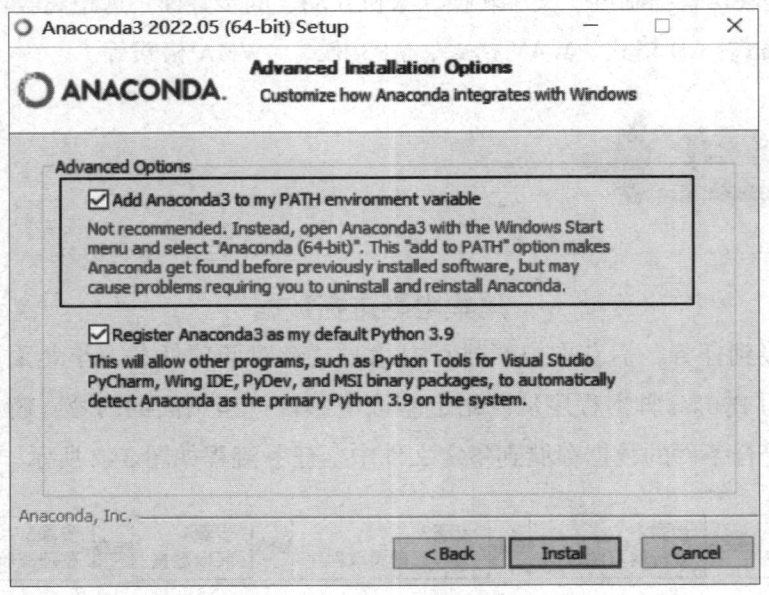

图 3-4　配置环境变量

（3）安装完成后，单击桌面"开始"按钮，找到软件，如图 3-5 所示，框中内容为已安装环境图标。

步骤 2：分析网页源代码

在爬取网站信息前需要查看网站的网络爬虫排除标准，即 Robots 协议，明确可爬取网页。本任务访问量小，类似手动访问网页，仅用于个人学习。本次任务将爬取豆瓣电影网站中电影的排名信息，访问量小，在爬取前需要分析网页源代码，以下是具体的分析过程。

（1）打开浏览器，对豆瓣电影网站首页进行访问，如图 3-6 所示。

（2）按"F12"键（或者 Fn + F12、Ctrl + Shift + I）打开浏览器开发人员调试工具，如图 3-7 所示。

（3）在本任务中，将循环爬取每一个在排名中的电影的信息，通过"选中元素"工具，移动鼠标选中将要分析的元素（第一部电影显示的列表项），从而定位到该元素代码的具体位置，如图 3-8 所示。

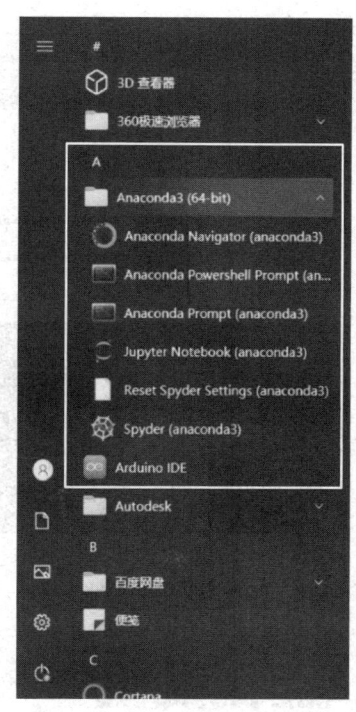

图 3-5 "开始"菜单界面

图 3-6 访问网站首页

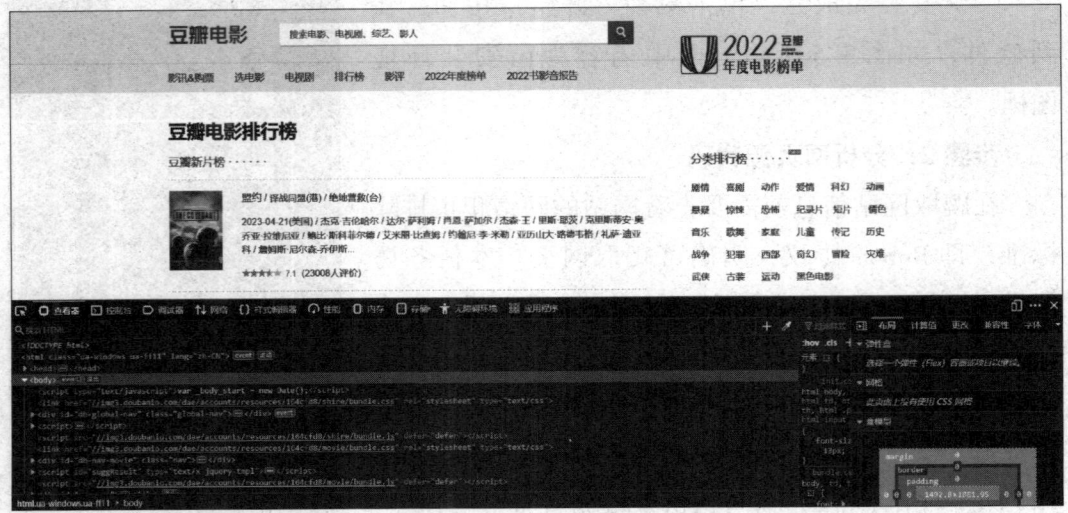

图 3-7 浏览器开发人员调试工具界面

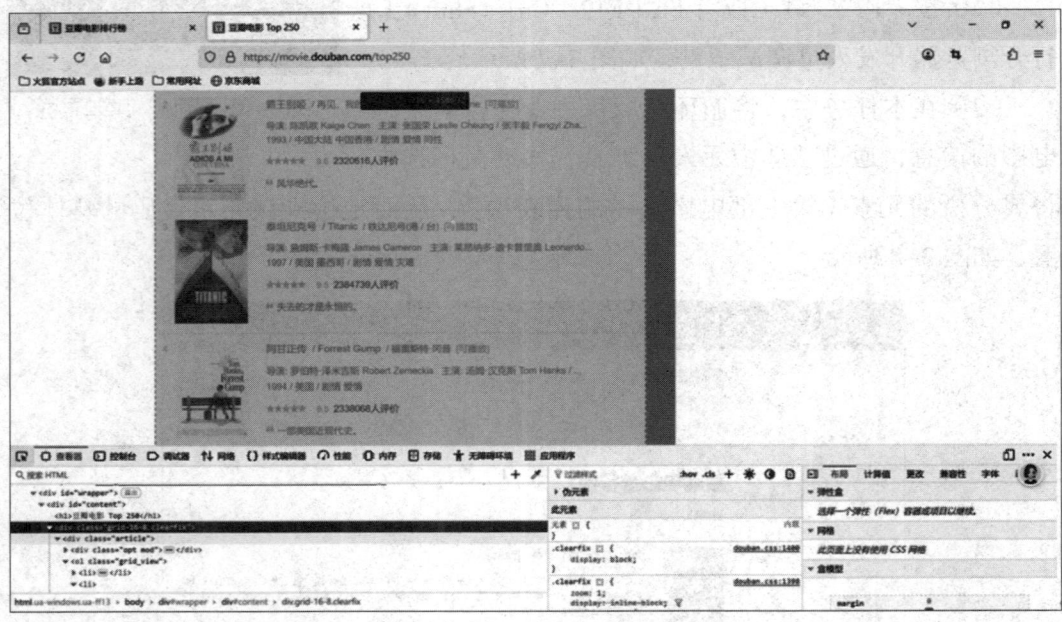

图 3-8 "选中元素"工具界面

（4）通过分析源代码，可以发现每部电影的信息都处于网页源码中一个类名为 item 的 div 元素之中，如图 3-9 所示。

（5）以某电影为例，将其类名为 item 的 div 元素展开，可以找到影片名和评分所处的标签位置，影片名被包含在 <span> 标签内，并赋予了 "title" 类名，影片评分被包含在 <span> 标签内，并赋予了 "rating_num" 类名，如图 3-10 所示。

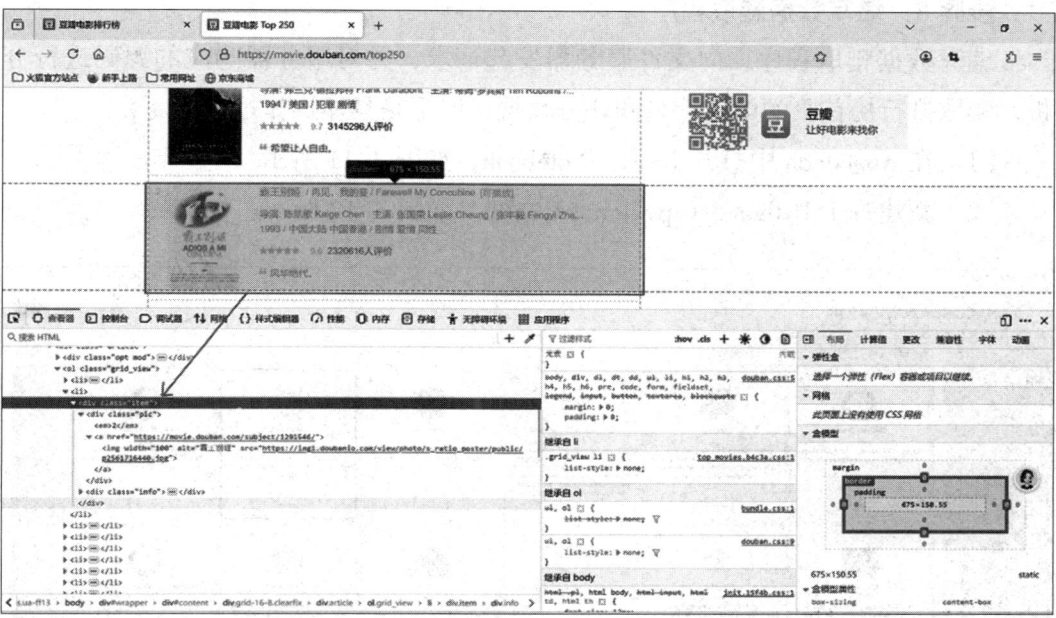

图 3-9　每部电影都在一个类名为 item 的 div 元素中

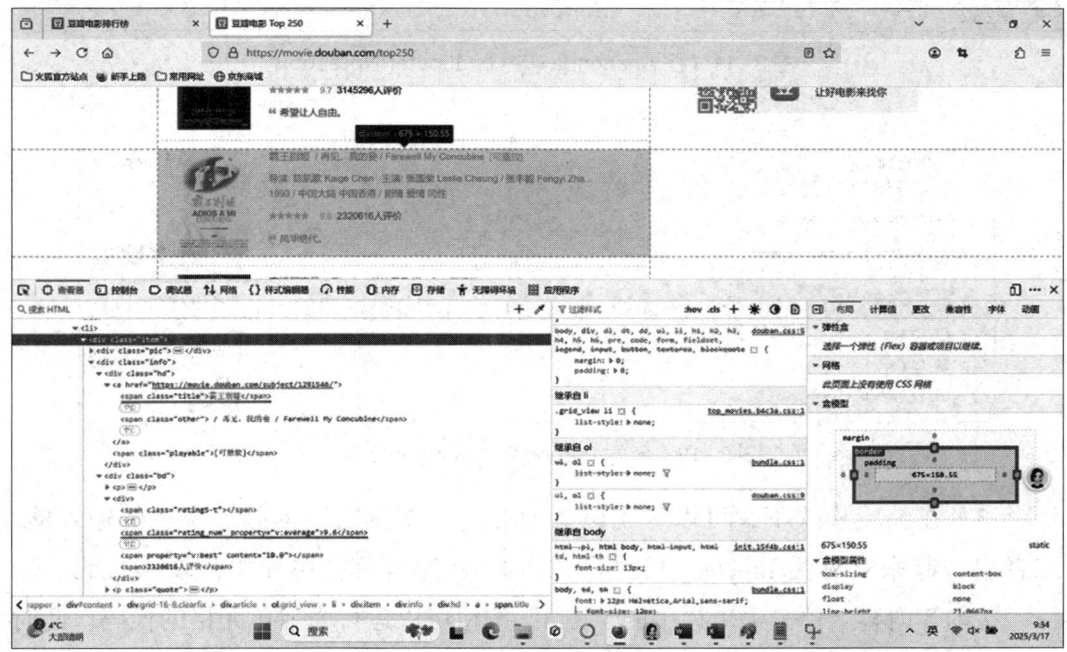

图 3-10　网页源码中电影信息位置

步骤 3：编写数据爬取程序

编写数据爬取程序，向文件服务器发起请求，并对服务器响应的源码进行分析，爬取排行榜首页的电影片名和评分数据，以下是具体操作过程。

（1）在 Anaconda 中打开 Jupyter Notebook，如图 3-11 所示。

（2）新建一个 Python 3（ipykernel）文件，如图 3-12 所示。

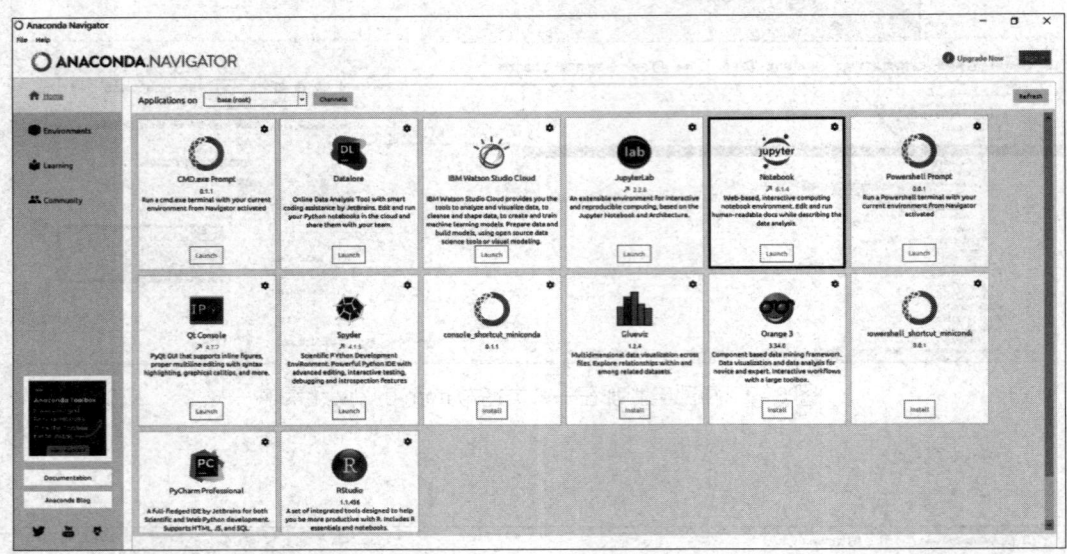

图 3-11　在 Anaconda 中打开 Jupyter Notebook

图 3-12　新建 Python 3（ipykernel）文件

（3）在编辑模式下，可以看到该页面 In[ ] 文本标题后面跟着灰色的输入框，二者组合起来被称为 Jupyter 单元格（Cell）。使用者可在单元格内输入代码、注释、文本等内容，单击菜单栏中的"Run"按钮可以运行当前单元格的代码，此时 In[ ] 的括号中会显示当前代码运行的顺序，如图 3-13 所示。

（4）单击菜单栏中的"+"按钮可以新增单元格，如图 3-14 所示。

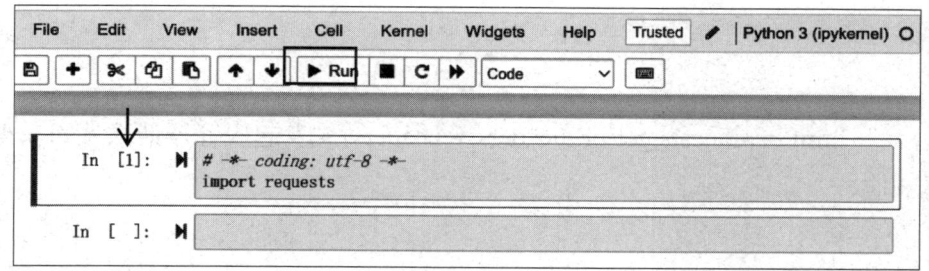

图 3-13 Jupyter 单元格

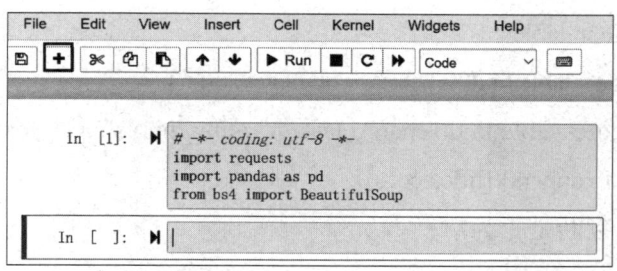

图 3-14 新增单元格结果图

（5）在新增单元格里将 requests、pandas 和 BeautifulSoup 模块导入当前程序，代码如下。

```
# -*- coding: utf-8-*-
import requests
import pandas as pd
from bs4 import BeautifulSoup
```

（6）定义一个名为 parse_html( ) 的函数，函数的功能为发起请求，对响应的网页源码进行解析，提取出需要的信息，存储到列表 info 中，并返回该列表。函数的参数为 url，即访问的页面的地址。首先定义一个 headers，定义请求头部，使用 requests 中的 get 方法构造一个向服务器请求资源的对象 html，再使用 BeautifulSoup 提取电影的片名和评分数据。具体代码如下。

```
def parse_html(url):
    info = [ ]
    headers = {
        "User-Agent":"Mozilla/5.0(Windows NT 10.0; Win64; x64; rv:109.0) Gecko/20100101 Firefox/113.0"
```

```
        }

        html = requests.get(url,headers = headers) # 发起服务器请求从而获得服
务器响应

        soup = BeautifulSoup(html.text,"lxml")
        tables = soup.find_all("table")
        for table in tables:
            title=table.find("a",class_='nbg').get("title")
            score=table.find("span",class_="rating_nums").get_text()
            info.append([title,score])
            # 判断是否为空
            if score is not None:
                score = score.get_text()
            info.append([title,score])
        return info
```

（7）定义一个 write_to_csv(film_list) 的函数，函数实现列表 film_list 写入 D:\data 文件夹中，并命名为 film.csv 文件。注意：在此之前，建议先在计算机的 D 盘下创建 data 文件夹。

```
def write_to_csv(film_list):
    df = pd.DataFrame(film_list)
    df.to_csv(r"D:\\data\\film.csv",encoding="gbk",header=0,index=False)
```

（8）调用 parse_html() 函数对首页页面数据进行爬取，并调用 write_to_csv() 函数将结果写入文件。

```
if __name__ == "__main__":
    # 定义需爬取的页面
    url = "https://movie.douban.com/chart"
    film_list = parse_html(url)
    write_to_csv(film_list)
```

步骤 4：爬取数据

（1）单击运行按钮，执行爬取数据程序，如图 3-15 所示。

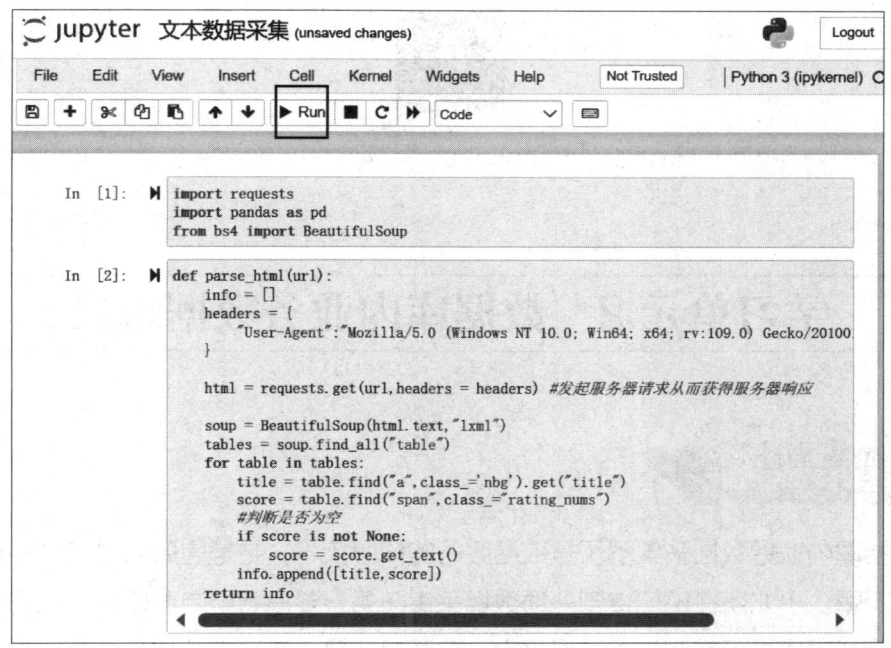

图 3-15　执行爬取数据程序

（2）查看 film.csv 文件内容，结果如图 3-16 所示。

至此，爬取电影排行榜首页数据的工作就完成了，任务实现过程：分析网页源代码，找出数据所在的标签，再通过爬虫读取数据并保存到 CSV 文件中。

步骤 5：整理查验数据结果

经查验发现原始数据没有表头，客户不能清晰地看到获取的数据含义，需要在数据表中添加表头，如图 3-17 所示。然后，将数据交付给客户，以便对原始数据进行数据清洗处理、数据分析等操作。

图 3-16　爬取数据结果　　　　图 3-17　整理后数据结果

请使用手机微信扫描二维码，获取"采集原始票据图片数据"和"采集语音数据"以及练习题的相关内容。

学习单元2　数据库内业务数据采集

数据库内业务数据采集不仅是数据服务的核心技术，更是信息化时代企业竞争力的重要支撑。小北所在部门接到一项数据采集任务，要根据甲方具体需求和场景，对一个大型数据库进行定制化的数据采集。这不仅仅是一次技术挑战，更要求对客户需求能够深刻理解。因数据库业务数据采集是一个涉及多个步骤和工具的复杂过程，所以小北要先学习数据库内业务数据采集的相关知识，随后要逐一完成搭建采集环境、编写采集脚本、采集数据和查验采集效果等工作，并完成整个采集流程的验证。

一、业务背景知识

1. 数据库管理系统

数据库管理系统（database management system，DBMS）是操作系统与用户间的数据管理软件，负责对收集的数据进行分类、存储等处理工作，其核心工作是对数据库的运行进行管理。较常用的数据库管理系统有Oracle、MySQL、Microsoft SQL、MariaDB等。随着技术的发展，结合数据库使用的语言不同，大致可分为数据库管理系统（DBMS）、非关系型数据库（NoSQL）、混合/新型数据库三类。

本学习单元采用关系数据库 MySQL 来组织和管理数据。一个关系数据库可以看成许多关系表的集合，每个关系表都可以看成一张二维表格，如"学生信息表"，见表 3-4。

表 3-4　学生信息表

学号	姓名	性别	语文成绩	数学成绩
23001	北北	男	90	92
23002	晶晶	女	96	83
23003	墩墩	男	88	95
23004	融融	女	68	98

2. 数据库标准语言 SQL

结构化查询语言（structured query language，SQL）是关系数据库的标准语言，也是一个通用的功能极强的关系数据库语言，其功能除了查询外，还包括数据库创建、数据库数据的插入与修改、数据库安全性和完整性定义等一系列功能。

常用的 SQL 语句可分为五类：数据定义语言（data definition language，DDL）、数据操作语言（data manipulation language，DML）、数据控制语言（data control language，DCL）、事务控制语言（transaction control language，TCL）和数据查询语言（data query language，DQL），本单元中常用的 SQL 语句见表 3-5。

表 3-5　常用的 SQL 语句

序号	语句类型	操作名称	语法格式	备注
1	数据定义类	创建数据库	创建数据库： CREATE DATABASE 数据库名称； 查看已经创建的所有数据库： SHOW DATABASES； 打开数据库： USE 数据库名称；	（1）在使用数据库之前，需要创建数据库 （2）每条 SQL 语句的末尾用英文分号结束
2	数据定义类	创建表	CREATE TABLE 表名称 （列名称 1 数据类型， 列名称 2 数据类型， 列名称 3 数据类型， ；……）	在一个数据库中会包含多个表

续表

序号	语句类型	操作名称	语法格式	备注
3	数据操作类	插入数据	方法一： INSERT INTO 表名称 VALUES（值1，值2，…）； 方法二： INSERT INTO 表名称（列1，列2，…）VALUES（值1，值2，…）；	（1）使用 INSERT INTO 语句向表中插入新的记录，如方法一 （2）指定所要插入数据的列，如方法二
4	数据查询类	查询数据	SELECT 列名称 FROM 表名称；	使用 SELECT 语句从数据库中查询数据
5	数据操作类	修改数据	UPDATE 表名称 SET 列名称=新值 WHERE 列名称=某值；	使用 UPDATE 语句修改表中的数据
6	数据操作类	删除数据	DELETE FROM 表名称 WHERE 列名称=某值；	
7	数据操作类	删除表	DROP TABLE 表名称；	使用 DROP TABLE 语句从数据库中删除一个表
8	数据操作类	删除数据库	DROP DATABASE 数据库名称；	使用 DROP DTABASE 语句删除一个数据库

注：SQL 语句中关键字用大写字母，标识符用小写字母。

二、数据库业务采集工具

1. MySQL

MySQL 是一种安全、可靠、稳定的基于 SQL 的关系数据库管理系统，适用于任务关键型应用程序、动态网站以及嵌入式数据库等。

在 MySQL 数据库的命令行窗口，可以使用常用 SQL 语句完成数据库的操作，见表 3-6。

表 3-6 常见数据库操作

序号	操作名称	语法格式
1	创建数据库	CREATE 数据库名
2	查看已创建的所有数据库	show database
3	打开已创建的数据库	use 数据库名

续表

序号	操作名称	语法格式
4	创建表	CREATE TABLE 表名字 (列名称1 数据类型, 列名称2 数据类型, 列名称3 数据类型, …);
5	查看已创建的表	SHOW TABLES

数据表及数据库查询、修改和删除等命令参见表 3-5 中的常用 SQL 语句。

2. Python 扩展库和模块

由于 MySQL 不直接支持 Python3，因此使用者需要使用 pymysql 与 SQLAlchemy 与其进行交互。

（1）pymysql。pymysql 是 Python 中操作 mysql 的模块。pymysql 的使用包括创建数据库对象、获取游标对象、执行 SQL 语句、释放资源四个步骤。其使用 connect 来连接数据库。

（2）SQLAlchemy。SQLAlchemy 是 Python SQL 工具包和对象关系映射器，SQLAlchemy 呈现为两个不同的 API，其中 ORM[①] 构建在 Core 之上。Core 是作为"数据库工具包"SQLAlchemy 的基础架构，该库提供了用于管理与数据库的连接、数据库查询和结果交互以及 SQL 语句的编程构建的工具。其通过 SQLAlchemy 中的 create_engine() 函数连接数据库。

（3）OS。OS（operating system，操作系统）模块是 Python 中操作文件系统的模块，它是 Python 程序与操作系统进行交互的接口。

采集数据库业务数据

小北接到任务，辅助完成采集数据库业务数据工作，将 MySQL 中的表数据进

---

① ORM（object relational mapping）对象关系映射，是一种程序设计技术，用于实现面向对象编程语言中不同类型系统的数据之间的转换。

行抽取，加载到程序中，以便为后续数据清洗、标注、分析等原始业务数据处理做好准备工作，任务流程如图 3-18 所示。

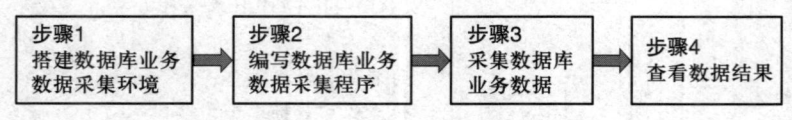

图 3-18　任务流程图

步骤 1：搭建数据库业务数据采集环境

在进行数据库数据的采集之前，需要进行业务数据采集的环境搭建。该环境搭建主要内容包含两方面：使用 pip 工具来安装 Python 所需的 pymysql 库和 sqlalchemy 库；下载并安装 MySQL。

具体操作步骤请扫描二维码获取。

步骤 2：编写数据库业务数据采集程序

利用 pandas、pymysql 和 SQLAlchemy 库中的方法、函数实现将"步骤 1"MySQL 中 result 数据库的 score 表中的数据采集到一个 CSV 格式的文本文件中，具体过程如下。

（1）打开 Jupyter Notebook，新建一个终端（Terminal），如图 3-19 所示。

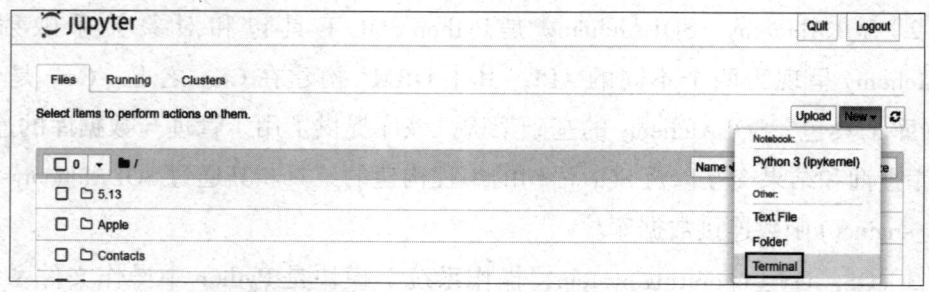

图 3-19　在 Jupyter Notebook 中新建"Terminal"

（2）回到 Jupyter Notebook（Anaconda）首页，选择"New"（新建）菜单下的"Python3（ipykernel）"文件，新建 Notebook 文件，编写代码实现数据库业务数据的采集。导入相关 Python 库。

```
import pandas as pd
import os
import pymysql
import sqlalchemy
```

（3）在新增单元格中编写代码，实现通过 SQLAlchemy 中的 create_engine() 函数来获取数据库引擎对象，再通过调用对象中 connect( ) 方法来获取数据库对象，以此来操作数据库。root:123456 中 root 表示 MySQL 用户名，123456 表示用户密码，result 表示待连接的数据库名称。注意：此处密码应与步骤 2 中设置的用户密码一致。

　　engine = sqlalchemy.create_engine(f"mysql+pymysql://root:123456@127.0.0.1:3306/result")
　　conn = engine.connect( )

（4）调用 pandas 中的 read_sql_table( ) 函数，通过数据库连接对象来读取 result 数据库中 score 表中的数据。

　　data = pd.read_sql_table("score",conn)

（5）将结果写入 D:\data 下的文本文件 result.csv 中。

　　data.to_csv(r"D:\data\result.csv")

步骤 3：采集数据库业务数据

在 D 盘中创建文件夹 data 后，单击"Run"按钮，采集数据库业务数据，如图 3-20 所示。

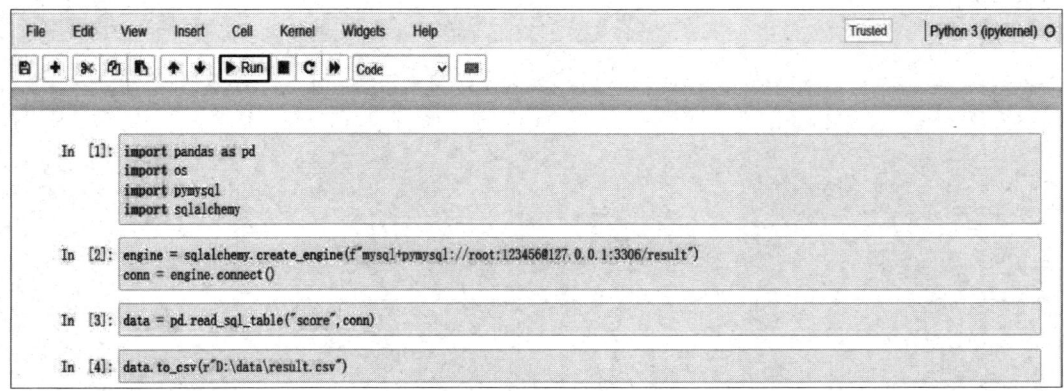

图 3-20　采集数据

步骤 4：查看数据结果

通过执行步骤 4，数据传送到目标文件中，数据库业务数据采集工作完成。打开 D:\data 文件夹中采集到的数据库业务数据文件 result.csv，查验数据采集结果，数据采集结果如图 3-21 所示。

	A	B	C	D	E	F	G
1		id	stuno	name	math	chinese	avg
2	0	1	202501	A1	90	90	90
3	1	2	202521	B1	90	72	77.4
4	2	3	202510	C0	90	74	78.8
5	3	4	202511	D1	90	68	74.6
6	4	5	202525	E1	90	74	78.8

图 3-21 数据采集结果

在实际应用中还可以根据需求搜索整个数据源，使用一定的标准筛选出符合要求的数据，再将这些数据导入其他数据分析平台。

请使用手机微信扫描二维码，获取"环境准备"和练习题的相关内容。

培训课程 2　业务数据处理

在本培训课程模块中，依据业务数据处理要求，设置了业务数据整理归类和业务数据汇总两个学习单元。学习内容以业务数据处理项目为载体，学习者以数据处理员身份，先学习数据整理规范和方法、数据汇总规范和方法，再通过归类结构化数据、归类非结构化数据、汇总结构化数据和汇总非结构化数据共四项任务，达成初阶业务数据处理工作所需的知识和能力要求。

学习单元1　业务数据整理归类

通过前期项目的锻炼，小北能够胜任常见原始业务数据采集和数据库内业务数据采集工作。小北所在部门决定让其着手数据处理工作，完成近期承接的业务数据整理归类，工作内容包括：①将已采集的某餐厅的原始经营数据整理归类，整理出月度和季度数据；②对盘符路径下杂乱无序的视频、图片、语音等文件进行文件类型识别，整理归类并存储文件数据。小北要始终坚守诚信原则，确保数据归类操作的严谨规范，为企业提供有价值的信息支持，他将在完成学习数据整理的规范和方法后，开展工作。

一、数据整理规范和方法

1. 数据整理的规范

数据整理是根据任务,对所收集到的原始资料进行加工汇总,使其系统化、条理化、科学化,从而得出反映事物的特征。

数据整理规范是指遵循一系列严格的标准和流程,以确保数据质量、一致性和适用性。

不同系统的数据往往存在一定的差异,如标准、格式、标识不同,其中甚至可能存在错误的数据。这就需要建立一套标准化的体系,对存在差异的数据统一标准,使其符合统一规范,能在同样的指标下进行分析,保证数据分析结果的可靠性。

数据整理的原则:目的性原则、联系性原则、简明性原则。

2. 数据整理的方法

(1)缺失值处理。由于调查、编码和录入误差,数据中可能存在一些缺失值,需要给予适当的处理。常用的处理方法有:估算、整例删除、变量删除和成对删除。

(2)异常值处理。根据每个变量的合理取值范围和相互关系,检查数据是否符合要求,发现超出正常范围、逻辑上不合理或者相互矛盾的数据。

(3)数据类型转换。数据类型往往会影响到后续的数据处理分析环节,因此,需要明确每个字段的数据类型,比如,来自 A 表的"学号"是字符型,而来自 B 表的对应字段是日期型,在处理的时候就需要对二者的数据类型进行统一处理。

(4)重复值处理。重复值的存在会影响数据分析和挖掘结果的准确性,所以,在数据分析和建模之前需要进行数据重复性检验,如果存在重复值,还需要进行重复值的删除。

二、Python 文件操作

1. os 文件操作模块

(1)isdir() 判断文件(夹)是否为空。

os.path.isdir(path)

传入一个完整的文件路径，判断它是不是文件夹。

os.path.isfile(path)

传入一个完整的文件路径，判断它是不是文件。

（2）listdir( ) 返回指定路径下的目录名和文件名。

os.listdir(path=".")

其中，path 是一个字符串类型的参数，表示要查看的目录的路径。在"os.listdir (path=".")"中，"path="."" 把路径指定为当前工作目录。在 UNIX 和 Windows 系统里，"."代表当前目录，".."代表父目录。所以，"os.listdir (path=".")"会返回当前工作目录下的所有文件和文件夹的名称列表。

（3）mkdir( ) 创建一级目录。

mkdir(path,mode,dir_fd)

其中，参数 path 用于指定要创建目录的路径。mode 表示指定目录的模式，默认模式为八进制的 0777。dir_fd 表示指定打开文件描述符的路径。无返回值。注意：如果文件夹已经存在，就会报错。因此创建文件夹之前，可使用 os.path.exists(path) 函数判断文件夹是否存在。

2. shutil 模块

shutil 模块是 Python 标准库中的高级文件操作模块，它作为 os 模块的补充，提供了复制、移动、删除、压缩、解压等操作，是一个非常重要的模块。

（1）模块导入

import shutil

（2）复制文件

shutil.copy(src,dst)

copy( ) 方法用于复制文件或目录。其语法如下。

shutil.copy(src,dst,follow_symlinks=True)

其中，参数 src 表示源文件或目录的路径，参数 dst 表示复制到的目标路径，参数 follow_symlinks 表示是否复制符号链接文件，默认为 True。如果 src 和 dst 均为文件，则复制文件；如果 src 为目录，而 dst 不存在，则复制整个目录；如果 src 是目录，并且 dst 已经存在，则只复制目录下的文件，而不包括源目录本身。

3. pandas 数据结构

（1）Series 是一维数组，能保存不同的数据类型（数字、字符串、Boolean 值）。

（2）DataFrame 是一个二维表格型的数据结构，由多个列组成，每一列都有一个名称，可以将 DataFrame 理解为 Series 的容器。其结构既有行索引也有列索引，从形状上可以看作一个表格，如图 3-22 所示。

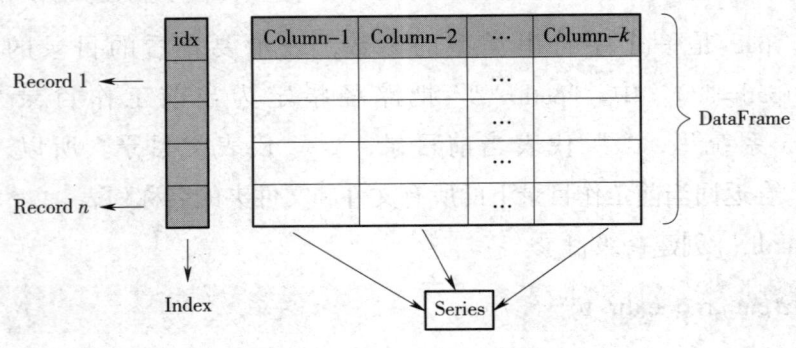

图 3-22 DataFrame 结构

DataFrame 构造方法如下。

```
pandas.DataFrame(data,index,columns,dtype,copy)
```

参数说明如下。

data：一组数据 (ndarray、series、map、lists、dict 等类型)。

index：索引值，或者可以称为行标签。

columns：列标签，默认为 RangeIndex(0,1,2,…,n)。

dtype：数据类型。

copy：拷贝数据，默认为 False。

整理归类结构化数据

小北接到某餐厅经营数据处理业务，因业务经营的数据集中有一个为字符串类型的时间字段，任务需要利用程序实现将此字段数据类型转换成时间日期类型，并按照季度、月份整理归类数据。

针对此任务，小北采用Python结合pandas数据分析库，利用pd.read_csv()函数读写CSV文件数据，并返回DataFrame。然后对数据进行审核和数据类型的转换，将时间字段从原来的数据类型转换成时间日期类型，再将数据分别按照季度、月份进行归类整理。任务流程如图3-23所示。

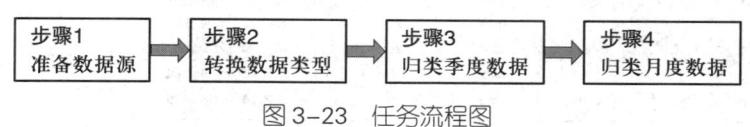

图3-23　任务流程图

步骤1：准备数据源

在处理数据之前，先将名称为meal_order_info.csv的文件拷贝，数据集字段：id（序号）、number_consumers（消费人数）、dining_table_id（餐桌序号）、dishes_count（菜品数量）、accounts_payable（应付账款）以及use_start_time（用餐时间）。

将数据文件复制到D:\space\maskprocess\restaurant文件夹下，如果没有此路径，则创建，打开文件确认数据，如图3-24所示。

id	number_consumers	dining_table_id	dishes_count	accounts_payable	use_start_time
1	4	1485	13	423	2016/2/5 19:08
2	7	1516	29	1101	2016/1/4 11:51
3	5	1504	20	437	2016/1/29 13:31
4	2	1482	8	251	2016/1/19 12:02
5	2	1480	6	363	2016/7/18 12:35
6	4	1502	15	545	2016/1/15 12:26
7	9	1519	41	1141	2016/2/4 20:55
8	9	1498	40	1411	2016/3/10 20:21
9	10	1495	40	1704	2016/1/21 12:50

图3-24　确认数据

步骤2：转换数据类型

（1）在Jupyter Notebook中新建Python3（ipykernel）文件，在单元格内输入代码、注释、文本等内容，例如导入程序所需要的pandas库。

```
import pandas as pd
```

（2）在新增的单元格中写入以下代码，以实现从D:\space\maskprocess\restaurant\中读取待处理的数据集，将结果赋值给data，并运行单元格代码。

```
# 读取数据
data = pd.read_csv(r"D:\space\maskprocess\restaurant\meal_order_info.csv")
```

（3）在新增的单元格中写入以下代码，查看数据集加载情况。

```
data.head()
```

（4）运行代码后显示数据集前 5 条记录，如图 3-25 所示。

图 3-25　数据集

（5）在新增的单元格中写入以下代码，查看数据集各列的数据类型。

```
data.dtypes
```

（6）运行代码后显示数据集各个字段（列）的数据类型，结果显示用餐时间 use_start_time 是 object 对象类型，如图 3-26 所示。

图 3-26　数据集各字段数据类型

（7）在新增的单元格中写入以下代码，将 use_start_time 转换为时间类型。

```
# 将 use_start_time 时间转换成时间类型
data["use_start_time"]=pd.to_datetime(data["use_start_time"],format='%Y/%m/%d %H:%M')
data.dtypes
```

（8）再次运行代码后显示数据集各个字段（列）的数据类型，用餐时间 use_start_time 已转换为 datetime 类型，如图 3-27 所示。

步骤 3：归类季度数据

创建一个函数 get_quarter(x)，参数 x 表示时间参数，函数的作用是取 x 时间所在的季度。再利用 DataFrame 的 apply 方法 [用来调用一个函数，让此函数对数据对象进行批量处理，pandas 的很多对象都可以使用 "apply( )" 来调用函数，如

Dataframe、Series、分组对象、各种时间序列等〕，取所有的时间的季度，将结果存入新增列 quarter。

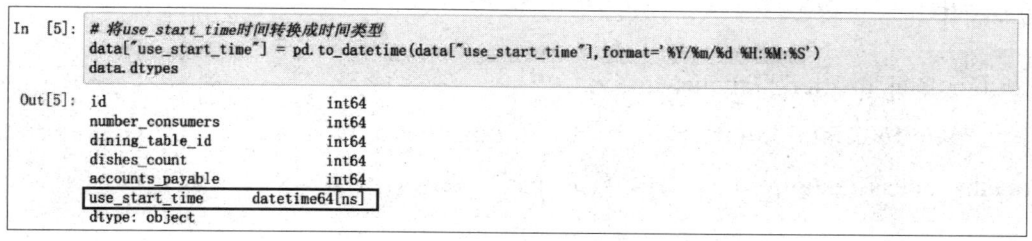

图 3-27 转换数据类型后数据集各字段

（1）在新增的单元格中写入以下代码，定义函数 x，调用 apply 方法使用自定义函数 get_quarter( ) 实现在 data 中新增一列 quarter（季度）。

```
# 定义函数
def get_quarter(x):
    return x.quarter
# 新增 quarter（季度）列
data["quarter"]= data["use_start_time"].apply(get_quarter)


# 查看结果
Data
```

（2）运行代码后显示数据集结果，如图 3-28 所示。

图 3-28 数据集结果

（3）在新增的单元格中写入以下代码，分别实现根据 quarter 列将 1、2、3、4 季度的数据存入文件 1 季度数据 .csv、2 季度数据 .csv、3 季度数据 .csv、4 季度数据 .csv 中。

```
for i in data["quarter"].unique( ):
    data.loc[data["quarter"]==i].drop("quarter",axis=1).to_csv(r"D:\space\maskprocess\restaurant\{ }季度数据.csv".format(i))
```

（4）运行单元格代码，查看在 D:\space\maskprocess\restaurant 文件夹中是否出现 1 季度数据 .csv、2 季度数据 .csv、3 季度数据 .csv、4 季度数据 .csv 四个新文件，运行结果如图 3-29 所示。

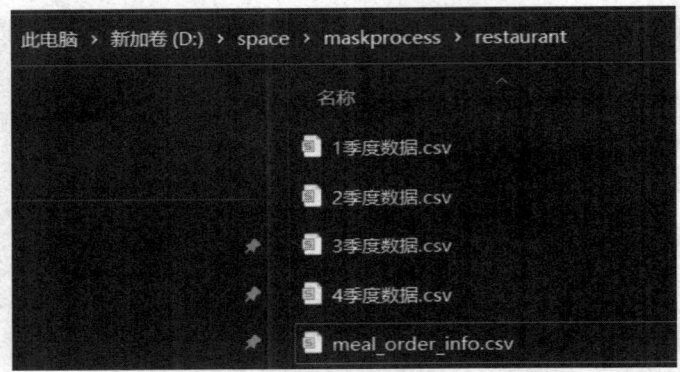

图 3-29　生成新文件

步骤 4：归类月度数据（可扫二维码获取相关内容）

最终，小北通过进行审核数据格式、完整性、准确性、重复数据以及数据之间的一致性等操作，将原始的数据文件按季度整理归类成四个数据集文件，按照月份整理归类成七个数据集文件，为有针对性地解决数据问题提供了依据。

请使用手机微信扫描二维码，获取"归类非结构化数据"的实践内容和练习题。

学习单元2　业务数据汇总

在小北所承担的业务数据处理职责中,业务数据汇总环节对于整体数据处理工作的准确性和高效性具有关键作用。当前业务数据汇总工作包括:①针对某品牌商品的销售订单数据,处理该品牌九家店铺销售订单数据,统计销售量和销售额并按分店销售业绩排名,并将数据汇总存放,通过分析,为后续企业营销战略调整提供数据支撑;②针对某餐饮店的平台评论数据,统计高频关键词并将结果进行保存和分析,帮助企业了解客户需求和市场趋势。小北深知该项工作的重要性,在明确数据汇总规范和方法后,严谨细致地完成了两类数据的汇总,确保了数据的准确性。

一、数据汇总规范和方法

1. 数据汇总的规范

为确保数据质量、准确性和一致性,进行数据汇总时应遵循以下规范。

首先,明确数据汇总的目标和范围,确保所汇总的数据与业务需求和训练模型的要求相符。这包括确定需要汇总的数据类型、来源和时间段等。

其次,对数据进行清洗和预处理,去除重复、错误或无效的数据,并处理缺失值或异常值。这有助于确保数据的准确性、可靠性和整体质量。

在数据整合过程中,应根据业务需求和模型特点选择合适的整合方法,如按照特定规则对数据进行分类、分组或合并。同时,确保整合后的数据保持原有的业务逻辑和关联性。

对于数据汇总方法的选择,应根据数据类型和分析需求来确定。例如,对于数值型数据,可以采用求和、平均值、中位数等统计方法进行汇总;对于分类数据,可以采用频数、比例等方式进行汇总。此外,还可以根据业务需求自定义汇总逻辑和规则。

2. 数据汇总的作用

（1）有助于提供全面且多样化的数据集。对于机器学习算法来说，一个具有代表性和多样性的数据集至关重要。通过汇总不同来源、不同场景下的数据，可以为算法提供更丰富的样本和标签，从而帮助算法更好地理解问题的本质，提高模型的预测和分类精度。

（2）有助于提升数据质量。在数据汇总的过程中，可以对数据进行清洗、去重、格式统一等预处理操作，从而消除数据中的噪声和异常值，提高数据的准确性和一致性。高质量的数据集可以确保机器学习算法学习到正确的模式和规律，减少模型训练中的偏差，提升实际应用性能。

（3）有助于发现数据中的潜在规律和特征。通过对大量数据进行汇总和分析，可以发现数据之间的关联性和趋势，为后续的模型训练提供有价值的指导。这些潜在规律和特征可能对于特定任务的解决至关重要，因此数据汇总在人工智能训练中具有不可忽视的作用。

（4）可以提高训练效率。通过将数据汇总成合适的形式，可以将其方便地输入机器学习模型中进行训练。这不仅能够减少数据处理的复杂性和时间成本，还能够提高模型的训练速度和收敛性能。

3. 数据汇总的方法

数据汇总的方法多种多样，具体取决于数据的类型、结构以及分析目标。常见的数据汇总方法如下。

（1）基本统计汇总

求和：计算某一列或某几列数的总和。

平均值：计算某一列或某几列数的平均值。

中位数：找出某一列的中位数，即排序后位于中间的数。

众数：找出某一列中出现次数最多的数。

标准差和方差：衡量数据的离散程度。

（2）分组汇总

使用数据透视表：在 Excel 或类似的数据处理软件中，通过数据透视表可以对数据进行分组、汇总和计算。

使用 groupby 函数：在 pandas 等数据处理库中，groupby 函数可以根据一个或多个键对数据进行分组，并对每个组进行汇总。

（3）条件汇总

使用条件语句：根据特定条件对数据进行筛选，并对筛选后的数据进行汇总。

使用筛选功能：在 Excel 或其他数据处理软件中，通过筛选功能可以选择满足特定条件的数据进行汇总。

（4）高级汇总

使用聚合函数：在数据处理库中，可以使用聚合函数（如 sum、mean、max、min 等）对数据进行汇总。

自定义汇总逻辑：通过编写自定义函数或脚本，实现特定的汇总逻辑。

（5）可视化汇总

使用图表：将数据以图表的形式展示，如柱状图、折线图、饼图等，以便直观地查看数据的分布和趋势。

使用迷你图：在 Excel 中，可以使用迷你图功能在单元格内显示数据的趋势或变化。

（6）使用数据库查询

对于存储在数据库中的数据，可以使用 SQL 查询语句进行汇总，如使用 sum、avg、count 等聚合函数。

二、Python 数据分析

pandas 是基于 numpy 数组构建的，但二者最大的不同是 pandas 是专门为处理表格和混杂数据而设计的，比较契合统计分析中的表结构，而 numpy 更适合处理统一的数值数组数据。pandas 数组结构包括一维 Series 数据结构和二维 DataFrame 数据结构。

1. pandas 模块

（1）分组。pandas 中的 groupby( ) 函数可以完成各种分组操作，分组是根据 DataFrame/Series 的某个字段值，将该字段的值相等的行/列分到同一组中，每一个小组是一个新的 DataFrame 或 Series。

（2）排序。pandas 中的 sort_values( ) 函数可以根据某个字段对数据集进行排序，该函数既可以根据指定列数据，也可以根据指定行数据进行排序。

```
df.sort_values(by='要排序的列',axis=0,ascending=False)
```

参数说明如下。

axis=0 按照列排序，axis=1 按照行排序。

ascending=False 降序，ascending=True 升序。

（3）求和。pandas 中的 sum( ) 函数可以用来对数据进行求和操作。它可以接受一个或多个参数，并返回一个求和结果。

（4）计数。pandas 中 value_counts( ) 函数常用于数据表的计数及排序，用来查看在数据表中，指定列里有多少个不同的数据值，并计算每个不同值在该列中的个数，同时还能根据需要进行排序。

（5）读取 Excel 文件。pandas 中的 read_excel( ) 函数可以通过一个路径读取 Excel 文件，并且 sheet_name 会指明具体读取的表格。

2. numpy 模块

numpy 库是用 Python 进行数值计算、矩阵运算、数据操作、数据分析的常用库，是学习 pandas 库的基础，numpy 的数据操作通常包括以下四个步骤：创建数据容器、操作容器、读取与修改数据和操作数据。

3. jieba 模块

jieba 是中文分词第三方库，由于中文文本之间每个汉字都是连续书写的，需要通过特定的手段来获得其中的每个词组，这种手段叫作分词，可以通过 jieba 库来完成这个过程。

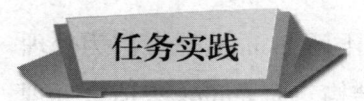

汇总结构化数据

小北接到任务，针对某品牌商品 9 家店铺的销售订单数据（XLSX 类型的文件），对包括订单产生日期（DATETIME）、销售量（AMOUNT）、销售额（MONEY）及店铺名称（STORE）在内的数据，进行针对性的销售数据分析，帮助企业及时洞察市场动向，发现企业销售过程中的问题，调整营销策略。

小北对销售订单业务数据中的销售量和销售额分组求总，再按照销售量和销售额进行降序排序，统计出总的销售业绩，并按照分店销售业绩进行排名，最后将两部分数据分别存入 XLSX 文件中的两个 Sheet 表格中进行汇总，为企业制定决策提供依据。任务流程如图 3-30 所示。

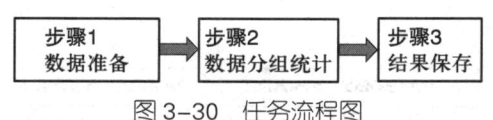

图 3-30 任务流程图

步骤 1：数据准备

销售订单数据以 Excel 文件的形式存放，数据包括订单产生日期（DATETIME）、销售量（AMOUNT）、销售额（MONEY）及店铺名称（STORE）。在处理数据之前，需要使用 Pandas 中的 read_excel( ) 函数将数据读取并加载到程序当中。

（1）首先将数据集文件 orders.xlsx 拷贝至 D:\space\maskprocess 文件夹下，如图 3-31 所示。

图 3-31 拷贝数据集文件

（2）打开 Jupyter Notebook，新建一个 ipynb 文件。导入数据分析库 Pandas、数值计算扩展库 Numpy，在代码单元中写入下列代码。

```
import pandas as pd
import numpy as np
```

（3）本数据是一个 Excel 数据文件，因此要使用 Pandas 中的 read_excel( ) 函数读取访问文件，将读取到的数据赋值给 data，再使用 data 的 head( ) 方法查看前 5 行记录。

```
data=pd.read_excel("D:\\space\\maskprocess\\orders.xlsx")
data.head( )
```

（4）运行本段代码，观察数据 data 的前 5 行数据集，如图 3-32 所示。

步骤 2：数据分组统计

分组统计是根据统计研究的需要，按照一定的标志，将统计总体划分为若干组成部分的一种统计方法。在此步骤中，将按照店铺 STORE 进行分组统计，并求销售总量、销售总额。

	DATETIME	AMOUNT	MONEY	STORE
0	2019-06-24	481	221.226574	store_4
1	2019-04-20	2281	1501.763664	store_4
2	2019-05-19	1059	679.513544	store_8
3	2019-10-26	2281	450.613490	store_8
4	2019-06-03	481	966.170749	store_1

图 3-32 数据 data 的前 5 行数据集

（1）使用 Pandas 数据类型 DataFrame 的 groupby( ) 方法对步骤 1 中加载成功的数据 data 进行分组统计，对店铺 STORE 进行分组后求每个店铺销售总量、销售总额，将结果赋值给 data_sum。

```
data_sum = data.groupby("STORE",as_index=False).sum( )
data_sum
```

（2）运行所有单元格代码，打印 data_sum 的结果（此处"打印"指将信息输出到控制台或其他输出设备上，以便程序员或用户查看结果，下同），得到每个店铺的销售总量和销售总额，data_sum 的结果如图 3-33 所示。

	STORE	AMOUNT	MONEY
0	store_1	113120	81177.880927
1	store_2	134096	91710.193083
2	store_3	107836	77424.119801
3	store_4	121126	89922.932820
4	store_5	111732	74286.689305
5	store_6	155602	108505.100572
6	store_7	108357	82835.430786
7	store_8	134100	84320.614689
8	store_9	136141	96954.279981

图 3-33 data_sum 的结果

（3）使用 sort_values( ) 方法对分组求总后的数据 data_sum 按销售总量进行排序，将排序后的结果赋值给 data_sort_amount。

```
data_sort_amount = data_sum.sort_values("AMOUNT",ignore_index=True)
data_sort_amount
```

（4）运行（3）中的代码，打印 data_sort_amount 的结果，如图 3-34 所示。

	STORE	AMOUNT	MONEY
0	store_3	107836	77424.119801
1	store_7	108357	82835.430786
2	store_5	111732	74286.689305
3	store_1	113120	81177.880927
4	store_4	121126	89922.932820
5	store_2	134096	91710.193083
6	store_8	134100	84320.614689
7	store_9	136141	96954.279981
8	store_6	155602	108505.100572

图 3-34 data_sort_amount 的结果

（5）使用 sort_values( ) 方法对分组求总后的数据 data_sum 按销售总额 MONEY 进行排序，将排序后的结果赋值给 data_sort_money。

```
data_sort_money = data_sum.sort_values("MONEY",ignore_index=True)
data_sort_money
```

（6）运行（5）中的代码，打印 data_sort_money 的结果，如图 3-35 所示。

	STORE	AMOUNT	MONEY
0	store_5	111732	74286.689305
1	store_3	107836	77424.119801
2	store_1	113120	81177.880927
3	store_7	108357	82835.430786
4	store_8	134100	84320.614689
5	store_4	121126	89922.932820
6	store_2	134096	91710.193083
7	store_9	136141	96954.279981
8	store_6	155602	108505.100572

图 3-35 data_sort_money 的结果

步骤 3：结果保存

为了获得店铺销售排名，需要快速对每个店铺销售总订单量、销售总金额进行排名，并增加排名列，然后汇总到一个结果文件中，分成两个 Sheet 表格进行存放，具体的过程如下。

（1）使用sort_values()方法对分组求总后的数据data_sum按销售总量进行降序排序，将结构保存到d1，并新增一列AMOUNT_rank作为店铺销售总量排名数据。

```
d1=data_sum.sort_values("AMOUNT",ignore_index=True,ascending=False)
d1["AMOUNT_rank"]=pd.Series(["第 %s 名 "%i for i in np.arange(1,10)])
```

（2）使用sort_values()方法对分组求总后的数据data_sum按销售总额进行降序排序，将结构保存到d2，并新增一列MONEY_rank作为店铺销售总额排名数据。

```
d2=data_sum.sort_values("MONEY",ignore_index=True,ascending=False)
d2["MONEY_rank"]=pd.Series(["第 %s 名 "%i for i in np.arange(1,10)])
```

（3）创建一个新的orders_result.xlsx文件，在文件中创建两个表格，表格名称为"按AMOUNT排名""按MONEY排名"，将结果d1、d2分别写入这两个表格中。

```
with pd.ExcelWriter("D:\\space\\maskprocess\\orders_result.xlsx") as writer:
    d1[["STORE","AMOUNT","AMOUNT_rank"]].to_excel(writer, sheet_name=" 按 AMOUNT 排名 ",index_label=" 序号 ")
    d2[["STORE","MONEY","MONEY_rank"]].to_excel(writer, sheet_name=" 按 MONEY 排名 ",index_label=" 序号 ")
```

（4）运行此步骤的代码后，程序会在D:\space\maskprocess下生成一个结果文件orders_result.xlsx，文件中有两个表格，分别存放了店铺按AMOUNT排名数据和按MONEY排名数据，如图3-36所示。

本任务从Excel文件中读取某品牌商品的销售数据开始，按照每个店铺进行分组后，将销售订单量和销售金额分别进行求总、排名，从而实现了业务统计结果数据的汇总。

	A	B	C	D	E	F
1	序号	STORE	AMOUNT	AMOUNT_rank		
2	0	store_6	155602	第1名		
3	1	store_9	136141	第2名		
4	2	store_8	134100	第3名		
5	3	store_2	134096	第4名		
6	4	store_4	121126	第5名		
7	5	store_1	113120	第6名		
8	6	store_5	111732	第7名		
9	7	store_7	108357	第8名		
10	8	store_3	107836	第9名		

图 3-36　orders_result.xlsx 文件

请使用手机微信扫描二维码，获取"汇总非结构化数据"的实践内容和练习题。

职业模块 ④
数据标注

数据标注在建设数字中国、加快发展数字经济、促进数字经济和实体经济深度融合以及打造具有国际竞争力的数字产业集群等方面发挥着重要作用。数据标注是数字化进程中的基础环节，其通过对语音、图片、文本、视频等原始数据进行加工处理，将这些原始数据转换为机器可识别的信息。这一过程对于构建智能化、数字化的社会环境至关重要，是推动数字中国建设不可或缺的一部分。

初级数据标注是机器学习项目的基础工作，它为模型训练提供了必要的基础数据。通过对原始数据进行分类、标记、注释等处理，使得这些数据能够被机器学习算法所识别和利用。在本职业模块中，读者将初次学习数据标注的相关知识，练习初级数据标注技能，达到以下知识与技能要求。

1. 掌握数据清洗工具的使用方法，能够根据标注规范和要求，对文本、视觉、语音数据进行清洗。

2. 掌握数据标注工具的使用方法，能够根据标注规范和要求，对文本、视觉、语音数据进行标注。

3. 掌握数据分类工具的使用方法，能够利用数据分类工具对标注后数据进行分类。

4. 掌握数据统计工具的使用方法，能够利用数据统计工具对标注后数据进行统计。

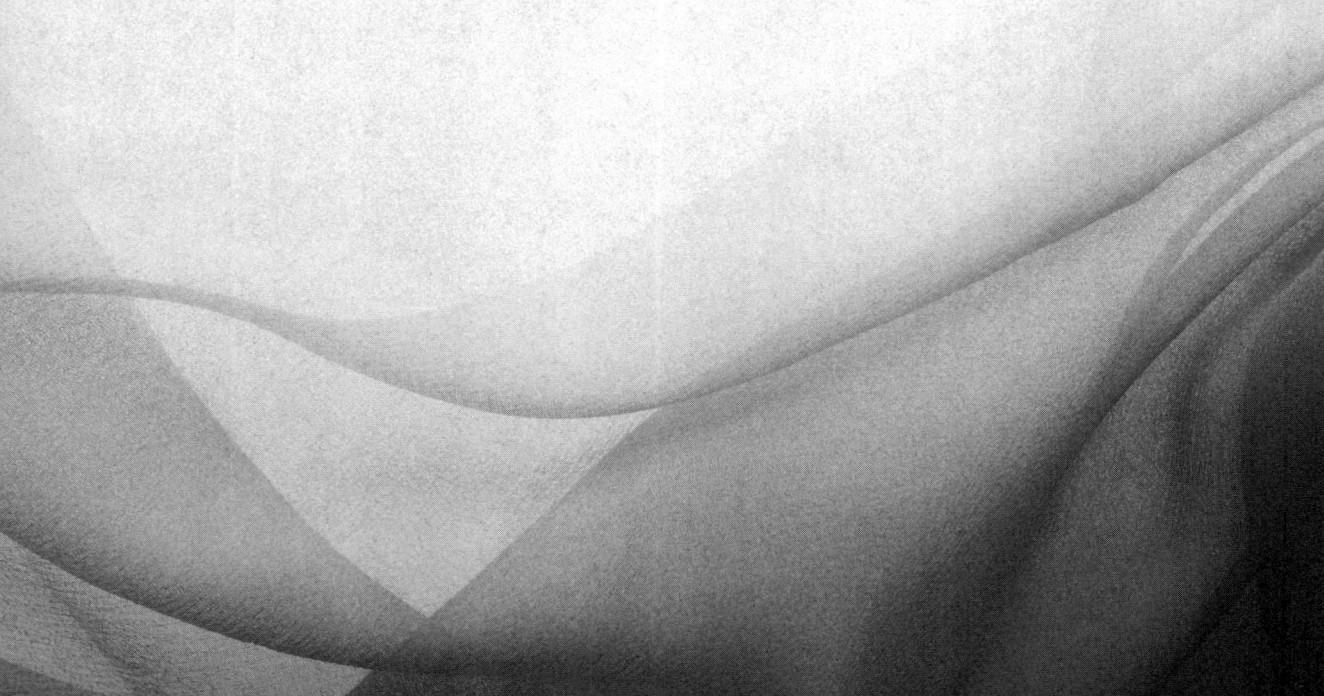

培训课程 1 数据清洗与标注

本培训课程模块包含数据清洗和数据标注两个学习单元,数据类别典型且具有代表性,涵盖了文本、视觉和语音。学习内容以数据清洗和标注项目为载体,学习者以数据标注助理身份,先学习数据清洗和标注工具的使用知识,再通过图像数据清洗与标注、文本数据清洗与标注、语音数据清洗与标注共六个任务,达到初级数据标注员所需数据清洗与标注的知识和技能要求。

学习单元1 数 据 清 洗

小京所在的数据标注部接到三项数据清洗任务,分别为:①对某公司自动化驾驶系统训练所使用的交通标志图片进行清洗与整理,以便更好地进行标注,生成数据集,训练自动驾驶 AI 智能模型;②清洗和整理一份突发事件语料数据集,用于训练针对突发事件的领域本体模型和进行推理应用;③清洗中文语音识别数据集,提高人机交互的效率和便捷性,推动中文语音技术的发展。小京深知,数据清洗与标注工作的精准度直接关系到自动化驾驶系统、突发事件应对模型以及语音识别技术的准确性和可靠性。这些技术不仅关乎公司的商业利益,更涉及公众的安全与福祉。为协助公司数据标注员完成这些工作,小京积极学习相关数据清洗知识,不断提升自己的专业技能,以更好地辅助完成数据清洗任务。

新知学习

在日常数据处理工作中，常见的数据清洗工具有 Excel 和 Python 两种。

一、使用 Excel 进行数据清洗

Excel 具有筛选、排序、去重、替换、公式计算、数据格式化和数据透视表等功能，工作人员根据具体需求对数据进行清洗和整理，以确保数据的准确性和一致性。使用 Excel 进行数据清洗可以采用以下方法。

1. 数据筛选

数据筛选是根据特定条件筛选出符合条件的数据。在 Excel 的数据选项卡中，可以使用筛选工具来选择特定列的数值、文本或日期，并进行筛选操作，以快速过滤和清除数据中不需要的部分。

2. 数据排序

通过 Excel 的排序功能，可以按照某一列或多列的数值、文本或日期进行排序。排序功能可以将数据按照特定的顺序排列，使得数据更加清晰和有序，便于后续处理和分析。

3. 数据去重

在 Excel 中，可以使用"删除重复项"功能来删除重复的数据行。该功能可以根据选择的一列或多列进行数据的去重操作，以确保数据集中不包含重复的数据，提高数据的准确性和可靠性。

4. 数据替换

Excel 提供了数据替换的功能，可以将指定的文本或数值替换为其他值。通过使用"查找和替换"功能，可以快速找到特定的文本或数值，并将其替换为指定的新值，从而完成数据清洗中的数据修正和规范化操作。

5. 数据公式计算

Excel 的强大公式功能可以进行各种数值计算和数据处理。通过使用 Excel 的函数和公式，可以对数据进行求和、平均值计算、数据转换等操作，从而清洗和处理数据，生成需要的结果。

6. 数据格式化

在 Excel 中，可以对数据进行格式化操作，包括数值格式、日期格式、文本格

式等。通过合适的格式化，可以使数据更加易读、美观，并符合特定的数据清洗要求。

7. 数据透视表

Excel 的数据透视表功能可以进行数据的汇总和分析。通过创建透视表，可以按照需要对数据进行分组、汇总和统计，快速获取数据的统计结果，并发现数据中的异常或不一致之处。

二、利用 Python 进行图像清洗

下面具体介绍如何使用 Python 编写程序对图像、文本、音频、视频等数据进行清洗。

1. 图像去重与尺寸修改

数据清洗是数据处理的重要环节，数据中可能存在重复或无效的图像数据，需要进行去重处理。去除重复图像的目的是减小数据集大小，提高数据处理效率，同时保证数据的质量和可靠性。

去除重复图像的方法主要有以下几种。

（1）基于哈希算法的去重方法。该方法通过将图像转换为哈希值，然后比较不同图像之间的哈希值是否相同来进行去重。常用的哈希算法包括 phash、dhash 等。

（2）基于特征向量的去重方法。该方法将图像转换为特征向量，然后通过计算不同图像之间的相似度来进行去重。常用的特征向量包括 sift、surf、orb 等。

（3）基于深度学习的去重方法。该方法使用卷积神经网络对图像进行特征提取，并计算不同图像之间的相似度来进行去重。常用的深度学习模型包括 vgg、resnet、inception 等。

在进行去重处理时，应该考虑到图像的旋转、裁剪、缩放等操作可能会导致哈希值或特征向量的变化，因此在计算哈希值或特征向量时应该进行归一化处理。同时，去重处理也需要考虑到数据集的大小和去重的效率，应该根据具体情况选择适合的去重方法。

而尺寸修改是去重的一个重要步骤，在进行去重前要先调整图片的尺寸一致，才能进行文件比较和去重。

2. 尺寸过滤

（1）图像处理。尺寸过滤是指根据图像的尺寸大小对图像进行筛选和过滤。

在图像处理中，可以使用图像处理库（如 opencv、pillow 等）对图像进行读取和操作。通过读取图像的尺寸信息，可以对图像进行尺寸的判断和筛选。

（2）数据筛选。尺寸过滤是数据筛选的一种形式，可通过设置阈值或条件，筛选出符合特定尺寸范围要求的图像数据，并过滤掉不符合要求的图像数据。这是一种常见的数据清洗操作，用于去除不符合规范或需求的数据，以提高数据集的质量和适用性。

在图像清洗工具中，尺寸过滤可以通过读取图像的宽度和高度信息，与预设的尺寸范围进行比较和判断。如果图像的尺寸满足预设的范围要求，则保留该图像；否则，将其过滤掉或进行进一步处理。这种尺寸过滤操作可以帮助排除图像数据中不合适的尺寸，从而提高后续图像处理和分析的效果和准确性。

3. 尺寸变换

（1）图像处理库。常用的图像处理库如 opencv 和 pillow 提供了函数和方法来进行图像尺寸的变换。这些库可以读取、修改和保存图像，包括调整图像的大小、缩放、裁剪等操作。

（2）像素操作。图像的尺寸变换是通过对图像的像素进行操作实现的。每个像素代表图像中的一个点，具有特定的位置和颜色值。调整图像尺寸时，可以通过插值算法对像素进行重新分布或插入新的像素值。

（3）采样和重采样。图像的尺寸变换可以通过采样和重采样来实现。采样是指从原始图像中选择一部分像素，而重采样是指重新分配已有像素或插入新像素以改变图像的尺寸。常见的重采样方法包括最近邻插值、双线性插值和双立方插值等。

（4）算法和数学原理。图像尺寸变换的算法和数学原理包括插值算法、图像重采样理论、几何变换等。不同的算法和原理可用于实现不同的尺寸变换效果，如等比例缩放、固定尺寸裁剪、图像拉伸等。

可以对图像进行尺寸变换，使其符合清洗工具的要求，以提高图像数据的一致性和准确性。

4. 格式转换

（1）图像文件格式。不同的图像文件可能采用不同的格式，如 JPEG、PNG、BMP 等。每种格式都有其特定的编码和文件结构。在格式转换中，需要了解各种图像文件格式的特点和用途。

（2）图像编码和解码。图像在不同的文件格式中使用不同的编码方式进行存储。在格式转换过程中，需要进行图像编码和解码操作，从而将图像数据从一种格式转换为另一种格式。常用的图像编码和解码库有 opencv、pillow 等。

（3）图像处理库。常用的图像处理库（如 opencv、pillow 等）提供了丰富的图像处理功能，包括图像读取、尺寸修改、格式转换、编码和解码等。这些库提供了方便的函数和方法，用于实现图像的格式转换操作。

（4）图像数据结构。图像在计算机中以像素矩阵的形式存储，不同图像文件格式对像素矩阵的存储方式和颜色通道顺序有所不同。在格式转换中，需要了解不同图像数据结构的特点，以正确地处理图像数据。

格式转换在图像清洗工具中是将图像从一种格式转换为另一种格式，以满足数据处理和分析的需求。通过图像编码和解码、图像处理库的使用以及对图像数据结构的理解，可以实现图像格式转换的功能。

5. 样本重新编号

（1）文件操作。对文件进行重新命名或重新编号涉及对文件名进行修改、创建新的文件名，并将文件重命名为新的文件名。文件操作相关的知识点包括使用操作系统的文件操作函数或文件处理库（如 os 库、shutil 库）进行文件重命名和创建。

（2）循环和计数。重新编号样本通常需要使用循环结构遍历每个样本，并为每个样本分配一个新的编号。在循环过程中，需要使用计数器变量来跟踪当前的编号，并在每次循环迭代时递增计数器。

（3）字符串处理。样本的新编号通常需要根据一定的规则或格式进行创建，例如添加前缀、后缀、数字序列等。字符串处理知识点包括使用字符串拼接、格式化和替换等操作，以生成新的编号字符串。

样本重新编号操作可以通过循环遍历样本文件、使用计数器变量和字符串处理技巧来实现。通过给样本文件分配新的编号，可以使样本数据更有序，方便后续处理和管理。

三、利用 Python 进行文本清洗

1. 统一时间格式

（1）正则表达式（regular expressions）。正则表达式是一种强大的文本匹配和处理工具，可以用于识别和提取文本中的特定模式。通过使用适当的正则表达式模式，可以匹配和捕获不同时间格式的文本，并进行相应的替换或转换操作。

（2）字符串操作和处理。针对时间格式的统一化，需要掌握字符串操作和处理的知识点。这包括字符串分割、连接、截取和替换等操作，以便将不同时间格式的字符串进行转换或格式化。

（3）时间处理库。使用特定的时间处理库（如 Python 中的 datetime 库）可以提供方便的时间解析、格式化和转换功能。通过使用时间处理库的函数和方法，可以将不同格式的时间字符串解析为统一的时间对象，然后再进行格式化或转换操作。

（4）条件判断和逻辑控制。在统一时间格式的过程中，可能需要根据不同的时间格式规则或条件进行判断和处理。使用条件判断语句和逻辑控制结构，可以根据不同的情况采取不同的处理逻辑，以实现时间格式的统一化。

可以编写文本清洗工具的相关函数或方法，以统一时间格式为目标，识别和处理不同时间格式的文本，并将其转换为统一的时间表示形式。

2. 去除标签和符号

（1）正则表达式。正则表达式可通过使用特定的模式来匹配和替换文本中的内容。在去除标签和符号的过程中，可以使用正则表达式来识别和匹配标签和符号，并将其替换为空字符串或其他内容。

（2）字符串处理。对文本进行字符级别的处理，包括字符串的切割、替换、删除等操作。通过使用字符串处理函数和方法，可以识别和处理文本中的标签和符号，将其删除或替换。

（3）文本解析和分析。对文本进行解析和分析，识别文本中的标签和符号。可以使用分词、词性标注等自然语言处理技术，或者基于规则的方法来识别和处理文本中的标签和符号。

（4）文本预处理技术。包括去除停用词、词干提取、大小写转换等操作。在去除标签和符号的过程中，可以结合文本预处理技术，对文本进行预处理，对其进一步清洗和规范化。

文本清洗工具可以通过正则表达式、字符串处理和文本解析等技术，识别和处理文本中的标签和符号，实现去除标签和符号的功能。这样可以提高文本数据的质量和准确性，为后续的文本分析和挖掘任务提供干净的数据。

3. 处理重复文件

（1）文件操作。使用文件操作相关的知识点，如读取文件、写入文件、复制文件等，这些操作可以通过编程语言提供的文件操作函数或库来实现，例如

Python 中的 open( ) 函数、shutil 库等。

（2）数据结构。使用适当的数据结构来存储已处理的文件，以便进行重复性检查和比较。常用的数据结构包括列表、集合、哈希表等，用户可以根据具体需求选择合适的数据结构。

（3）哈希算法。通过对文件内容进行哈希计算，生成唯一的哈希值。可以使用常见的哈希算法，如 MD5、SHA-1、SHA-256 等，将文件内容转换为哈希值，并将哈希值作为文件的唯一标识。

（4）比较算法。对已处理的文件进行比较，判断文件是否相同或相似。可以使用基于内容的比较算法，例如字符串比较算法、文本相似度算法等，来检测文件之间的相似性。

（5）数据处理与算法应用。根据需求设计合适的数据结构操作和算法，例如遍历文件列表、比较文件、判断重复等。可以利用循环、条件语句、函数等编程概念来实现对重复文件的逻辑处理。

文本清洗工具可以识别和处理重复文件，保留唯一的文件，并删除重复的文件，以确保数据的唯一性和准确性。

四、利用 Python 进行音频清洗

1. 定义获取文件列表

（1）文件操作。使用文件操作来获取文件列表。这包括使用操作系统库（如 os 模块）中的函数，如使用 os.listdir( ) 来列出指定路径下的文件和文件夹，或者使用 glob 模块中的函数［如 glob.glob( )］来匹配指定模式下的文件路径。

（2）路径操作。获取文件列表涉及路径的处理。需要使用路径相关的知识点来指定要获取文件列表的目录路径，并在获取文件列表时使用正确的路径格式。

（3）迭代和循环。对于给定的文件路径，可以使用迭代和循环的知识点来遍历文件列表，并逐个处理所有文件。

可以编写代码来获取指定路径下的文件列表，然后进一步处理这些文件，如进行音频清洗操作。

2. 清洗音频文件

（1）信号处理。音频清洗涉及对音频信号进行处理和修复。这包括去除噪声、消除杂音、降低回声等技术，以提高音频的质量和可听性。在信号处理中，常用

的方法包括滤波、降噪算法、谱减法等。

（2）噪声分析和降噪技术。音频清洗需要分析音频中存在的噪声类型，并采取相应的降噪技术进行处理。常见的噪声类型包括白噪声、背景噪声、电磁干扰等。降噪技术包括时域滤波、频域滤波、小波变换等方法。

（3）音频编辑和修复。音频清洗工具需要具备音频编辑和修复的能力，包括剪切、拼接、补偿等操作。这些操作可以用于删除无关部分、修复损坏部分、调整音频的音量、平衡声音等。

（4）特征提取和分析。音频清洗中常常需要进行特征提取和分析，以辅助噪声检测和音频质量评估。常用的特征包括频谱特征、能量特征、过零率等，通过提取这些特征并分析它们的变化，可以帮助判断音频的清晰度和可听性。

（5）音频格式转换。在音频清洗过程中，可能需要将音频文件转换成不同的格式，以适应特定的应用需求或兼容性要求。常见的音频格式包括 WAV、MP3、FLAC 等，通过音频格式转换工具，可以实现不同格式之间的转换和兼容。

音频清洗工具需要综合运用信号处理、噪声分析和降噪技术、音频编辑和修复、特征提取和分析等知识点以及音频格式转换等技术，以实现对音频文件的清洗和修复工作。

任务实践

在进行任务前，需要具备 Python 编译环境，或通过 Anaconda 打开 Jupyter Notebook。本学习单元的任务主要用 Jupyter Notebook 来演示。在 Jupyter Notebook 中新建 test 文件夹，并通过创建新的 Python3(ipykernel) 文件，安装 opencv 依赖库。在计算机 D 盘新建文件夹，将本任务数据集文件夹 JPEGImages、CEC、thchs30 拷贝至 d:\data\maskprocess 文件夹下。命名文件时最好不要有中文字，否则会因找不到文件而报错。详细环境及资源准备教程请扫码获取。

图像数据清洗

小京接到为某款自动化驾驶系统训练所使用的交通标志图片进行清洗与整理的工作，他将使用 Python 脚本对交通标志图片的数据集进行批量操作。任务流程如图 4-1 所示。

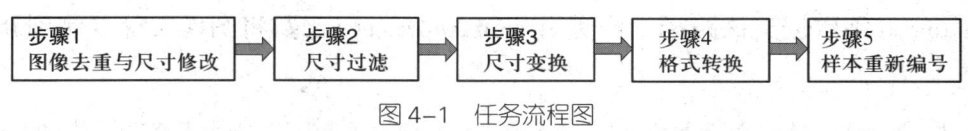

图 4-1 任务流程图

步骤 1：图像去重与尺寸修改

通过检查每个图像之间的样本相似度，来实现对采集的数据样本进行去重复，对比数据集内每幅图像和其他图像的像素尺寸，利用 opencv 计算相同尺寸图像的灰度直方图，根据直方图之间的距离判断图像相似度，再删除与图像尺寸相同、相似度高的样本，重新遍历数据集。

在 Jupyter Notebook 中打开新建的 test 文件夹，单击"New"，选择"Python3 (ipykernel)"创建一个新文件。然后单击"File"，选择"Save As..."，保存文件，并为其命名加后缀 .ipynb，如图 4-2 所示。

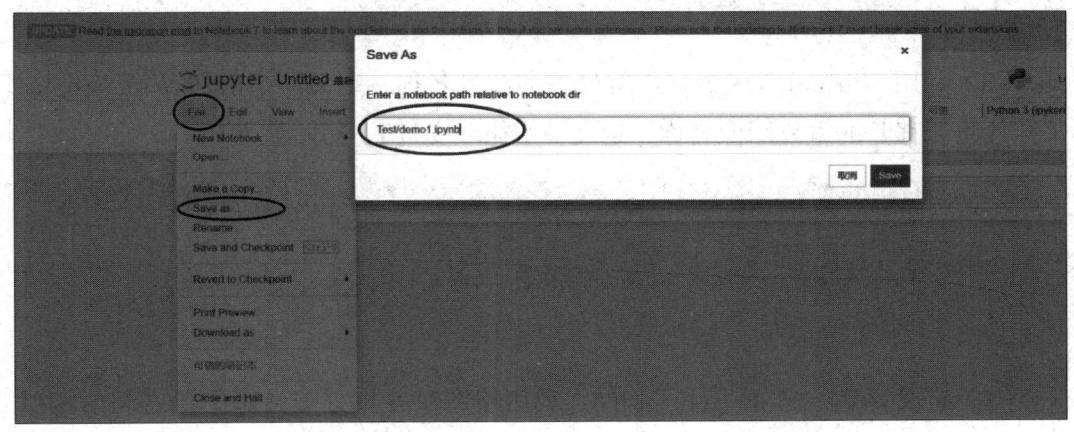

图 4-2 文件另存与命名

（1）加载项目所需要的程序库，包括与目录和文件操作相关的 OS 库、shutil 库，读取图像使用的 opencv 库，numpy 矩阵运算库以及 PIL 库的 Image 模块。

```
import os
import cv2
import numpy as np
from pil import image
import shutil
```

（2）为了不影响原始数据集合，需要将待清洗的图像数据集复制到另外一个路径下。使用 os.makedirs( ) 函数判断路径是否存在，如果该路径不存在，则使用

os.mkdirs( ) 函数创建该路径，再使用 shutil.copytree( ) 函数将图像文件复制到新建路径。

```
# 数据集路径（待处理数据集路径）
dir="d:\\data\\maskprocess\\jpegimages\\"

# 复制数据集到某一路径下
img_path="d:\\space\\maskprocess\\jpegimages\\"
if not os.path.exists(img_path):
    os.makedirs(img_path)

shutil.copytree(dir, img_path, dirs_exist_ok=True)
```

（3）利用 os.listdir( ) 函数列出待处理的图像名称，定义一个空列表 remove_list 来存放将要移除的重复图像名称，定义一个循环变量 i，初始值为 0。

```
img_list=os.listdir(img_path)#img_path 为待处理与清洗图像地址
remove_list=[ ]
i=0
```

（4）定义函数 classify_gray_hist( )，利用绘图灰度直方图计算图像之间的相似度，删除完成相同的重复样本。函数参数包括 image1、image2 和 size，image1 和 image2 是待对比的两个图像名称，size 为元组类型，是修改后的尺寸大小，默认大小为（256，256）。函数返回两个图像的重合度。

```
def classify_gray_hist(image1, image2, size=(256, 256)):
    # 先计算直方图，几个参数必须用方括号括起来
    # 这里直接用灰度图计算直方图，所以是使用第一个通道
    # 也可以进行通道分离，得到多个通道的直方图，bins 取为 16
    image1 = cv2.resize(image1, size)
    image2 = cv2.resize(image2, size)
```

```
hist1=cv2.calchist([image1], [0], None, [256], [0.0, 255.0])
hist2=cv2.calchist([image2], [0], None, [256], [0.0, 255.0])
# 计算直方图的重合度
degree = 0
for i in range(len(hist1)):
    if hist1[i] != hist2[i]:
        degree=degree+(1-abs(hist1[i]-hist2[i])/ max(hist1[i], hist2[i]))
    else:
        degree = degree + 1
degree = degree / len(hist1)
return degree
```

（5）定义空列表 list_shape 用来存放每张图片数据的形状（shape），再循环利用 cv2 中的 imread( ) 函数读取图片文件中的数据，获取到每张图片的形状（行数、列数）。

```
list_shape = [ ]
for a in range(len(img_list)):
    img = cv2.imread(img_path + img_list[a])
    list_shape.append(img.shape)
```

（6）对比数据集内每张图像和其他图像的像素尺寸，如果尺寸大小相等，则利用 classify_gray_hist( ) 计算图像之间的相似度，如果相似度小于 0.1，则认定两张图像重复，将后面一张图像的索引添加到删除列表 remove_list 中，并打印两张图片的名称及其相似度。

```
while (i < len(img_list)):
    j = i + 1
    while (j < len(img_list)):
        # 对比数据集内每张图像和其他图像的像素尺寸
        if list_shape[i] == list_shape[j]:
            img1 = cv2.imread(img_path + img_list[i])
            img2 = cv2.imread(img_path + img_list[j])
```

```
# 利用 opencv 计算相同尺寸图像的灰度直方图，根据直方图之间的距离判断图像相似度
            degree = classify_gray_hist(img1, img2)
            if degree < 0.1:
                if img_list[j] not in remove_list:
                    remove_list.append(img_list[j])
                print(img_list[i], img_list[j], degree)

        j = j + 1
    i = i + 1
```

（7）最后利用 os.remove( ) 函数删除重复图像。

```
# 删除相同图像
for i in range(len(remove_list)):
    os.remove(img_path + remove_list[i])
print(' 共删除重复图像 %s 张 '%(len(remove_list)))
```

（8）运行前面的代码，如图 4-3 所示。

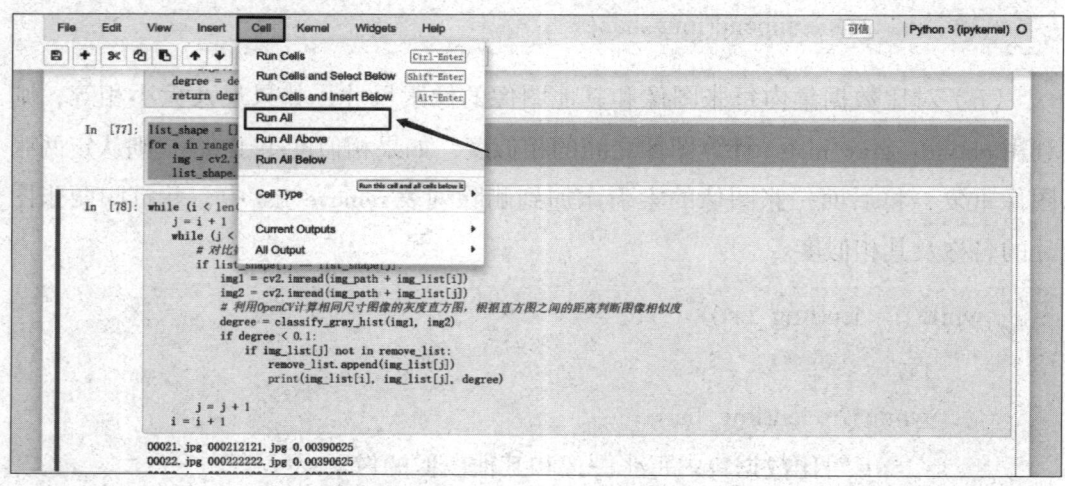

图 4-3　jupyter 运行代码

待最后一个单元的代码运行完成后，检查运行结果，重复的图像数据被删除了，如图 4-4 所示。

```
  File   Edit   View   Insert   Cell   Kernel   Widgets   Help                          可信    Python 3 (ipykernel) O

            img2 = cv2.imread(img_path + img_list[j])
            # 利用OpenCV计算相同尺寸图像的灰度直方图, 根据直方图之间的距离判断图像相似度
            degree = classify_gray_hist(img1, img2)
            if degree < 0.1:
                if img_list[j] not in remove_list:
                    remove_list.append(img_list[j])
                    print(img_list[i], img_list[j], degree)
        j = j + 1
    i = i + 1

00021.jpg 000212121.jpg 0.00390625
00022.jpg 000222222.jpg 0.00390625
00023.jpg 000232323.jpg 0.00390625
00024.jpg 000242424.jpg 0.00390625
00028.jpg 00206.jpg [0.09817629]
00034.jpg 00045.jpg [0.08933569]
00042.jpg 00068.jpg [0.09830897]
00045.jpg 00134.jpg [0.07830104]

In [7]:  # 删除相同图像
         for i in range(len(remove_list)):
             os.remove(img_path + remove_list[i])
         print('共删除重复图像%s张'%(len(remove_list)))

共删除重复图像8张
```

图 4-4 代码运行结果

打开文件夹 D:\space\maskprocess\jpegimages 检查,重复数据已被删除。

步骤 2:尺寸过滤

大像素图像具有更多的信息,即使缩小尺寸之后仍然具备足够的内容信息,像素过小的图像本身就不具备丰富的内容信息,即使放大尺寸之后仍然会导致内容模糊,所以,数据集内的小尺寸图像样本应该删除。

(1)设定需要尺寸过滤的数据集路径 image_file,设定需要删除图像的最长边像素尺寸参数 num。

```
# 数据集路径
image_file = img_path


# 设定参数值(将图像最长边像素值小于设定值的图像样本删除)
num = 1000
```

(2)image_list 是利用 os.listdir( ) 函数获取 image_file 路径下的图像列表,遍历图像列表中的所有图像,将图像最长边像素值小于设定值的图像样本删除。

```
# 图像列表
image_list = os.listdir(image_file)
del_num = 0
for n in range(len(image_list)):
```

```
            orignal_img = image.open(image_file + image_list[n])
            npimage = np.array(orignal_img)
            if npimage.shape[0] <= num and npimage.shape[1] <= num:
                os.remove(image_file + image_list[n])
                del_num +=1
                n = n - 1
            else:
                n = n + 1
    print('尺寸过滤完成!,共删除%s张尺寸小于%s的图像样本 '%(del_num, num))
```

（3）依次运行（1）和（2）两个单元中的代码，得到如图4-5所示结果。

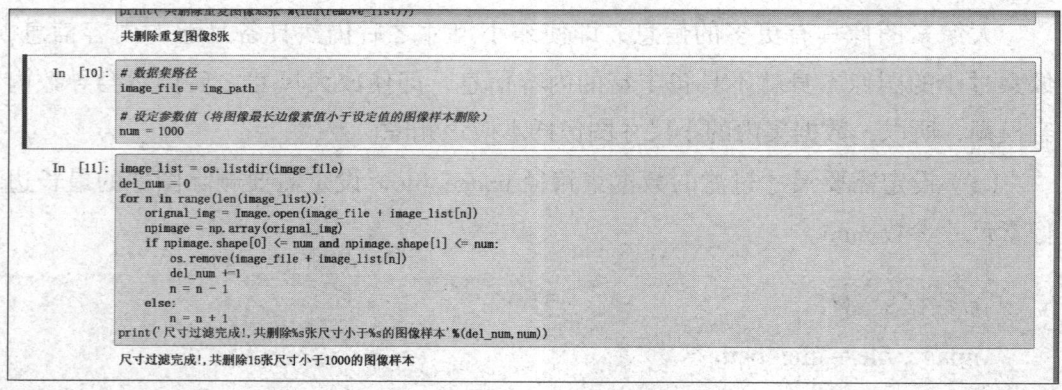

图4-5 代码运行结果

打开 D:\space\maskprocess\jpegimages 文件夹查看，那些尺寸较小的图片被过滤删除了。

步骤3：尺寸变换

智能手机拍摄的图像样本有时存在分辨率较高的情况，分辨率较高会带来两个问题，即训练成本高、内存占用空间大，因此需要将不同图像数据的尺寸调整到统一大小，便于存储，提高模型训练速度。

（1）设定尺寸变换参数 num，尺寸变换后图像像素的最长边将被调整为该参数的值。设定尺寸变换的数据输出文件夹为 resize_img_out。

```python
# num 为统一像素变长的像素值
num = 400

# 尺寸变换的数据输出文件夹 resize_img_out
output_image_file_path="d:\\space\\maskprocess\\resize_img_out\\"
if os.path.exists(output_image_file_path) == False :
    os.makedirs(output_image_file_path)
```

（2）对图像的长、短边进行判断，如果图像任何一边像素等于 num，则不做任何处理；如果图像的任意一边超过 num px，则利用 resize( ) 函数将长边缩放至 num px；两边均不足 num px 的，利用 resize( ) 函数将较长边放大至 num px。利用 cv2.imwrite( ) 函数将调整后的图像文件写入 output_image_file_path 路径。

```python
image_list = os.listdir(img_path)

for i in range(len(image_list)):
    img = cv2.imread(img_path + image_list[i])
    print(image_list[i], img.shape)
    if img.shape[0] == num and img.shape[1] <= num:
        cv2.imwrite(output_image_file_path + image_list[i], img)
    elif img.shape[1] == num and img.shape[0] <= num:
        cv2.imwrite(output_image_file_path + image_list[i], img)

    # 两边有一边超过 num px 的，将长边缩放至 num px
    elif img.shape[0] > num or img.shape[1] > num:
        if img.shape[0] >= img.shape[1]:
            h = num
            w = int(num / img.shape[0] * img.shape[1])
            img = cv2.resize(img, (w, h))
            cv2.imwrite(output_image_file_path + image_list[i], img)
        else:
            w = num
            h = int(num / img.shape[1] * img.shape[0])
```

```
        img = cv2.resize(img, (w, h))
        cv2.imwrite(output_image_file_path + image_list[i], img)


    # 两边均不足 num px 的，将较长边放大至 num px
    elif img.shape[0] < num and img.shape[1] < num:
        if img.shape[0] <= img.shape[1]:
            w = num
            h = int(num / img.shape[1] * img.shape[0])
            img = cv2.resize(img, (w, h))
            cv2.imwrite(output_image_file_path + image_list[i], img)
        else:
            h = num
            w = int(num / img.shape[0] * img.shape[1])
            img = cv2.resize(img, (w, h))
            cv2.imwrite(output_image_file_path + image_list[i], img)

    i = i + 1
print('尺寸变换完成')
```

（3）依次运行（1）和（2），得到如图 4-6 所示结果。

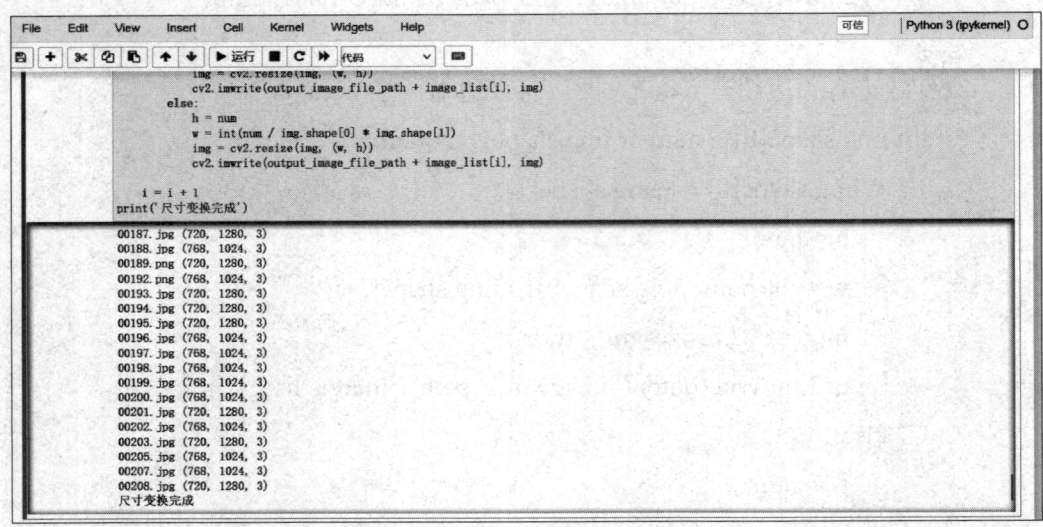

图 4-6 代码运行结果

处理结果显示,修改后的图像数据尺寸发生了变化。

步骤 4:格式转换

JPG 格式是有损图片压缩类型,可用最少的磁盘空间得到较好的画质,所以在数据清洗过程中需要将其他格式(例如 PNG、WEBP)的图像统一转换成 JPG 格式。

(1)遍历 D:\space\maskprocess\resize_img_out/ 路径下的所有图像文件,将 PNG、WEBP、BMP 格式文件转换为 JPG 格式,并删除原格式图片。

```python
#手动清洗后的数据文件夹地址(根据实际情况修改)
image_file_path = "d:\\space\\maskprocess\\resize_img_out\\"
image_list = os.listdir(image_file_path)

for i in range(len(image_list)):
    if image_list[i].split(".")[1] == 'png':
        img = cv2.imread(image_file_path + image_list[i], 0)
    print(img.shape)
    w, h = img.shape[0], img.shape[1]
    infile = image_file_path + image_list[i]
    outfile = image_list[i].split(".")[0] + ".jpg"
    img = image.open(infile)
    if len(img.split( )) == 4:
        r, g, b, a = img.split( )
        img = image.merge("rgb", (r, g, b))
        img.convert('rgb').save(image_file_path + outfile, quality=70)
        os.remove(image_file_path + image_list[i])
    else:
        img.convert('rgb').save(image_file_path + outfile, quality=70)
        os.remove(image_file_path + image_list[i])

    elif image_list[i].split(".")[1] == 'bmp':
        img = cv2.imread(image_file_path + image_list[i], -1)
        outfile = image_list[i].split(".")[0] + ".jpg"
```

```
            cv2.imwrite(image_file_path + outfile, img)
            os.remove(image_file_path + image_list[i])

        elif image_list[i].split(".")[1] == 'webp':
            img = image.open(image_file_path + image_list[i]).convert("rgb")
            newname = image_file_path + image_list[i].replace(".webp", ".jpg")
        img.save(newname, 'jpeg')
        os.remove(image_file_path + image_list[i])

print(' 格式转换结束。')
```

（2）运行上面的代码单元，得到如图 4-7 所示结果。

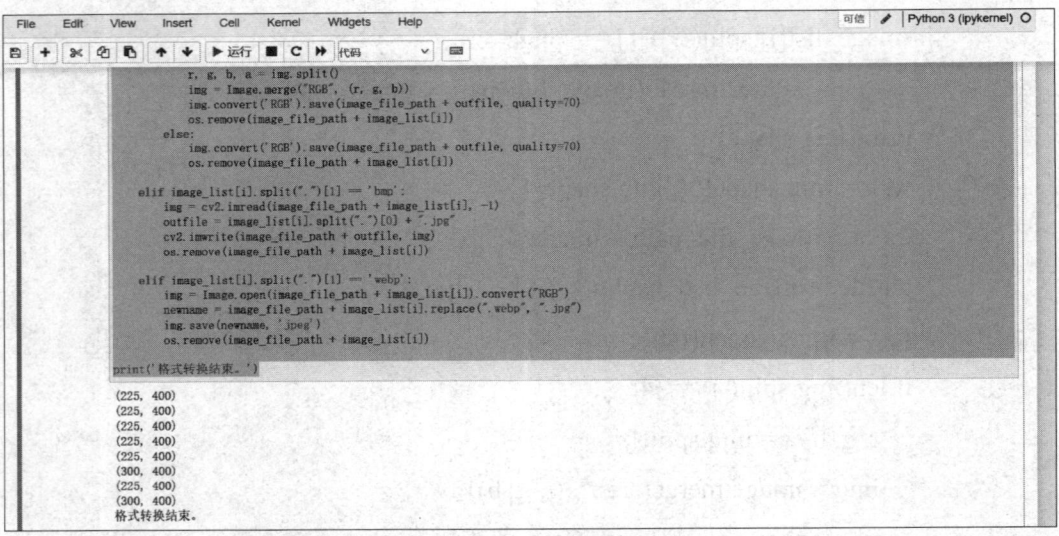

图 4-7　代码运行结果

打开 D:\space\maskprocess\resize_img_out\ 路径，其中的 WEBP、PNG 等格式图片已经转换成了 JPG 格式。

步骤 5：样本重新编号

在经过了前面的样本数据清洗步骤后，有的样本数据被删除或者修改，为了便于后续的数据标注、分析，通常需要对样本数据进行重新编号。

（1）设置输入图像的路径 image_file_path，设置输出图像路径 output_image_file。

```
# 输入图像路径
image_file_path = "d:\\space\\maskprocess\\resize_img_out\\"
# 输出图像路径
output_image_file = "d:\\space\\maskprocess\\rename_img_out\\"
```

（2）判断 output_image_file 路径是否存在，如果存在，则删除该路径下的所有文件，然后拷贝 image_file_path 下的所有图像文件到 output_image_file。

```
if os.path.exists(output_image_file):
    shutil.rmtree(output_image_file)
shutil.copytree(image_file_path,output_image_file)
```

（3）获取指定路径下图像文件列表 filename_list。

```
filename_list = os.listdir(output_image_file)
```

（4）遍历图像文件列表，对文件名进行重命名。

```
a = 0
for i in filename_list:
    print(i)
    old_name = output_image_file + i
    if a < 10:
        new_name = output_image_file + "0000" + str(a) + ".jpg"
    elif 10 <= a < 100:
        new_name = output_image_file + "000" + str(a) + ".jpg"
    elif 100 <= a < 1000:
        new_name = output_image_file + "00" + str(a) + ".jpg"
    elif 1000 <= a < 10000:
        new_name = output_image_file + "0" + str(a) + ".jpg"
    else:
        pass
    os.rename(old_name, new_name)
    a = a + 1
print(" 待标注数据重新编号完成 ...")
```

（5）依次运行（1）至（4）的代码单元，得到如图 4-8 所示结果。

```
In [23]: a = 0
for 1 in filename_list:
    print(1)
    old_name = output_image_file + 1
    if a < 10:
        new_name = output_image_file + "0000" + str(a) + ".jpg"
    elif 10 <= a < 100:
        new_name = output_image_file + "000" + str(a) + ".jpg"
    elif 100 <= a < 1000:
        new_name = output_image_file + "00" + str(a) + ".jpg"
    elif 1000 <= a < 10000:
        new_name = output_image_file + "0" + str(a) + ".jpg"
    else:
        pass
    os.rename(old_name, new_name)
    a = a + 1
print("待标注数据重新编号完成...")

00015.jpg
00016.jpg
00017.jpg
00018.jpg
00019.jpg
00020.jpg
00021.jpg
00022.jpg
00023.jpg
00024.jpg
00026.jpg
00027.jpg
00028.jpg
00029.jpg
00030.jpg
00031.jpg
00032.jpg
00033.jpg
00034.jpg
```

图 4-8　代码运行结果

程序运行完成后打印原图像文件的名称，打开 D:\space\maskprocess\rename_img_out 路径，检查图像文件名是否已重新编号，如图 4-9 所示。

图 4-9　查看文件名是否重新编号

请使用手机微信扫描二维码,获取"文本数据清洗"和"音频数据清洗"实践内容,以及练习题。

学习单元 2　数 据 标 注

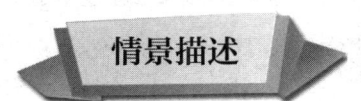

经过在新岗位上的不断学习,小京协助部门完成了自动驾驶系统的交通标志图片清洗、突发事件语料清洗、中文语音识别数据清洗。公司数据标注部门即将对这三类数据进行数据标注,以生成高质量的数据集,用于后期人工智能模型的训练,小京将作为数据标注助理工程师继续参与该项工作。数据标注工作是对数据进行精心雕琢,这不仅要求技术精湛,更要求具备高度的责任心和敬业精神。小京深知,每一个标注的细节都关乎未来人工智能模型的精确度和实用性。小京将始终保持着对工作的敬畏之心,学习正确使用数据标注工具,保持高度集中的注意力和细致的观察力,精确地识别和标注数据中的细节信息。

一、常见数据标注工具介绍

在数据标注的工作中,常见的工具包括标注平台与标注工具软件和编程开发所需的标注工具库。这些工具可以帮助数据标注人员高效、准确地开展数据标注工作。

1. 标注平台

标注平台是专门为数据标注而设计的在线工具系统,提供了可视化的界面和多种标注工具,使得标注人员能够方便地对数据进行标注和注释。常见的数据标注平台如下。

（1）阿里云智能。阿里云智能是阿里巴巴集团的云计算和人工智能服务平台，提供了一系列相关的服务。阿里云智能的标注平台支持图像标注、语音标注、文本标注等任务，并提供了高效的标注工具和数据管理功能。

（2）百度AI开放平台。百度AI开放平台是百度公司提供的人工智能服务平台，可提供图像识别、自然语言处理、语音识别等领域的服务。该平台提供了图像标注、文本标注等任务的标注工具和接口。

（3）数加加众包平台。数加加众包平台是数据堂旗下的一个数据众包任务平台，数据堂作为全球领先的人工智能数据服务提供商，为该平台提供了强大的支持。数加加众包平台是可供用户线上进行数据采集、标注的任务平台。只需一台计算机或手机，注册并登录数加加平台，即可领取自己感兴趣的任务，通过数据验收审核后，即可获取佣金，并可提现到自己的银行账户中。

2. 标注工具软件

标注工具软件是一种可以让用户在数据中标记感兴趣的区域、对象或特征，并为其分配相应的标签或注释的软件工具。它们通常用于机器学习、人工智能和数据科学领域，以生成训练数据集或标记已有数据集。标注软件可以支持多种数据类型，包括图像、视频、文本、音频等。不同类型的标注任务可能需要不同的工具和界面来进行标注。标注软件通常提供一系列交互式的标注工具，如绘制工具、选择工具、编辑工具等，以便用户能够进行准确和高效的标注，一些标注软件还具有自动化功能。常见的标注工具软件如下。

（1）labelme。labelme是一个开源的标注工具，用于创建计算机视觉研究所需的标注数据集。它允许用户在感兴趣的对象周围绘制边界框、多边形或语义分割掩码来注释图像。labelme最初由麻省理工学院的计算机科学与人工智能实验室开发，并在研究社区中广受欢迎。labelme工具提供了一个用户友好的界面，使研究人员能够高效地对大规模数据集进行注释。用户可以直接在图像上绘制和编辑注释，并为不同的对象或区域分配标签。该工具支持各种注释类型，包括对象边界框、点注释、线条和曲线。

（2）doccano。doccano是一个开源的文本标注工具，用于进行文本分类、命名实体识别、关系提取等任务的标注和注释。它提供了一个用户友好的界面，使用户可以方便地进行文本标注和标签分配，帮助用户高效、准确地进行文本标注任务，并支持团队协作和数据管理。由于它是开源的，用户可以自由地使用、修改和扩展它，以满足自己的特定需求。

（3）Praat。Praat 是一个专门用于语音分析和语音处理的开源软件。它是由荷兰阿姆斯特丹大学的保罗·博尔斯马（Paul Boersma）和大卫·威宁克（David Weenink）开发的，旨在提供一种强大而灵活的工具，用于研究和分析语音信号。Praat 广泛应用于语音学、语音研究、声音治疗和教育等领域。它被认为是一个功能强大、灵活且可定制的工具，适用于对语音信号进行深入分析和研究的用户。由于其开源的性质，Praat 也得到了广大研究者和语音专业人士的支持和贡献。

3. 标注工具库

标注工具库是为数据标注而开发的软件库，提供了标注所需的函数、类和工具，可以通过编写代码实现标注任务。常见的标注工具库如下。

opencv：提供了丰富的图像处理函数和工具，可以进行图像的读取、绘制、裁剪、缩放等操作，以便用户进行图像标注。

nltk：是一个用于自然语言处理的 Python 库，提供了文本分词、词性标注、命名实体识别等功能，适用于文本标注任务。

spacy：一个用于自然语言处理的 Python 库，支持多种文本标注任务，如实体识别、关系抽取等，具有高性能和易用性。

librosa：用于音频信号处理和音频特征提取的 Python 库，适用于音频数据的标注和特征提取任务。

二、利用 labelme 进行图像标注

1. 项目创建和配置

了解如何下载、安装和配置 labelme 工具，确保其正常运行。学会如何导入待标注的图像，并在 labelme 中展示图像，以便进行后续的标注操作。

2. 标注工具和操作

熟悉 labelme 提供的标注工具，如矩形框、多边形、点和线以及相应的操作方式。了解如何使用这些工具在图像上绘制标注形状，如何准确地标记出感兴趣的目标区域。

3. 标注类型和任务

了解不同的标注类型和任务，例如目标检测、语义分割、实例分割等，以便选择适合任务需求的标注方式。理解每种标注类型的特点和标注规范，确保标注

4. 标注结果的编辑和调整

学会使用 labelme 提供的编辑工具，对已标注的结果进行修改和调整。了解如何移动、调整、删除标注形状以及如何添加和编辑标注标签等操作。

5. 标注数据的保存和导出

掌握如何保存标注结果，包括保存为 labelme 的项目文件以及导出为常见的标注数据格式，如 JSON 或 PASCAL VOC 等。了解如何管理和组织标注数据，以便进行后续的数据处理和模型训练。

6. 多人协作和共享标注项目

了解如何与其他标注人员进行协作，共同完成标注任务。使用 labelme 提供的协作和共享功能，确保多人之间的标注结果同步和交流。

7. 常见问题和故障排除

了解常见的问题和故障情况，例如标注工具无法正常绘制、导入图像失败等，学会通过查阅文档或寻求帮助解决这些问题。

三、利用 doccano 进行文本标注

1. 项目创建与配置

在 doccano 中，用户可以创建新的标注项目，并对其进行配置。这包括指定项目的名称、描述、标注任务的类型（如命名实体识别、文本分类等）以及选择适当的标签集。

2. 导入和管理文本数据

doccano 允许用户导入待标注的文本数据集，可以上传文本文件、从 URL 导入数据或直接粘贴文本内容。此外，用户可以对数据进行分割、合并、删除等操作，以便更好地组织和管理数据集。

3. 标注标签的定义

在 doccano 中，用户可以定义标注任务所需的标签集。这些标签表示用户希望标注员在文本中识别和标注的特定实体、类别或关键词。用户可以自定义标签，并为每个标签提供简短的描述和示例。

4. 标注过程

doccano 提供了一个直观的用户界面，使标注员能够在文本中标注所需的信

息。标注员可以选择合适的标签，并在文本中标注实体、类别、关键词或其他感兴趣的内容。此外，doccano 还支持文本的连续标注和断句标注，以满足不同标注任务的需求。

5. 标注效率工具

为提高标注效率，doccano 提供了一些便捷的工具。例如，用户可以使用快捷键或鼠标操作来快速选择标签、移动到下一个文本样本、调整文本样本的大小等。此外，用户还可以通过复制、粘贴和复制上一个标注等功能来复用已有的标注，从而加快标注速度。

6. 标注质量和讨论

在 doccano 中，标注员可以添加注释、提问和讨论以改进标注质量。这些注释和讨论可以帮助团队成员之间共享知识、讨论标准和解决标注过程中的疑问，以确保标注结果的一致性和准确性。

7. 标注结果的导出和分享

完成标注后，用户可以将标注结果导出为各种格式，如 JSON、CSV、spaCy、brat 等，以便后续的数据分析和模型训练。此外，用户还可以分享标注项目给其他团队成员，使他们能够查看、复审或继续标注。

四、利用 Praat 进行音频标注

1. 项目创建与配置

Praat 支持多种常见的音频文件格式，如 WAV、MP3 等。学习如何将语音数据导入 Praat 软件，并进行有效管理，是进行语音标注的第一步。

2. 标注对象的选择

确定需要标注的语音对象。可以是音素、语音段、音节、语调轮廓、语速等等，根据具体任务和研究目的进行选择。

3. 标注工具的使用

掌握 Praat 中的标注工具的使用方法。Praat 提供了多种标注工具，如标记点、标记区间、标记层级等。学习如何使用这些工具进行精确的语音标注和分析。

4. 标注层级和标记关系

了解 Praat 中标注层级的概念和使用方法。Praat 允许创建多个标注层级，可

以用于不同层次的语音标注。同时，学习如何建立标记之间的关系，如父子关系、时间线关系等。

5. 标注的准确性和一致性

认识标注准确性和一致性在语音标注中的重要性，并学习通过培训和标注规范来保持和提高标注的准确性。

6. 标注数据的管理和导出

学习如何管理和保存标注数据。Praat 提供了保存和导出标注数据的功能，可以将标注结果保存为文本文件或二进制文件，方便后续的数据分析和处理。

7. 批量标注和自动化处理

了解如何使用 Praat 进行批量标注和自动化处理。Praat 支持脚本编写和批处理操作，可以通过编写脚本实现批量标注和自动化处理，提高效率和准确性。

8. 标注质量评估

了解如何评估标注的质量和一致性。可以通过比较多个标注者之间的一致性来评估标注质量，使用 Praat 提供的相关工具进行分析和评估。

如果要自行安装 Python 编译环境，为了保障系统全局的 Python 环境在任务过程中不受影响，可以创建一个虚拟环境。在虚拟环境下的命令行进行标注工具的安装是一种更优的选择。虚拟环境的创建步骤请扫码获取资源。

图像数据标注

小京要对交通标志图像数据进行标注，他将使用 labelme 工具对交通标志数据集中的图像数据进行标注，任务流程如图 4-10 所示。

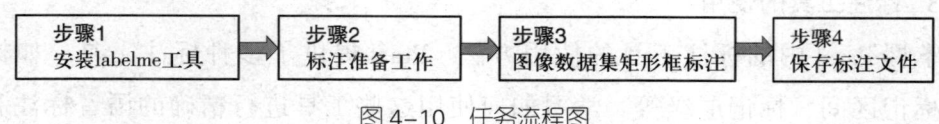

图 4-10　任务流程图

步骤 1：安装 labelme 工具

（1）使用 pip 工具安装 labelme，如图 4-11 所示。

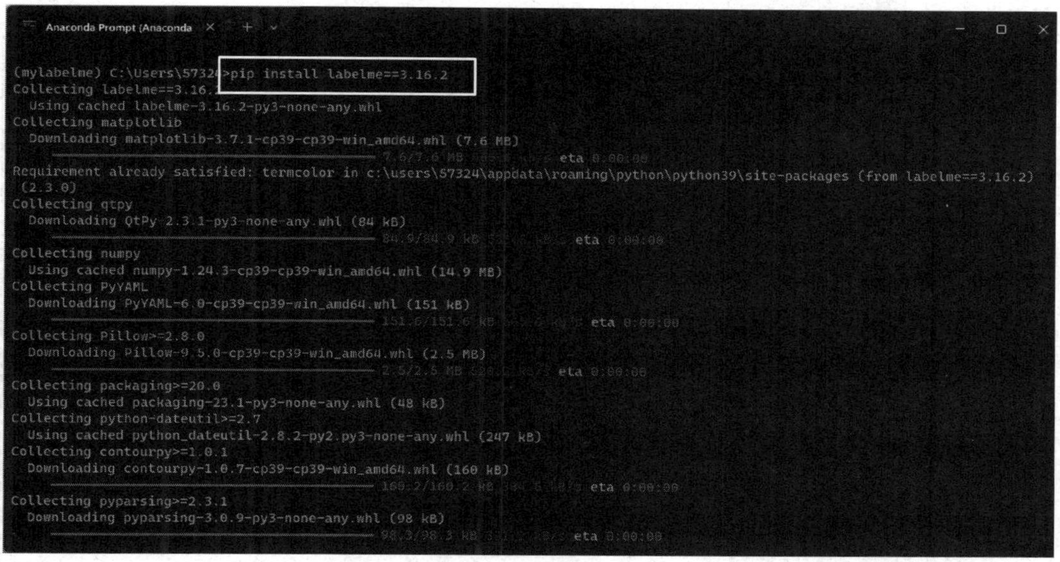

图 4-11 使用 pip 工具安装 labelme

（2）在终端中执行命令"labelme"用来启动 labelme 程序，如图 4-12 所示。

图 4-12 启动程序

（3）打开 labelme 后，其界面如图 4-13 所示。

步骤 2：标注准备工作

熟悉交通标志图像数据集标注需求。交通标志图像数据集标注需求见表 4-1。

（1）标注范围

1）对图像中所有交通标志进行标注。

2）标注框的位置要覆盖整个标志，但是不能过大，尽量做到刚好覆盖。

（2）标注规则

1）标注方框大小合适。

2）标注方框位置合适。

3）目标被遮挡时也要标注。

4）小目标也不能漏掉。

5）人眼分不清的标志不要标注。

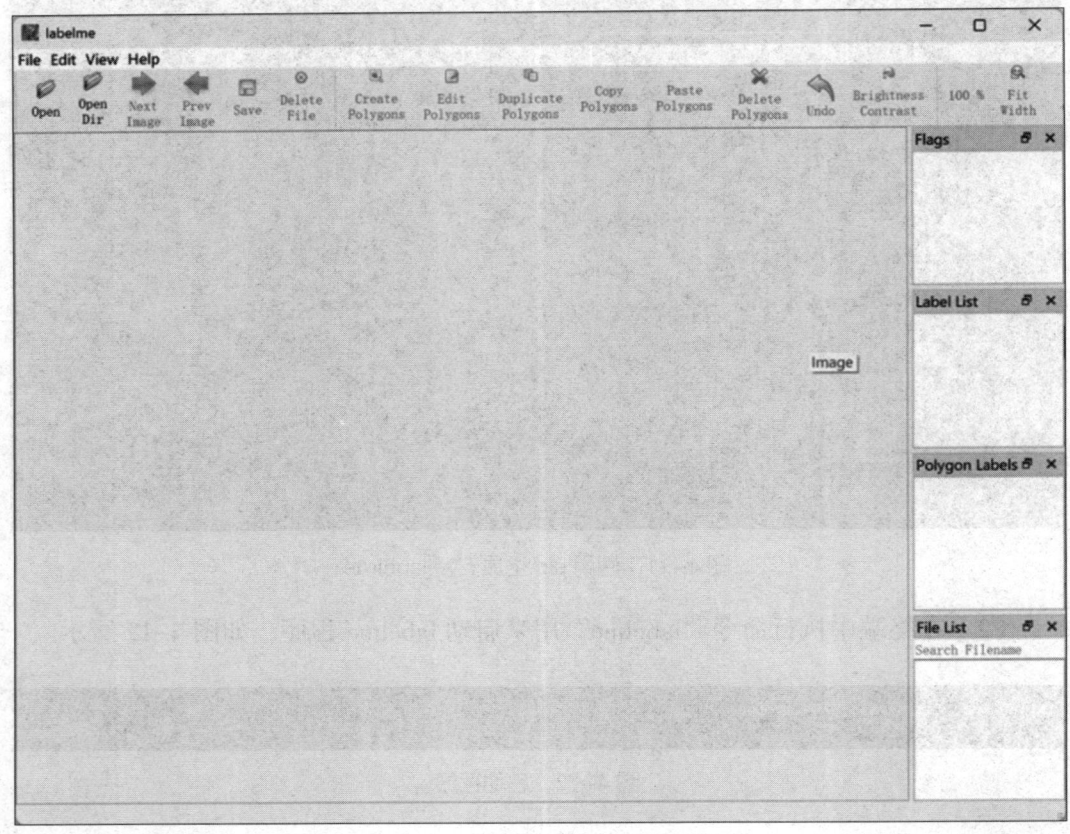

图 4-13 打开 labelme 后的界面

表 4-1 交通标志图像数据集标注需求

标注项目	交通标志图检测
标注类型	图像区域标注
标注数据集描述	由摄像头拍摄公路交通标志图像，共 9 幅图像
待标注目标	需要使用矩形标注方法标注出标志位置
标注工具	labelme
标注属性	按照标志类型添加标签
交付数据格式	labelme 导出的 JSON 格式
误差要求	质检合格率为 100%

步骤3：图像数据集矩形框标注

下面详细介绍使用 labelme 工具为交通标志图像文件添加矩形框标注的操作流程。在 labelme 工具中，启用矩形标注功能，精准框选图像内的交通标志，逐步完成标注。

（1）单击 labelme 上侧工具栏中的"Open Dir"按钮，定位数据集所在文件夹 roadsign，单击"选择文件夹"按钮打开文件夹，如图 4-14 和图 4-15 所示。

（2）单击菜单栏"Edit"，选择"Create Rectangle"，如图 4-16 所示。

（3）通过单击图像中的某点来确定矩形框的其中一个顶点，再拖动鼠标选择对角线上的另一个顶点，单击"确定"按钮，绘制出矩形框，尽量做到刚好覆盖，如图 4-17 所示。

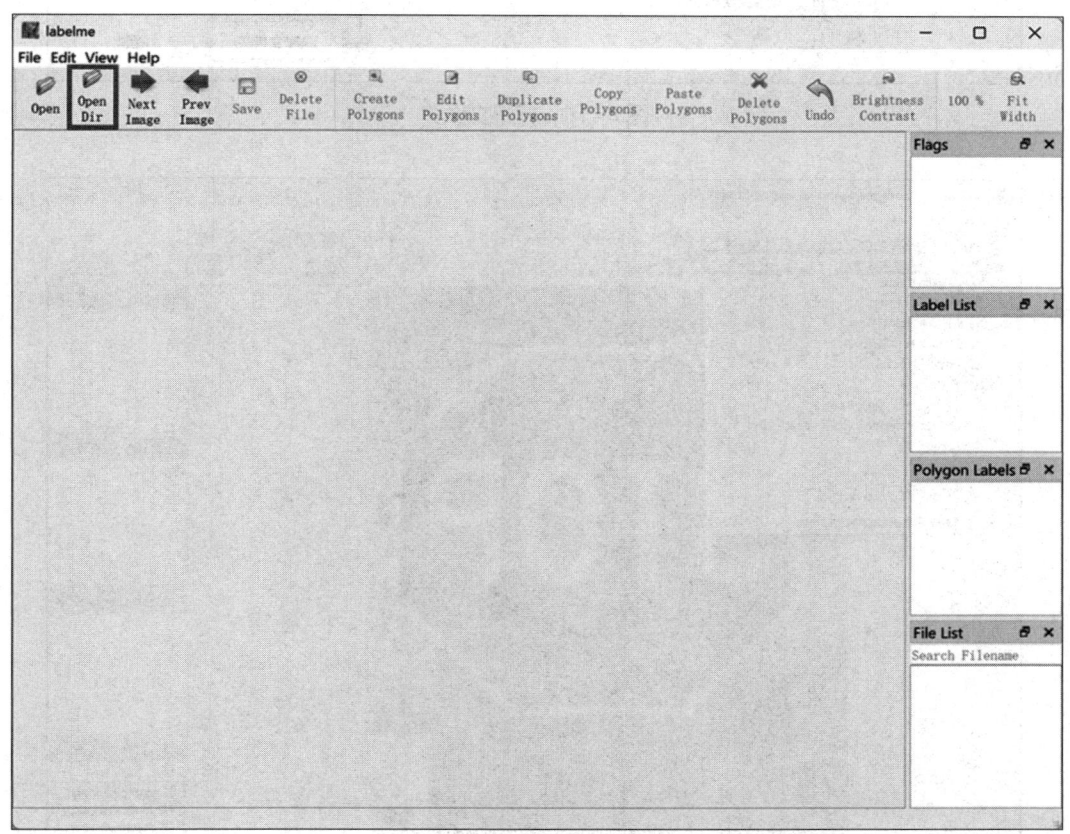

图 4-14 "Open Dir"按钮

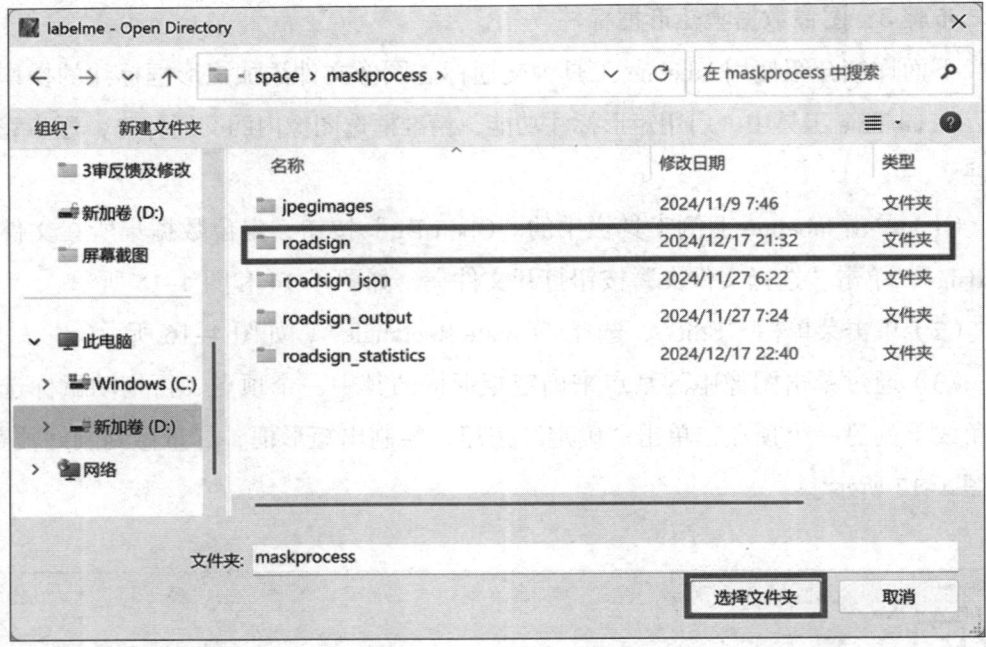

图 4-15 打开文件夹

图 4-16 打开标注

图 4-17 绘制矩形

（4）判断该图像中本次矩形框标注的交通标志的类型，并将其类型名称（标签）填入输入框，这里填写"stop"，如图 4-18 所示，单击"OK"按钮。

（5）对标注区域进行微调。完成图像的初步标注后，在 labelme 窗口右侧可以看到标签列表（Label List）和多边形标签（Polygon Labels）中多了一类 stop 标签。单击菜单栏"Edit"，选择"Edit Polygons"，如图 4-19 所示。调整矩形框的大小，以刚好覆盖标志为准，如图 4-20 所示。

步骤 4：保存标注文件

（1）在 roadsign 文件夹下创建 Annotations 文件夹来保存标注好的文件，在标注窗口按 Ctrl + S 键保存当前已经标注好的文件，文件名称与图片名称一致，文件类型默认为 JSON，如图 4-21 所示。

（2）在"File List"栏，可以选择剩余图像，继续进行标注，并保存所有对应的标注文件，如图 4-22 所示。

图 4-18 输入类型名称(标签)

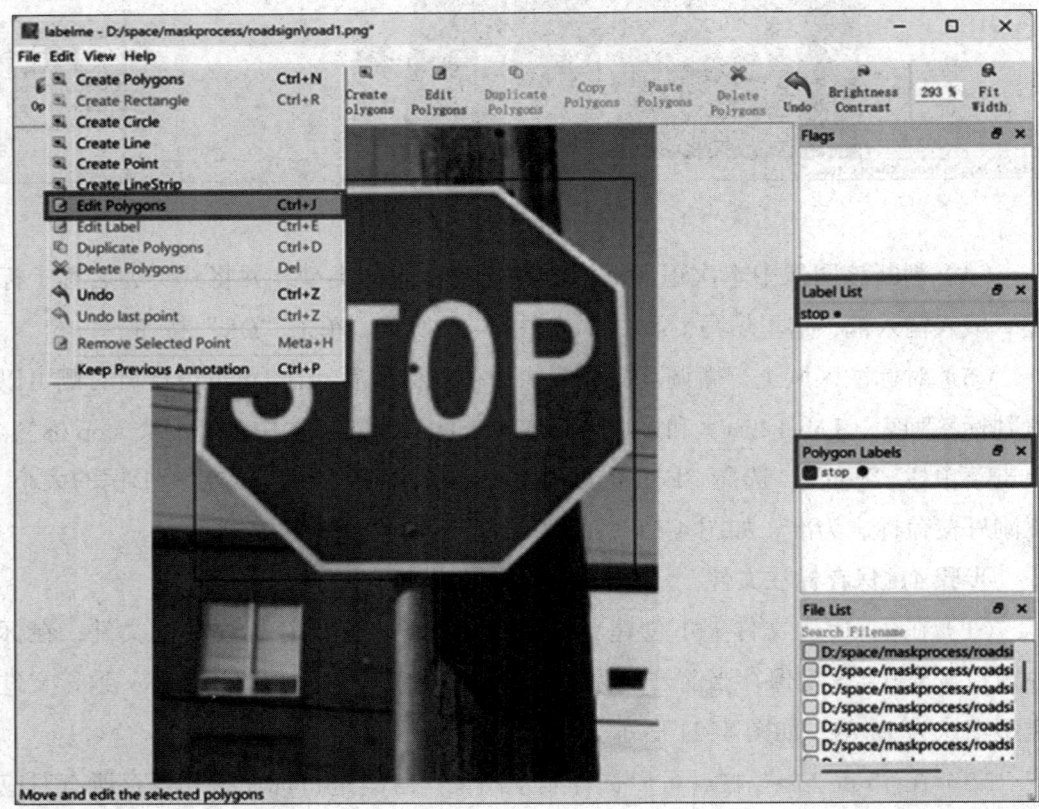

图 4-19 初步调整矩形大小

图 4-20 调整矩形区域覆盖范围

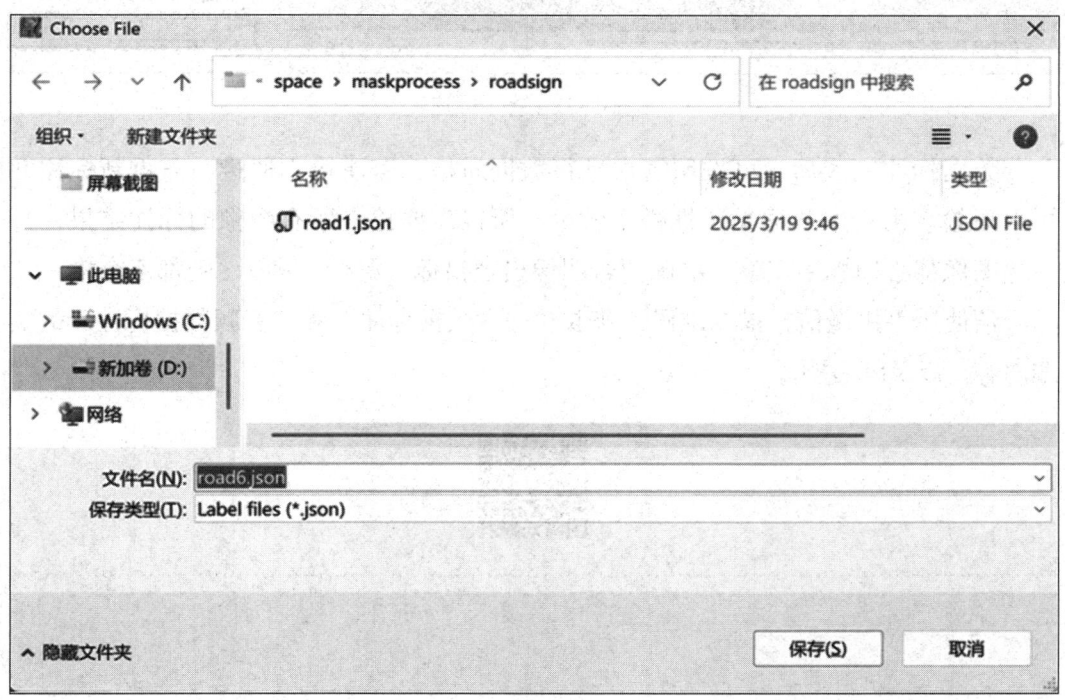

图 4-21 保存文件

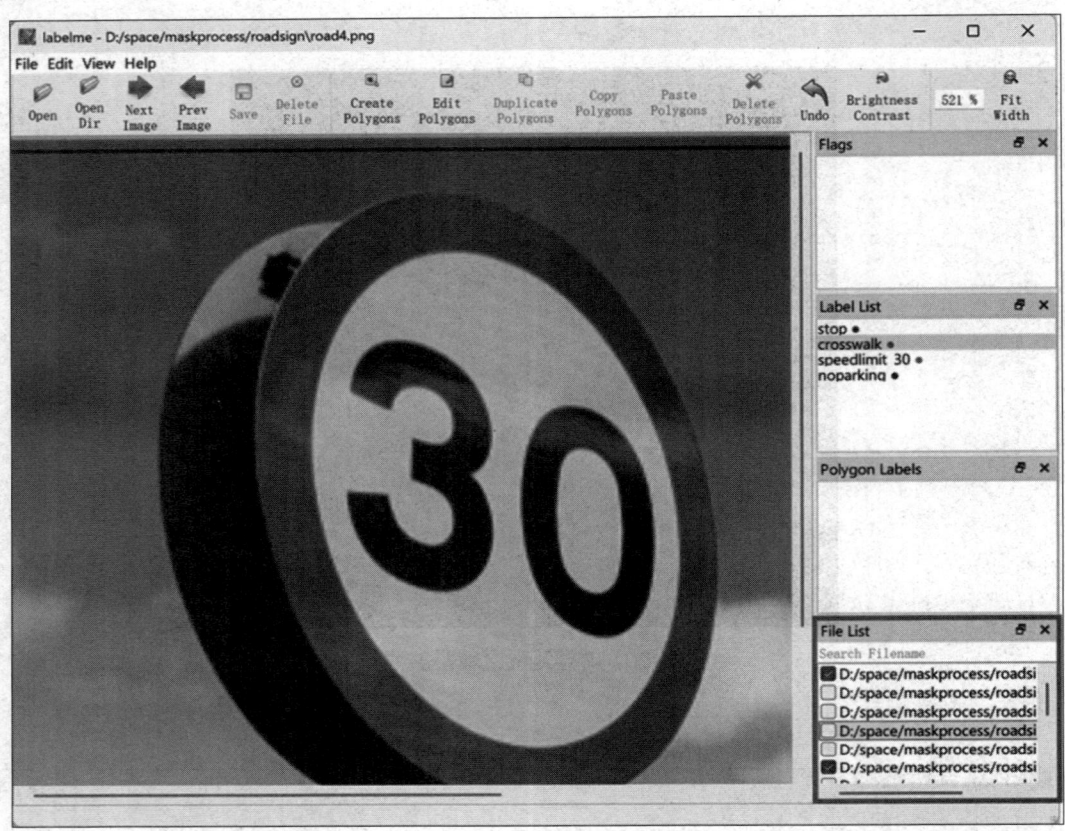

图 4-22 多个标注

  数据标注完成后,可按照需求进行数据质检,若质检不通过,需重新标注并再次质检。由于本数据集数据样本较少,所以需要检查所有图像的标注结果,每一幅图像都必须标注完整、准确。若图像出现错标、漏标、多标,则都不合格。

  请使用手机微信扫描二维码,获取"文本数据标注"和"音频数据标注"的实践内容,以及练习题。

培训课程 2　标注后数据分类与统计

本培训课程模块包含分类标注后数据和统计标注后数据两个学习单元，数据类别涵盖了文本、视觉和语音。学习内容以数据服务公司接到的数据分类和统计项目为载体，学习者以数据标注员助理身份，先学习数据分类和统计工具的使用知识，再通过图像数据分类与统计、文本数据分类与统计、语音数据分类与统计共六个项目，达成初级数据标注员所需数据分类与统计的知识和技能要求。

学习单元 1　分类标注后数据

情景描述

数据分类可以将标注后的数据按照一定的规则和特征进行划分，这有助于组织和整理数据，提高数据管理的效率和准确性，同时为后续的数据挖掘和分析提供基础。小京所在的数据标注部将对前期已完成数据清洗与标注的三类数据集进行分类，具体任务如下：一是按照标注标签对标注后的交通标注数据集进行分类；二是按照事件类型、时间年份等标签对标注后的突发事件语料数据集进行分类；三是按照时间大小对标注后的智能客服语音数据集进行分类。小京将学习使用 Python 进行数据分类，完成标注后数据的分类。他将在完成数据清洗、标注和分类的过程中，深刻理解到数据的准确性和有序性对于社会治理、公共安全以及服务质量提升的重要性。

一、利用 Python 处理分类标注后的视觉数据

1. 遍历标注文件内容

遍历所有标注文件的内容是数据清洗和处理的重要步骤。标注文件包含了对数据进行分类和标记的关键信息,对于后续的分析和应用非常关键。遍历标注文件的目的是提取有用信息,并进行后续处理。

在遍历标注文件的过程中,可以采用不同的方法和技术。一种常用的方法是通过读取和解析标注文件,提取其中的文本或标签信息。这可以使用文本处理库或标注文件格式解析器来实现。例如,对于 XML 格式的标注文件,可以使用 XML 解析库来提取其中的元素和属性。对于 CSV 格式的标注文件,可以使用 CSV 解析库来读取和处理其中的数据。

在遍历标注文件的过程中,需要注意处理可能出现的异常和错误。这包括缺失的标注信息、不规范的格式、重复的标注等。在处理过程中,可以使用异常处理机制和数据验证方法来确保数据的准确性和一致性。

遍历标注文件后,可以对获取到的数据进行进一步的处理和准备,这可能包括数据清洗、数据转换、数据整合等操作。数据清洗可以去除无效或错误的标注信息,处理缺失或异常的数据。数据转换可以将标注信息转换为特定的格式或结构,以便后续的分析和应用。数据整合可以将多个标注文件的内容合并到一个数据集中,以便进行综合分析和处理。

2. 创建分类文件夹

通过创建分类文件夹,可以更好地组织和管理数据,使其更易于查找和使用。分类文件夹的创建可以根据具体的数据集和应用场景进行定制,以满足不同的数据管理需求。合理的分类文件夹结构可以提高数据处理的效率,并为后续的分析和应用提供便利。在创建时,需要注意以下几点。

(1)定义分类标准。在创建分类文件夹之前,需要明确数据的分类标准。这可以根据数据的属性、特征或应用场景来确定。例如,对于一组文档数据,分类标准可以是文档的主题、类型或来源。

(2)创建文件夹。根据确定的分类标准,创建相应的文件夹。每个文件夹代

表一个类别，可以使用类别名称或编号作为文件夹的名称。应确保文件夹的命名具有一定的描述性，以便快速理解每个类别的含义。

（3）移动数据。将清洗和整理后的数据按照分类标准移动到相应的文件夹中。这可以通过拖放或复制粘贴等方式完成。应确保每个数据文件都被正确地放置在对应的文件夹中。

（4）检查和调整。在移动数据之后，进行检查和调整，确保数据文件正确地分配到对应的文件夹中。同时，还可以根据需要进行进一步的细分或合并，以满足具体的数据管理需求。

3. 分类存放文件

分类存放文件的目的是将相似的视觉文件归类，便于后续的浏览、检索和使用。分类存放视觉文件的方法可以根据不同的需求和文件属性来设计。常见的方法包括按照文件类型、主题、日期、地点等进行分类。例如，可以按照图片、视频、图标等类型进行分类；可以按照人物、风景、动物等主题进行分类；可以按照日期或地点进行分类。

在进行分类存放时，需要建立一个清晰的目录结构，将不同类别的文件分别存放在对应的目录中。可以使用文件管理工具或操作系统的文件夹来进行分类存放。确保每个文件都被正确归类，避免重复存放或分类错误。

为了方便管理，可以给每个文件添加标签或关键词，以便更快地检索和筛选文件。标签可以根据文件内容、关键特征或其他重要信息进行设置。使用标签可以快速找到所需文件。

分类存放视觉文件的好处是提高了文件的组织性和可访问性。它使得视觉文件更易于管理、查找和共享，为用户提供了更好的使用体验和效率。

二、利用 Python 处理分类标注后的文本数据

1. 数据标签的拆分

数据标签的拆分可以根据实际需求和应用场景进行灵活设计。一种常见的方法是基于规则或约定，将数据根据标签拆分为不同的类别或属性。例如，在产品销售数据中，可以将数据标签拆分为产品类别、销售地区、销售时间等；在自然语言处理任务中，可以将文本数据标签拆分为情感类别、主题类别、语言类型等。

拆分数据标签的方法也可以借助机器学习技术。通过训练模型，可以自动将数据归类到不同的类别或属性中。例如，可以使用聚类算法将数据标签聚类成相

似的群组，或者使用分类算法将数据标签分配到预定义的类别中。

在进行数据标签的拆分时，需要考虑数据标签的一致性和准确性。标签的一致性指的是同一类别或属性的数据应该具有相似的标签，而标签的准确性则表示标签应该正确地反映数据的特征和属性。因此，在进行拆分之前，应该对数据标签进行质量检查和清洗，确保标签的准确性和一致性。

数据标签的拆分为后续的数据分析和建模提供了基础。拆分后的数据标签可以用于训练机器学习模型、数据可视化展示、统计分析等。通过对拆分后的数据标签进行分析，人们可以深入了解数据的特征和关系，挖掘数据的潜在价值，并基于这些信息做出决策和预测。

数据标签的拆分有助于将数据按照不同的类别和属性进行分类，为后续的分析和建模提供准备。通过合理的数据标签拆分，可以更好地理解和利用数据，为业务决策和问题解决提供有力支持。

2. 创建分类文件夹

确定需要分类的标准或类别，这可以根据数据的特征、属性或目标来设定。例如，如果要对文本数据进行分类，可以根据文本的主题、内容或场景来划分类别。应在存储数据的目录下创建主文件夹，这个主文件夹的名称通常与数据集的名称或项目的名称相关联。

在主文件夹下创建子文件夹，每个子文件夹对应一个类别。文件夹的命名应该简明扼要，能够清晰地表示所属的类别。可以根据分类标准来命名，或者使用数字、字母等进行编号。将每个数据样本根据其类别放入相应的子文件夹中，确保每个数据样本只属于一个类别，并且放置在正确的文件夹中。

如果需要进一步细分类别，可以在子文件夹下创建更多的子文件夹，以实现更精细的分类。这可以根据具体需求来决定。例如，在汽车分类中，可以创建子文件夹来表示不同汽车品牌或型号。

对分类文件夹进行检查和验证，确保所有数据样本都正确地被放置在相应的类别文件夹中。可以使用文件浏览器或命令行工具来查看文件夹结构，以确保分类正确无误。

3. 分类保存文件

（1）基于文件夹的分类保存。该方法通过创建不同的文件夹来表示不同的类别或属性，然后将相应的数据文件放入对应的文件夹中。这种方法简单直观，适用于数据量较小的情况。

（2）基于文件命名的分类保存。该方法通过在文件名中添加类别或属性的标识来进行分类保存。例如，可以在文件名中加入类别编码或关键字，以便快速识别和检索文件。这种方法适用于数据量较大且需要频繁查询和筛选的情况。

（3）基于数据库的分类保存。该方法将数据存储在数据库中，并通过数据库的表结构和字段进行分类。可以使用数据库查询语言（如 SQL）进行数据的检索和筛选。这种方法适用于数据量庞大、需要灵活查询和分析的情况。

在进行分类保存时，应该考虑到数据的特点和应用需求。根据数据的属性、关系和访问频率，选择适合的分类保存方法。同时，还应制定清晰的分类规则和命名规范，以便后续的数据管理和使用。

通过科学的分类保存文件，可以提高数据的管理效率和可读性，为数据分析和应用提供有力支持。同时，合理的分类保存也有助于数据的组织和整理，能促进数据的交流和共享，提高工作效率和决策的准确性。

三、利用 Python 处理分类标注后的语音数据

1. 抽取音频数据

（1）音频分割。对于较长的音频文件，可以通过音频分割将其切分成更小的片段。分割可以基于时间间隔，如每隔一段时间进行分割或固定在时间点进行分割；也可以基于音频信号的特征，如基于音频能量或静音区域进行分割。

（2）特定事件提取。如果需要从音频中提取特定事件或声音，可以使用声音事件检测算法。这些算法能够自动识别特定声音并提取相关的音频片段，如车辆鸣笛声、狗叫声等。

（3）音频特征提取。音频特征提取是将音频信号转换为数值特征的过程。常用的音频特征包括频谱特征（如梅尔频谱系数）、时域特征（如时长、能量等）、频域特征（如频率、频带宽度）等。这些特征为音频的深入分析提供了基础。

在处理音频数据时，需要考虑音频的采样率、位深度等参数，并选择合适的音频处理库或工具进行处理。常用的音频处理工具包括 librosa、pydub 等。

2. 分类数据文件

对于大量的数据文件，按照时间顺序进行分类是一种常见的数据整理方法。通过将数据文件按照时间顺序或文件大小进行分类，可以更方便地管理和查找数据，提高数据的可用性和效率。

（1）分类数据文件的方法

1）按照日期分类：将数据文件按照年、月、日等时间单位进行分类。可以创建一个文件夹层级结构，每个文件夹代表一个时间单位，例如母文件夹代表年，子文件夹代表月，子文件夹中还可细分到每天。这样可以将数据按照时间顺序有序地归类存储。

2）按照时间段分类：将数据文件按照时间段进行分类，例如按照季度或者半年来分类。这样可以将数据按照一定的时间跨度进行整理，以方便后续的数据检索和分析。

3）按照文件大小分类：将数据文件按照文件大小进行分类，可以将文件分为小、中、大等多个类别。这种分类方法适用于需要对文件大小进行分析或者管理的场景，如磁盘空间的优化和资源分配的调整。

（2）注意事项。在进行数据文件分类时，需要考虑以下几点。

1）文件命名规范：为了方便管理和查找，可以使用有意义的文件名来描述文件内容和时间信息，如使用日期加上描述性的关键词来命名文件。

2）文件元数据管理：可以利用文件的元数据信息，如创建日期、修改日期和文件大小等，辅助进行分类。许多操作系统和文件管理工具都提供了元数据的查看和检索功能。

3）自动化脚本：如果数据文件量很大，可以考虑使用脚本或者自动化工具来进行文件分类。通过编写脚本来批量整理数据文件，提高工作效率和准确性。

按照时间段和文件大小分类数据文件，可以更好地管理和组织数据，提高数据的可用性和整体的工作效率。这样的分类方法为数据的后续分析和应用提供了有力的支持。

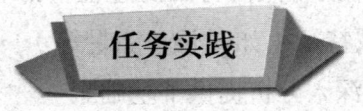

任务实践

打开计算机在 D 盘新建文件夹，将之前完成清洗的数据集文件夹 roadsign_json、classify、voice_grid 拷贝至 D:\space\maskprocess 文件夹下。如果您需要安装所需的库，请扫码获取详细安装教程。

视觉数据分类

小京需要将标注完成后的交通标志图像，按照标签进行分类，他将通过运行 Python 脚本的方式来完成本次任务，具体的任务流程如图 4-23 所示。

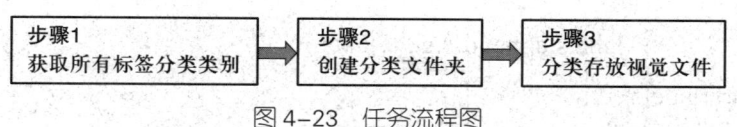

图 4-23　任务流程图

步骤 1：获取所有标签分类类别

在标注文件中，标签位于 shape 属性下，通过遍历所有的 label 标签，可以获得标签分类类别。下面是获取标签分类类别的过程。

（1）新建 Python 文件，在第一个代码单元格中，导入程序所需要的库或模块，其中包括 labelme.utils 和 cv2，定义好输入输出路径 input_dir 和 output_dir。

```python
import json
import numpy as np
from labelme import utils
import cv2
import os
import shutil


input_dir = "d:\\space\\maskprocess\\roadsign_json"
output_dir = "d:\\space\\maskprocess\\roadsign_output"
```

（2）定义函数 get_cates( )，遍历所有标注文件的内容，从标注的每个矩形框形状 shapes 属性中获取每个标注标签，然后去掉重复的标签，将每种分类类型的字符串存放至 labels 列表中并返回。调用 get_cates( ) 函数，打印所有的标签分类类别。

```python
# 返回有哪些类别
def get_cates():
    labels = []
    files = os.listdir(input_dir)
    for f in files:
        with open(os.path.join(input_dir,f),"r") as f:
            content = json.load(f)
            for s in content.get("shapes"):
                if s.get("label") not in labels:
```

```
                    labels.append(s.get("label"))
        return labels

    labels = get_cates()
    labels
```

（3）运行以上代码，打印标签类别结果如图4-24所示，包括停止（stop）、前方右急转弯（sharp_right_turn）、前方学校（school_ahead）、禁止掉头（no_U_turn）、前方左急转弯（sharp_left_turn）、前方危险提示（danger_warning）、限速30（speedlimit_30）、限速80（speedlimit_80）、人行道（crosswalk）及禁停（noparking）等分类。

```
[3]: ['stop',
      'sharp_right_turn',
      'school_ahead',
      'no_U_turn',
      'sharp_left_turn',
      'danger_warning',
      'speedlimit_30',
      'speedlimit_80',
      'crosswalk',
      'noparking']
```

图4-24　打印标签类别结果图

步骤2：创建分类文件夹

在此步骤中，需要根据分类类别来创建类别文件夹，以便在后面的步骤中将对应类别的图像存放至各自的文件夹中。

（1）定义函数create_dirs()，该函数用于实现输入路径output_dir的创建，以及在output_dir下创建所有分类文件夹。

```
def create_dirs(labels):
    if os.path.exists(output_dir):
        shutil.rmtree(output_dir)
    os.mkdir(output_dir)

    for lb in labels:
        if os.path.exists(os.path.join(output_dir, lb)):
            shutil.rmtree(os.path.join(output_dir, lb))
```

(2)调用函数实现分类路径的创建。

```
create_dirs(labels)
```

(3)执行以上代码,查看路径是否创建成功,如图 4-25 所示。

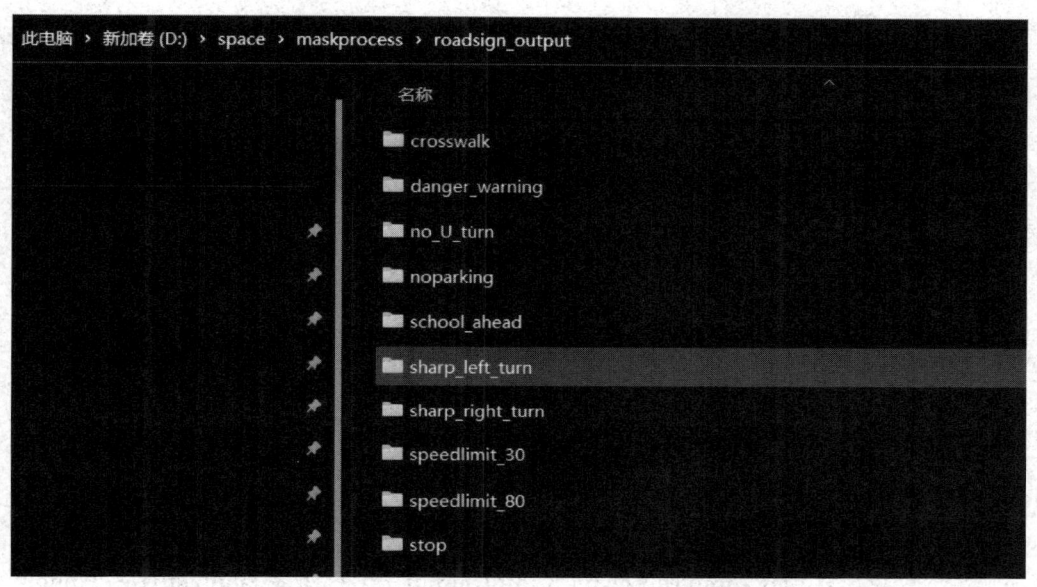

图 4-25　查看路径创建是否成功

步骤 3:分类存放视觉文件

根据矩形框的位置裁剪出图像内容,通过判断图像的 label,将图像内容写入对应类别文件夹下的图像文件。

(1)定义一个截取矩形标注框中图像的函数 shot_new( ),实现在给定图像数据 image_data 和矩形框右上角和左下角定位点的位置情况下,裁剪出矩形框中的图像数据并返回。

```
def shot_new(image_data , points):
    img = utils.img_b64_to_arr(image_data)
    crop = img[int(points[0][1]):int(points[1][1]),int(points[0][0]):int(points[1][0])]
    return crop
```

(2)遍历所有标注文件,获取图像信息,调用 shot_new( ) 函数实现图像裁剪和图像分类保存。

```python
files = os.listdir(input_dir)

i = 1
for f in files:
    with open(os.path.join(input_dir,f),"r") as f:
        content = json.load(f)
        image_name = content.get("imagepath")   # 文件的名称
        image_data = content.get("imagedata")   # 图像数据

        con = content.get("shapes")
        for c in con:
            label = c.get("label")       # 矩形框标签
            points = c.get("points")     # 矩形框坐标点
            crop = shot_new(image_data, points)
            cv2.imwrite(os.path.join(output_dir + "/" + label, str(i) + ".png"), crop)
            i = i + 1
```

执行所有代码,检查输出路径 roadsign_output 下每个分类类别文件夹中的图像裁剪情况和分类准确性。

请使用手机微信扫描二维码可获取"文本数据分类"和"音频数据分类"的实践内容,以及练习题。

学习单元 2　统计标注后数据

统计标注后的数据，不仅对于技术层面，如提升算法准确性、增强数据可解释性有着显著意义，更在优化数据治理、降低成本和提高效率等社会实践层面展现出其重要价值。这些意义不仅体现在机器学习算法的性能提升上，还体现在企业决策、用户体验等多个层面。小京所在的数据标注部门，肩负着对前期已完成数据清洗与标注的三类数据进行深入统计的重要任务，具体任务如下：一是统计标注后的交通图像数据的大小、特征值，并测试图像的边缘检测效果；二是对标注后的突发事件语料数据，依次进行整理和格式转换，统计出每段语料的行数以及语料文本的个数，最后用条形图和饼图展示统计结果；三是通过统计标注后的智能客服语音数据的整段数据、分段数据、相同文本对应的语音数据，了解用户对不同产品和服务的评价和需求，促进服务改进。小京在学习使用 Python 处理统计标注数据后，将完成以上三项工作。

一、利用 Python 处理统计标注后的视觉数据

1. 统计标注图像大小

统计标注图像大小是数据清洗的重要工作。通过统计图像的大小信息，可以了解数据集中图像的尺寸分布情况，有助于后续的数据处理和分析。常用的统计方法包括计算图像的宽度、高度的平均值、最大值和最小值以及生成尺寸分布图。这些统计结果可以帮助人们更好地理解数据集中图像的特征和规律。

2. 统计图像特征值

统计图像特征值是图像分析和计算机视觉的重要内容。通过对图像的像素值、颜色分布、纹理等特征进行统计，可以揭示图像的特点和变化规律。常用的图像特征统计方法包括均值、方差、直方图、灰度共生矩阵等。这些统计得到的特征值可以用于图像分类、目标检测、图像相似度比较等应用领域，提供了有效的图像描述和分析手段。

3. 测试图像边缘检测效果

测试图像边缘检测效果是图像处理中的重要步骤。边缘检测能够帮助人们提取出图像中物体的边界信息，对于图像分割、目标识别等任务具有重要作用。常用的边缘检测算法包括 sobel、canny、laplacian 等。通过对测试图像应用这些算法，人们可以评估其在边缘检测上的表现，并选择最适合的算法用于后续的图像处理和分析。

二、利用 Python 处理统计标注后的文本数据

1. 数据整理

文本数据的整理是数据处理中的重要步骤，目的是清洗和规范文本数据，提高数据的质量和可用性。整理文本数据的方法包括去除重复文本、处理缺失值和噪声以及进行文本归一化和标准化。常用的技术包括文本去重、文本清洗、文本分词和文本编码等。整理后的文本数据能够更好地支持后续的文本挖掘和自然语言处理任务。

2. 数据格式转换

在进行数据格式转换时，需要保证数据的准确性和一致性。应该注意处理数据的缺失值、重复值、噪声和异常值等问题，并进行相应的处理和清洗。此外，还应该进行适当的数据验证，以确保数据转换的正确性和完整性。

3. 数据统计

数据统计是对大量文本数据进行整理和分析的过程。通过对文本数据进行统计分析，可以揭示文本的频率、关键词、长度等重要信息，以帮助理解文本的特征和趋势。常用的文本数据统计方法包括词频统计、关键词提取和文本长度分布等。数据统计可以帮助人们洞察文本数据的特点，为后续的文本分析和挖掘提供基础。

三、利用 Python 处理统计标注后的语音数据

1. 整段语音标注数据统计

整段语音标注在语音处理中占据重要地位，通过对整段语音进行标注并进行数据统计分析，可以提取有用的信息和特征。统计分析包括计算语音数据的长度、

频率、能量等指标以及识别其中的语音信号和语音特征。

常用的语音数据统计方法包括计算语音的总时长、平均时长、最长时长和最短时长，以及统计不同语音类别的出现频率和分布情况等。这些统计结果揭示了语音数据的整体特征，如语音持续时间的范围、语音类别的相对比例等。

2. 分段语音标注数据统计

语音数据的分段语音标注是语音处理的重要环节。对于大规模的语音数据集，需要对分段语音进行标注并进行数据统计。分段语音标注的目的是识别和标记语音中的不同片段，以便为后续的语音识别、情感分析等应用提供支持。

在进行分段语音标注时，需要对语音进行分段处理，并对每个语音段落进行相应的标注，如语音事件、说话者、情感等。标注的方法既可以是人工标注，也可以使用自动标注工具或技术进行标注。标注后，可以进行数据统计，如各类别的语音段落数量、占比、平均时长等指标。这些统计结果有助于了解语音数据集的特征和分布，为后续的语音分析和应用提供依据。

通过合理的分段语音标注和数据统计，可以提高语音处理的效率和准确性，为语音相关应用提供可靠的数据支持。

3. 相同文本对应的语音数据统计

在语音数据处理中，有时会遇到多个语音数据对应相同文本的情况，此时需要进行相应的统计处理。为了统计这种情况，可以使用文本对应的语音数据进行聚类或分组，并计算每组中的语音数据数量。这样可以帮助人们了解重复文本在语音数据中的分布情况，并进行后续分析和处理。

打开计算机，在 D 盘新建文件夹 D:\space\maskprocess，将准备好的数据集文件夹 roadsign、statistics、voice_statistics 拷贝至新建的文件夹下。

统计标注后的视觉数据

小京需要对标注后的交通标志图像的大小、特征值等内容进行统计，并测试图像边缘检测效果。他将通过运行 Python 脚本来完成任务，具体工作流程如图 4-26 所示。

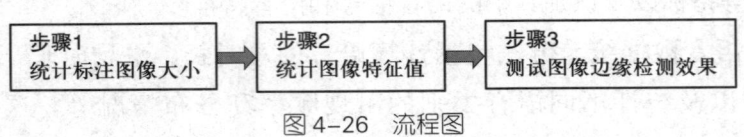

图 4-26 流程图

步骤 1：统计标注图像大小

根据图像标注数据，使用 crop( ) 方法指定裁剪的矩形标注框区域的图像，并使用 save( ) 方法将裁剪后的图像保存到本地，统计图像的大小。具体的实现过程如下。

（1）打开 Jupyter Notebook，新建一个文件，导入相关库，指定待处理文件路径 input_dir 和输出文件路径 output_dir，并创建 output_dir 路径，另外，创建一个空的字典 image_features 用来存放图像的统计特征。

```python
import pandas as pd
import numpy as np
import cv2
import json
import os
import shutil
from pil import image

input_dir = "d:\\space\\maskprocess\\roadsign\\"
output_dir = "d:\\space\\maskprocess\\roadsign_statistics\\"

if os.path.exists(output_dir):
    shutil.rmtree(output_dir)
os.mkdir(output_dir)

image_features = dict()
```

（2）定义裁剪单个图像的函数 crop_image( )，该函数的作用是根据标注数据获得矩形标注框的左下角和右上角点位置数据，截取矩形框中的图像像素点，将所有的标注图像另存为新的文件。

```python
def crop_image(file):
    with open(os.path.join(input_dir,file),"r") as f:
        content = json.load(f)
        image_shapes = content.get("shapes")

        for s in image_shapes:
            label = s["label"]                                    # 标签
            x1,y1 = s["points"][0][0],s["points"][0][1]
                                                                  # 矩形框左下角点位置
            x2,y2 = s["points"][1][0],s["points"][1][1]
                                                                  # 矩形框右上角点位置

            filename = file.split(".")[0] + ".png"

            if not os.path.exists(os.path.join(input_dir,filename)):
                filename = file.split(".")[0] + ".jpg"
            new_filename = file.split(".")[0] + "_" + label + ".png"

            image = image.open(os.path.join(input_dir,filename))
            cropped_image = image.crop((x1,y1,x2,y2))
                                                                  # 裁剪图像
            cropped_image.save(os.path.join(output_dir,new_filename))
                                                                  # 保存图像

            size = round((x2-x1)* (y2-y1))                        # 图像大小
            image_features[new_filename] = dict()

            image_features[new_filename]["size"] = size
```

（3）遍历 input_dir 路径下所有的图像文件，调用 crop_image() 函数截取标注图像。

```
for file in os.listdir(input_dir):
    if file.split(".")[1] == "json":
        crop_image(file)

image_features
```

（4）运行以上所有代码，结果显示如图 4-27 所示。同时在 D:\space\maskprocess\roadsign_statistics 下有新的图像文件生成。

```
In [3]: image_features
Out[3]: {'road1_stop.png': {'size': 62165},
         'road10_sharp_right_turn.png': {'size': 9103},
         'road11_school_ahead.png': {'size': 31235},
         'road12_no_U_turn.png': {'size': 22095},
         'road13_sharp_left_turn.png': {'size': 10913},
         'road14_no_U_turn.png': {'size': 11749},
         'road15_danger_warning.png': {'size': 24906},
         'road2_stop.png': {'size': 80540},
         'road3_stop.png': {'size': 22186},
         'road4_speedlimit_30.png': {'size': 31288},
         'road5_speedlimit_80.png': {'size': 21388},
         'road6_crosswalk.png': {'size': 14580},
         'road6_speedlimit_30.png': {'size': 2911},
         'road6_noparking.png': {'size': 3164},
         'road7_speedlimit_30.png': {'size': 8000},
         'road7_noparking.png': {'size': 9348},
         'road8_crosswalk.png': {'size': 14851},
         'road9_speedlimit_80.png': {'size': 15979}}
```

图 4-27　结果图

步骤 2：统计图像特征值

颜色直方图是提取图像特征的重要方法，该方法会将图像中像素的颜色转化为 RGB、HSV 等颜色空间中的值，并统计出各个颜色通道的像素数量分布。这种方法易于实现，并且可以很好地在检索和识别任务中使用。

（1）定义 get_color() 函数，函数实现使用 cv2 中的 cvtColor() 函数将 bgr 格式的图像转换成 RGB、HSV 和 Lab 三种颜色空间的格式，对于每一种颜色空间，调用 meanstddev() 函数来计算其中所有通道的像素均值和标准差。此函数会返回两个分别代表均值和标准差的 numpy 数组。

```
def get_color(file):
    label = file
    img = cv2.imread(os.path.join(output_dir,file))
```

```
img_rgb = cv2.cvtcolor(img, cv2.color_bgr2rgb)
img_hsv = cv2.cvtcolor(img, cv2.color_bgr2hsv)
img_lab = cv2.cvtcolor(img, cv2.color_bgr2lab)

# 计算每种颜色空间的均值和标准差
mean_rgb, std_rgb = cv2.meanstddev(img_rgb)
mean_hsv, std_hsv = cv2.meanstddev(img_hsv)
mean_lab, std_lab = cv2.meanstddev(img_lab)

# 特征信息
image_features[file].update({"rgb_mean": mean_rgb.flatten()})
image_features[file].update({"rgb_std": std_rgb.flatten()})
image_features[file].update({"hsv_mean": mean_hsv.flatten()})
image_features[file].update({"hsv_std": std_hsv.flatten()})
image_features[file].update({"lab_mean": mean_lab.flatten()})
image_features[file].update({"lab_std": std_lab.flatten()})

edges = cv2.canny(img, threshold1=100, threshold2=200)

image_features[file].update({"edges":edges})
```

（2）循环遍历 output_dir 下截取完成后的图像文件，调用 get_color( ) 函数计算每个文件每种颜色空间的均值和标准差信息，并通过实例化 Canny 对象来获取图像的边缘特征。

```
for file in os.listdir(output_dir):
    get_color(file)
image_features
```

（3）依次运行以上代码，再次打印 image_feature 信息，结果显示 image_features 中各图像中增加了 RGB_mean、RGB_std、HSV_mean、HSV_std、Lab_mean、Lab_ std 及 edges 等关键字及其数值，如图 4-28 所示。

```
In  [5]: image_features

Out[5]: {'road1_stop.png': {'size': 62165,
          'RGB_mean': array([181.23333011, 103.95048134, 108.21563798]),
          'RGB_std': array([41.35274229, 71.19836411, 79.67088122]),
          'HSV_mean': array([ 39.38120996, 136.07202421, 194.38050163]),
          'HSV_std': array([61.51186893, 65.66499614, 37.99508765]),
          'Lab_mean': array([140.34996297, 160.43220967, 144.63081554]),
          'Lab_std': array([50.96516525, 24.82154409, 21.46225132]),
          'edges': array([[0, 0, 0, ..., 0, 0, 0],
                 [0, 0, 0, ..., 0, 0, 0],
                 [0, 0, 0, ..., 0, 0, 0],
                 ...,
                 [0, 0, 0, ..., 0, 0, 0],
                 [0, 0, 0, ..., 0, 0, 0],
                 [0, 0, 0, ..., 0, 0, 0]], dtype=uint8)},
         'road10_sharp_right_turn.png': {'size': 9103,
          'RGB_mean': array([190.8627211 , 194.92079208, 179.89031038]),
          'RGB_std': array([63.24939696, 59.03624279, 70.04345539]),
          'HSV_mean': array([ 65.74924908,  47.44131717, 202.61419513]),
          'HSV_std': array([43.3594399 , 51.65992916, 54.96768742]),
```

图 4-28 结果图

步骤 3：测试图像边缘检测效果

提取图像边缘特征的代码通常使用基于 Canny 算子的边缘检测方法。在 get_color( ) 函数中已经使用了 opencv 库实现了单个图像的 Canny 算子边缘检测，并将数据保存到了 image_features 中，下面是将图像边缘数据另存为图像文件的过程。

（1）定义函数 save_edges( )，该函数可实现将图像边缘检测效果图像保存至 edges_dir 路径下。

```
def save_edges(edges_dir,file):
cv2.imwrite(os.path.join(edges_dir,file),image_features[file]["edges"])
```

（2）创建 edges_dir 路径，使用 save_edges( ) 函数将文件逐一保存。

```
edges_dir = "d:\\space\\maskprocess\\roadsign_statistics\\edges"
if os.path.exists(edges_dir):
    shutil.rmtree(edges_dir)
os.mkdir(edges_dir)


for file in os.listdir(output_dir):
    try:
        if file.split(".")[1] == "png":
            save_edges(edges_dir,file)
```

```
        except:
            pass
```

运行以上代码，用户能在 D:\space\maskprocess\roadsign_statistics\edges 路径下查看到新生成的交通标志边缘图像文件。

请使用手机微信扫描二维码，获取"统计标注后的文本数据"和"统计标注后的音频数据"等实践内容，以及练习题。

参 考 文 献

林子雨. 数据采集与预处理［M］. 北京：人民邮电出版社，2022.

职业模块 5
智能系统运维

随着中国人工智能技术的不断发展和应用领域的拓展，智能系统运维的重要性将更加凸显，它是确保人工智能系统稳定高效运行的关键环节，为新质生产力的快速发展提供了有力支持和保障。在完成人工智能模型训练和优化后，智能系统运维团队将负责这些模型在实际部署后的运行维护。

运维人员需要全面监控系统性能，这不仅是对技术专业性的考验，更是对责任心和使命感的体现。他们要确保模型的稳定性和可靠性，这直接关系到人工智能系统能否在实际应用中发挥预期作用，为社会带来实实在在的福祉。在这个过程中，运维人员需要时刻保持警惕，及时发现并解决潜在问题，确保人工智能系统持续有效运行。在本职业模块中，读者将学习智能系统的基础操作和维护知识，练习简单使用和维护智能系统，达到以下知识与技能要求。

1. 了解智能系统基础知识，能够开启智能系统。
2. 掌握智能系统使用知识，能够简单使用智能系统。
3. 掌握智能系统维护知识，能够记录并分析智能系统的功能应用情况和数据。

培训课程 1

智能系统基础操作

本培训课程模块精心设计了两个核心学习单元,分别聚焦于"智能系统的启动与初始化"以及"智能系统的基本操作与应用"。在学习过程中,以学校智能化升级的实际场景为背景,特别选用"无感考勤管理系统"作为实操训练的载体。考虑到智慧校园中的考勤情境贴近生活且易于理解,采用人工智能技术驱动的无感考勤管理系统作为智能系统的经典范例。这一选择对于初次接触智能系统维护的学习者而言尤为适宜,可以帮助他们通过实践操作,迅速掌握智能系统的启动方法以及基础使用技巧。

学习单元 1 智能系统的开启

情景描述

随着学校智能化需求的不断提升,无感考勤管理系统凭借其自动化、高效化的显著特点和能为学校提供精准考勤数据的独特优势,成为学校近期重点推进的智能化项目。采用智能系统旨在通过技术创新提升管理效能,服务于全校师生的日常考勤需求,践行科技以人为本的发展理念。

临近开学之际,学校做出了在全校范围内推广使用无感考勤管理系统的决定。这一决策不仅是对智能化管理的积极实践,更是对全校师生时间价值的尊重与珍视。作为运维工作的负责人,李明老师深知这一任务的重要性,他将秉持严谨、负责的态度,在充分了解智能系统开启的基本知识后,启动无感考勤系统。

一、智能系统定义

智能系统（intelligent system）是传统系统与人工智能相结合的产物，是一种应用了人工智能理论、方法和技术的系统。它通常能够执行一些过去需要人类智能才能完成的任务，如学习、推理、解决问题、感知、理解自然语言或识别模式等。智能系统可以是软件程序、机器人、自动化设备或任何其他能够执行复杂任务的系统。

智能系统的关键特征如下。

1. 自动化决策

智能系统能够根据输入数据和预设的规则或学习到的模式自动做出决策。

2. 学习能力

通过人工智能算法，智能系统能够从数据中学习到知识并改进自身性能。

3. 适应性

智能系统能够适应新的环境和情况，调整其行为以优化性能。

4. 交互性

智能系统通常能够与人类用户或其他系统进行交互，提供用户友好的界面和良好的反馈。

5. 感知能力

一些智能系统具备感知环境的能力，如视觉模拟、听觉模拟或其他感官模拟。

二、智能系统概述

随着人工智能技术的发展，其应用领域已经涉及生活的方方面面。智能系统作为人工智能应用的载体，也以各种各样的形态出现在了生活的各个领域。

1. 常见应用领域

（1）医疗健康：智能系统可以帮助医生进行疾病诊断、治疗计划制订、患者监护等工作。

（2）金融服务：在金融领域，智能系统用于风险评估、交易监控、个性化金融产品推荐等。

（3）教育：个性化学习计划、智能辅导、自动评分系统等，都是智能系统在教育领域的应用。

（4）交通运输：自动驾驶汽车、智能交通管理系统等，都在尝试减少交通事故、提高运输效率。

（5）制造业：智能制造系统能够提高生产效率，减少浪费，实现自动化生产。

（6）客户服务：智能客服机器人可以提供不间断服务，处理常见问题，提高客户满意度。

2. 常见系统类型

（1）专家系统：通过学习专家的知识、经验、逻辑等，将其用于解决特定领域的问题。

（2）机器学习系统：提供数据处理、模型训练、评估和部署等功能，用于构建预测模型。

（3）自然语言处理系统：能够理解、解释和生成人类语言的系统，如聊天机器人、语音助手等。

（4）计算机视觉系统：通过分析图像和视频数据来实现分类、识别、跟踪和分割等任务。

（5）推荐系统：根据用户的历史行为和偏好，推荐相关的商品或服务。

3. 常见部署形态

（1）"云侧 + 浏览器"模式。这种模式通常把 AI 的计算进程放置在云上，比如，可以把训练好的 AI 模型部署到云侧，运用调用接口的方式，让用户在浏览器上直接通过网络远程使用模型，从而实现某些智能功能。现在许多网站采用的就是这种模式，如在线 AI 绘图、在线语音合成等。这种模式的优点是可以充分利用云计算庞大的计算能力、海量的数据存储能力等。

（2）"端侧"模式。与云侧模式不同，这种模式通常把更多的运算移动到本地设备上。比如，可以把训练好的 AI 模型部署到本地设备上，继而在本地调用这个模型进行预测，即使本地设备不能"上网"也能完成 AI 运算。这些本地设备可以是用户的手机、IOT 设备或者一些深度学习计算板卡，如 jetson nano、EdgeBoard 等，如图 5-1 所示。这种模式对本地设备的计算能力有较高的要求。

图 5-1 jetson nano

（3）"云侧 + 端侧"模式。这种模式是云侧与端侧的结合，如图 5-2 所示，把需要高计算力的 AI 运算部分部署到云上，而负责业务逻辑的远程调用部分则放置在本地设备上。本地业务逻辑的部分使用接口方式远程调用云上模型的能力。这种模式既可以利用云上庞大的计算能力，也可以使本地软件与业务结合更加容易、部署更加灵活。

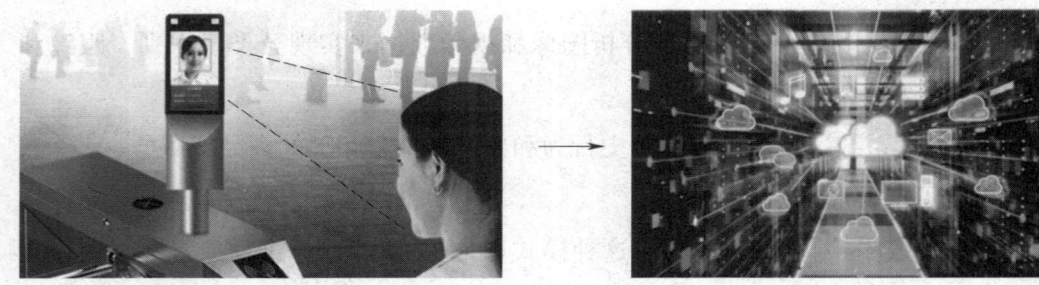

图 5-2 云侧与端侧的结合

4. 常见硬件

智能系统的硬件组成根据系统的不同用途以及规模，会有很大的区别。以下是在各种智能系统中比较常见的智能硬件。

（1）中央处理单元（CPU）。CPU 是智能系统的大脑，负责执行程序指令和处理数据。在人工智能系统中，CPU 负责执行算法，处理逻辑运算以及控制其他硬件组件。

（2）图形处理单元（GPU）。GPU 专门用于处理图形和图像，但在 AI 领域，它也被用于加速深度学习和并行处理任务。GPU 拥有大量的核心，能够处理多个并行任务，对于训练复杂的神经网络模型尤其重要。

（3）随机存取存储器（RAM）。RAM 是系统的临时存储空间，用于存储正在运行的程序和当前处理的数据。在 AI 系统中，RAM 需要足够大，以便能够快速访问和处理大量数据。

（4）硬盘驱动器（HDD）/固态驱动器（SSD）。HDD 和 SSD 用于长期存储数据和程序。SSD 比 HDD 速度快，但成本更高。在 AI 系统中，快速的数据读写对于提高训练效率至关重要。

（5）网络接口卡（NIC）。NIC 负责管理系统与网络之间的通信。在 AI 训练中，可能需要大量的数据传输，因此高速的网络连接是必要的。

（6）电源供应单元（PSU）。PSU 为系统提供稳定的电力供应。在高性能 AI 系统中，需要高效率和足够功率的 PSU 来支持所有硬件组件的运行。

（7）主板。主板是所有硬件组件的连接平台，它决定了系统的总体架构，包括 CPU 类型、RAM 容量、扩展插槽等。

（8）冷却系统。高性能的 AI 系统会产生大量热量，因此需要有效的冷却系统来保证硬件在安全温度下运行。冷却系统包括风扇、散热片、液体冷却系统等。

（9）外围设备。外围设备包括显示器、键盘、鼠标等，用于与系统交互。

（10）扩展卡和模块。扩展卡和模块如 AI 加速器卡（如谷歌的 TPU）、网络加速器、FPGA（field programmable gate array，现场可编程门阵列），这些专用硬件可以进一步提高 AI 任务的处理速度和效率。

（11）备份存储设备。备份存储设备如磁带驱动器、外部硬盘等，用于数据备份和灾难恢复。

（12）传感器和执行器。对于嵌入式 AI 系统或机器人，传感器（如摄像头、麦克风、温度传感器等）用于收集环境数据，执行器（如电机、伺服机构等）用于对环境进行物理操作。

以人脸识别系统为例（见图 5-3），硬件部分主要包含传感器（感光单元、摄像头终端）、执行器（闸机体、运动控制单元）、外围设备（显示终端）等。感光单元主要用来调节人脸周围的光线亮暗程度，可以采用多种补光技术对暗光、背光、侧光等进行调节与补偿，使得人脸采集更加清晰。摄像头终端主要负责对人脸进行采集。闸机体是人脸识别系统的动作执行单元。运动控制单元主要负责对闸机体进行控制，包括打开道闸、关闭道闸、急停、防夹伤等。显示终端一般包含一个屏幕，用来显示人脸检测与识别的结果。

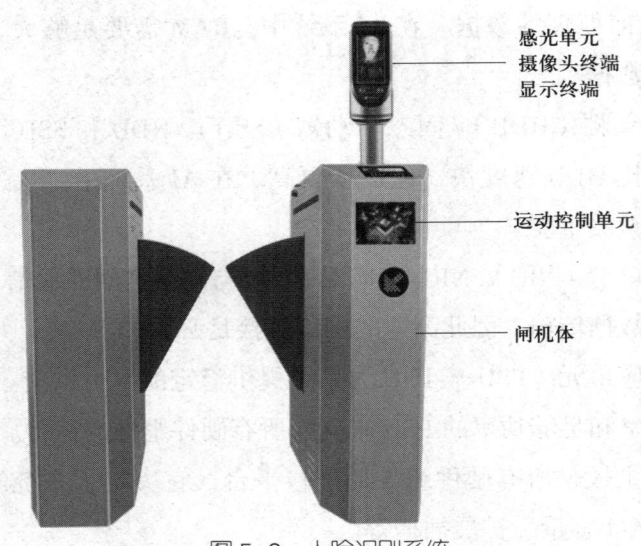

图 5-3　人脸识别系统

5. 常见软件

软件部分通过特定的编程指令形成各种独立的功能，并通过各种控制逻辑把硬件设备组合成统一的整体。

（1）数据处理和存储软件

数据库管理系统（database management system，DBMS）：用于存储和管理大量数据，例如常用的 Mysql、Microsoft SQL Server 等。

数据湖 / 数据仓库：用于存储结构化、非结构化或半结构化数据，支持大数据分析。

文件存储系统：用于存储文件和文档，如分布式文件系统（distributed file system，DFS）。

缓存系统：用于临时存储频繁访问的数据，以加快数据检索速度和提高系统性能，例如常用的 Redis 系统。

（2）数据分析和处理工具

大数据处理框架：如 Apache Hadoop、Apache Spark 等，用于处理大规模数据集。

数据清洗和转换工具：如 Talend、Informatica，用于数据预处理。

数据可视化工具：如 Tableau、Power BI，用于将数据转换为图形。

（3）机器学习和深度学习框架

TensorFlow、PyTorch：用于构建和训练复杂的神经网络模型。

Scikit-learn：提供简单有效的数据挖掘和数据分析工具。

MLlib（Spark 的机器学习库）：用于在大数据上进行机器学习。

（4）应用服务器和中间件

Web 服务器：如 Apache、Nginx 等，用于处理 HTTP 请求。

应用服务器：如 Tomcat、JBoss 等，用于托管和运行应用程序。

消息队列（message queue，MQ）：如 RabbitMQ、Kafka，用于应用程序之间的异步通信。

代理服务器：如 Nginx，用于处理 HTTP 请求。

（5）开发和集成工具

集成开发环境（integrated development environment，IDE）：如 Visual Studio、Eclipse 等，用于代码编写、调试和管理。

版本控制系统：如 Git，用于代码版本管理。

持续集成/持续部署（CI/CD）工具：如 Jenkins、GitLab CI，用于自动化代码的构建、测试和部署。

自动化构建工具：如 Maven，用于依赖关系管理和项目生命周期管理。

（6）云服务和云平台

计算服务：如 AWS EC2、Azure Virtual Machines，提供虚拟服务器。

存储服务：如 Amazon S3、Azure Blob Storage 等，提供云存储解决方案。

数据库服务：如 Amazon RDS、Azure SQL Database，提供托管数据库服务。

机器学习服务：如 AWS SageMaker、Azure Machine Learning 等，提供机器学习模型的构建、训练和部署。

容器服务：如 Amazon ECS、Azure Kubernetes Service，用于容器化应用程序的管理和部署。

函数即服务（function as a service，FaaS）：如 AWS Lambda、Azure Functions，允许运行无服务器代码。

（7）安全和合规性软件

身份和访问管理（identity and access management，IAM）：用于控制用户对资源的访问。

加密软件：用于数据的加密和安全传输。

安全信息和事件管理（security information and event management，SIEM）：用于实时监控和分析安全事件。

（8）监控和日志管理工具

系统监控工具：如 Nagios、Zabbix 等，用于监控系统性能和健康状况。

日志管理工具：如 ELK Stack（Elasticsearch、Logstash、Kibana），用于日志收集、存储和分析。

（9）自动化和编排工具

配置管理工具：如 Ansible、Puppet 等，用于自动化软件配置。

容器编排工具：如 Kubernetes、Docker Swarm，用于自动化容器的部署、扩展和管理。

以人脸识别系统为例，软件部分主要包含：人员录入模块（主要负责把人员信息录入到数据库中）、图像采集模块（主要负责现场人员的脸部图像采集）、人脸检测与识别模块（主要调用 AI 模型对提取的人脸进行特征提取与比对）、输出及显示模块（主要负责把人脸识别结果展示出来）。

以无人驾驶系统为例，软件部分主要包含感知模块、决策模块、控制模块等。

以智能语音系统为例，软件部分主要包含语音识别模块（主要负责提取声音并识别为文字）、智能问答模块（主要调用 AI 算法对问题进行分析，并给出答案）、语音合成模块（主要负责把答案以语音的形式播放出来）等。

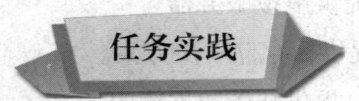

一个智能系统要想实现正常工作，首先就要正确地开启。虽然智能系统多种多样，所用的技术也不尽相同，但其开启大致都可以分为三个步骤：开启前的准备工作，各部件的启动，判断系统启动状态。

开启前的准备工作涉及网络的知识，可以扫描二维码获取前置任务内容。

各部件的启动

启动一般分为两种：硬件的启动和软件的启动。

对于硬件来说，不同的设备有着不同的启动方法，有些设备是已经部署好的，直接连通电源就可自动开启。有些设备在接通电源后，还需要进行一些操作才能启动。对于有特殊要求的智能系统，出于安全的考虑，必须严格执行开启顺序。

在本任务中，按照如图 5-4 所示的任务流程启动智能系统的软件部分。

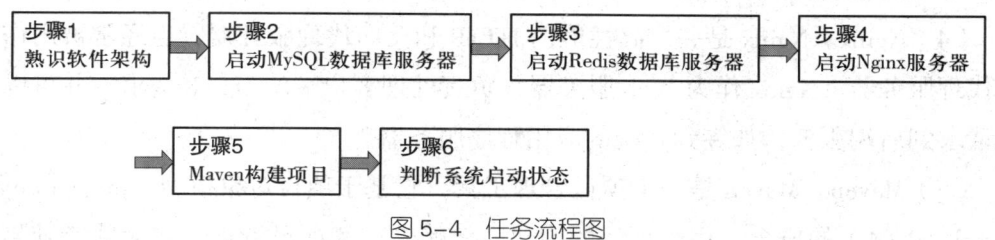

图 5-4 任务流程图

软件的启动需要环境的搭建，可以扫描二维码获取虚拟机进行步骤实践。

步骤 1：熟识软件的架构

无感考勤管理系统软件部分的架构，如图 5-5 所示。

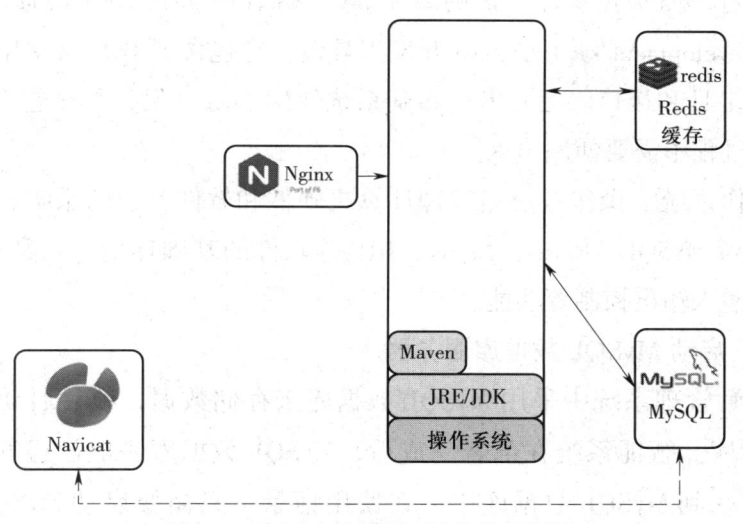

图 5-5 无感考勤管理系统软件架构图

（1）MySQL。MySQL 是一个开源的关系型数据库管理系统，它使用 SQL（structured query language，结构化查询语言）作为查询语言。在无感考勤签到系统中，MySQL 用于存储和管理用户数据、考勤记录等关键信息，它是系统数据持久化的核心组成部分。

（2）Navicat。Navicat 是一个数据库管理工具，它支持多种数据库系统（包括 MySQL）。Navicat 提供了一个用户友好的图形界面，用于数据库的创建、查询、设计和维护。在开发和管理无感考勤签到系统时，Navicat 可以帮助技术人员高效地操作 MySQL 数据库。

（3）Redis。Redis 是一个开源的内存中的数据结构存储系统，它可以用作数据库、缓存和消息传递系统。Redis 通常用作缓存，用于快速读取和写入签到数据，减少对 MySQL 数据库的访问频率，提高系统响应速度。

（4）Nginx。Nginx 是一个高性能的 HTTP 和反向代理服务器，也经常被用作邮件代理服务器。Nginx 作为 Web 服务器，负责处理客户端的 HTTP 请求，并可以转发请求到后端服务，如签到系统的应用程序服务器。

（5）Maven。Maven 是一个项目管理工具，它基于项目对象模型（project object model，POM）的概念，用于项目的构建、依赖管理和项目管理。在无感考勤签到系统的开发过程中，Maven 可以帮助开发者管理项目的构建生命周期，自动下载和配置项目所需的依赖库。

（6）JRE/JDK。JRE（Java runtime environment）是 Java 运行时所需的软件环境，它提供了运行 Java 应用程序所需的库和 Java 虚拟机（Java virtual machine，JVM）。JDK（Java development kit）是 Java 开发工具包，它包含了 JRE 以及开发 Java 应用程序所需的工具和接口。无感考勤签到系统使用 Java 开发，那么它将运行在 JRE 上，而开发过程中需要使用 JDK。

（7）操作系统。操作系统是管理计算机硬件和软件资源的系统软件。操作系统提供了运行 MySQL、Redis、Nginx、JRE 等软件的基础环境。它具有资源分配、任务调度、输入输出控制等功能。

步骤 2：启动 MySQL 数据库服务器

无感考勤管理系统中采用 MySQL 数据库来存储数据，项目启动前先要启动 MySQL 数据库。智能系统在部署完成后，MySQL 数据库一般已经安装，SQL 语句也已经导入到 MySQL 数据库中。在使用情景下只需要启动 MySQL 数据库即可。

（1）右键单击命令提示符，在菜单中选择以管理员身份运行，进入命令行，如图 5-6 所示。

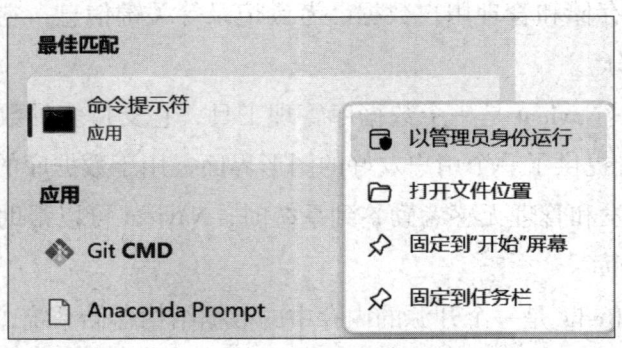

图 5-6　以管理员身份运行命令提示符

（2）在命令行中输入 net start mysql，启动 MySQL 服务器，如图 5-7 所示。

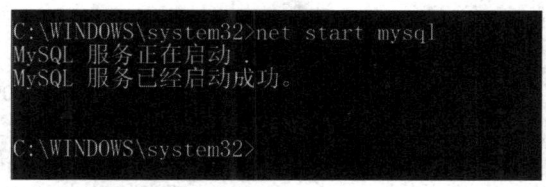

图 5-7　启动 MySQL 服务器

（3）在命令行中输入 mysql –uroot –p 可以进行数据库登录，–uroot 代表用户名为 root，输入密码：root123456，如果登录成功，说明 MySQL 数据库已启动，如图 5-8 所示。

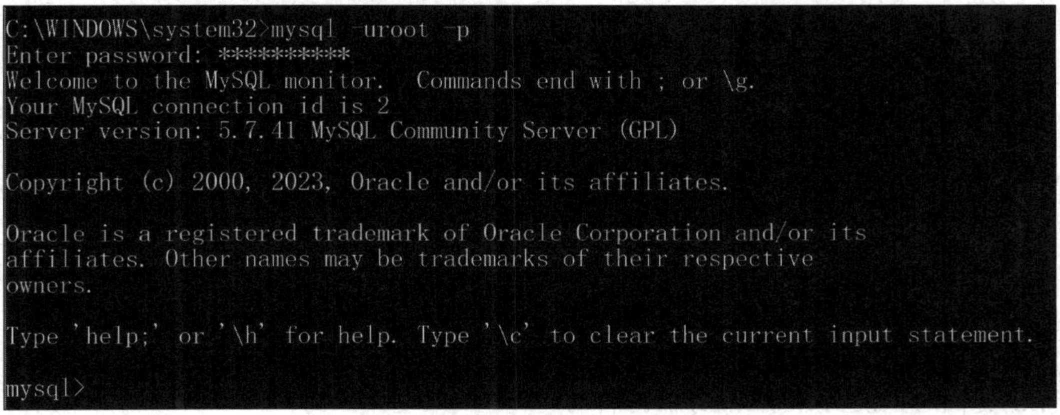

图 5-8　数据库登录

如果登录不成功，说明 MySQL 数据库未能成功启动，需要重新输入 net start mysql 启动 MySQL 数据库服务器。

步骤 3：启动 Redis 数据库服务器

Redis 数据库在项目中经常用作缓存，本任务为使用情景下的启动，所以跳过 Redis 服务器安装步骤。

（1）进入任务管理器，查找 Redis 进程。一般在安装 Redis 服务器的时候会将其设置为开机自动启动，判断 Redis 服务器是否启动，可以通过在任务管理器中查找 Redis 服务进程，如果找到则说明 Redis 服务器已经启动，如果没有则需要手动启动 Redis 服务器。

如图 5-9 所示，在任务管理器中没有找到 Redis 服务器，说明 Redis 服务器没有启动。

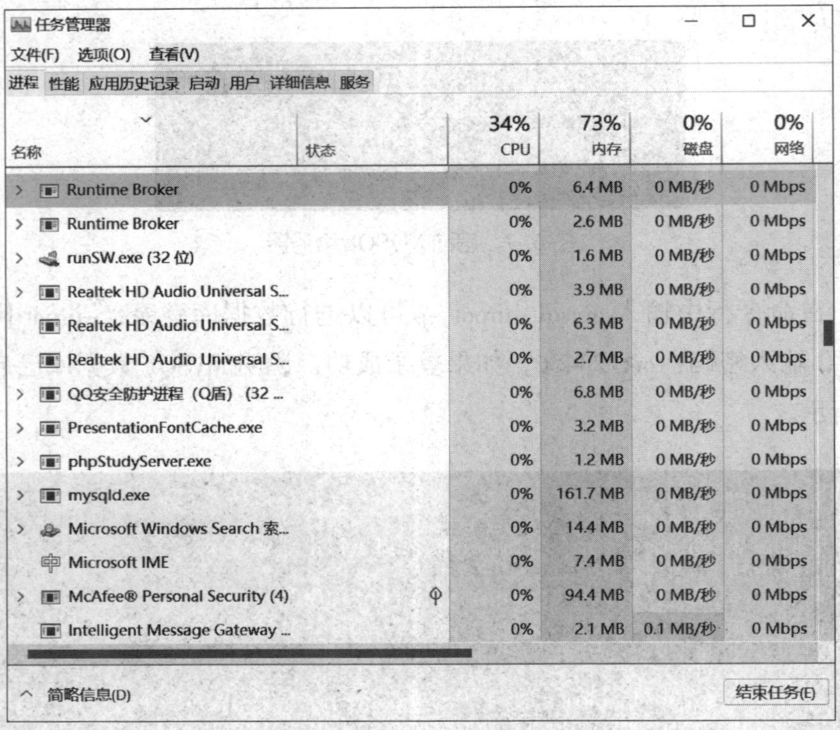

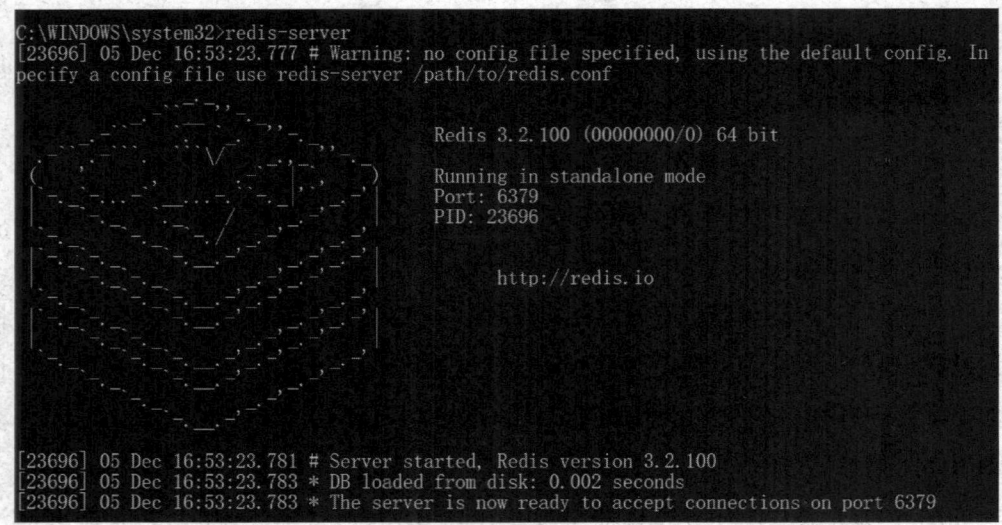

图 5-9 通过任务管理器查看 Redis 进程

（2）在命令行中输入 redis-server 命令启动 Redis 服务器。当出现如图 5-10 所示的界面时，说明 Redis 服务器已启动。

图 5-10 命令行中手动启动 Redis 服务器

步骤 4：启动 Nginx 服务器

无感考勤管理系统中采用 Nginx 作为 Web 服务器。Nginx 既是一个高性能的 HTTP 和反向代理 Web 服务器，也是一款轻量级的 Web 服务器 / 反向代理服务器及电子邮件（IMAP/POP3）代理服务器，其特点是占用内存少、并发能力强（能支持几万并发连接），Nginx 的并发能力在同类型的网页服务器中表现较好。本任务为使用情景下的启动，所以跳过 Nginx 安装与配置步骤。

（1）找到 Nginx 安装路径，双击 nginx.exe 文件，启动 Nginx 服务器，如图 5-11 所示。

名称	修改日期	类型
conf	2023-9-28 13:37	文件夹
contrib	2023-9-28 13:37	文件夹
docs	2023-9-28 13:37	文件夹
html	2023-9-28 13:37	文件夹
logs	2023-9-28 13:37	文件夹
temp	2023-9-28 13:37	文件夹
nginx.exe	2022-10-19 18:01	应用程序

图 5-11　安装目录下的 nginx.exe 文件

（2）打开浏览器，在地址栏中输入 localhost 或者 127.0.0.1。

如果浏览器能正常显示，则说明 Nginx 服务器已启动好了，如图 5-12 所示。图中显示无法连接到服务器，是因为 Maven 还未正确构建。

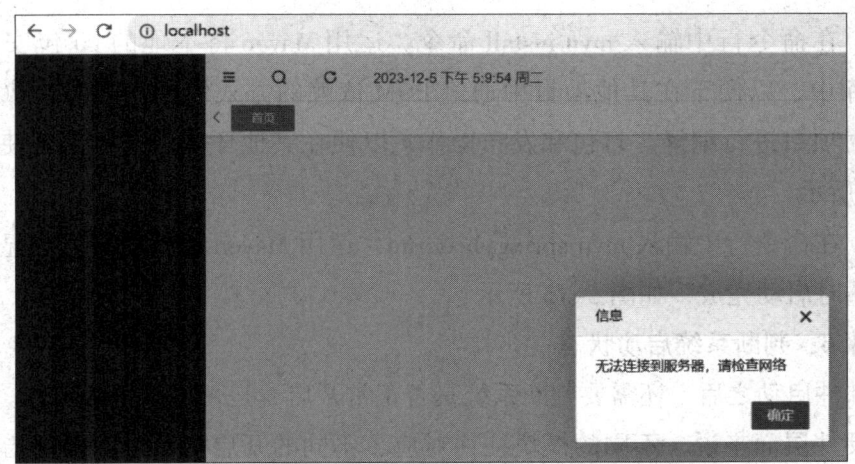

图 5-12　浏览器显示

步骤 5：Maven 构建项目

无感考勤管理系统是采用 Java 语言进行开发的，项目的构建采用 Maven 包管理工具实现。本任务为使用情景下的构建，所以跳过 Maven 的安装和配置步骤。

Maven 是项目对象模型（POM），可通过一小段描述信息来管理项目的构建，是报告和文档的项目管理工具软件，简而言之，Maven 是一个管理包的工具。

（1）在命令行中切入 Maven 无感考勤管理系统目录，输入 mvn compile 命令。该命令的作用是让 Maven 自动下载依赖 jar，为代码生成字节码文件等，即编译命令，如图 5-13 所示。

图 5-13　运用 Maven 下载依赖 jar

（2）在命令行中输入 mvn install 命令。运用 Maven 将本地的 jar 包安装到本地的仓库中，以便于在其他项目中通过 POM 依赖的方式使用。同时，执行该命令还会对项目进行编译、打包和发布操作，以便在其他环境中进行部署使用，如图 5-14 所示。

（3）在命令行中输入 mvn spring-boot:run，运用 Maven 运行项目，当显示"启动成功"时启动完成，如图 5-15 所示。

步骤 6：判断系统启动状态

各部件启动之后，还需要判断系统是否正常开启，是否可以正常工作。

从硬件层面来说，不同的模块往往对应了不同的开启指示灯，根据指示灯的明灭，可以判断设备是否正常启动。

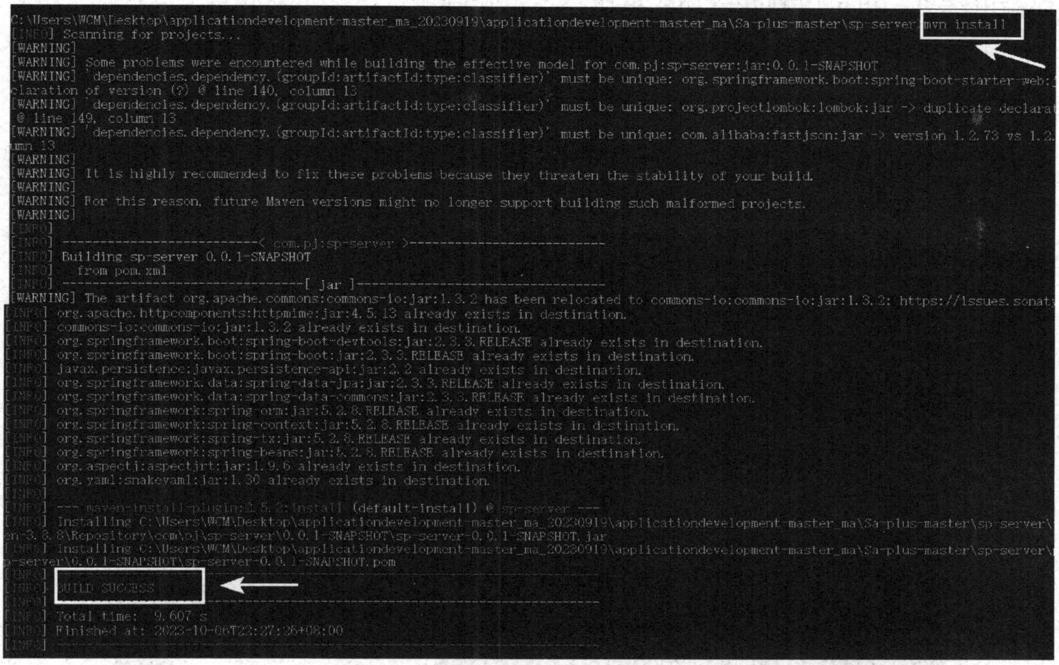

图 5-14 运用 Maven 安装 jar 包

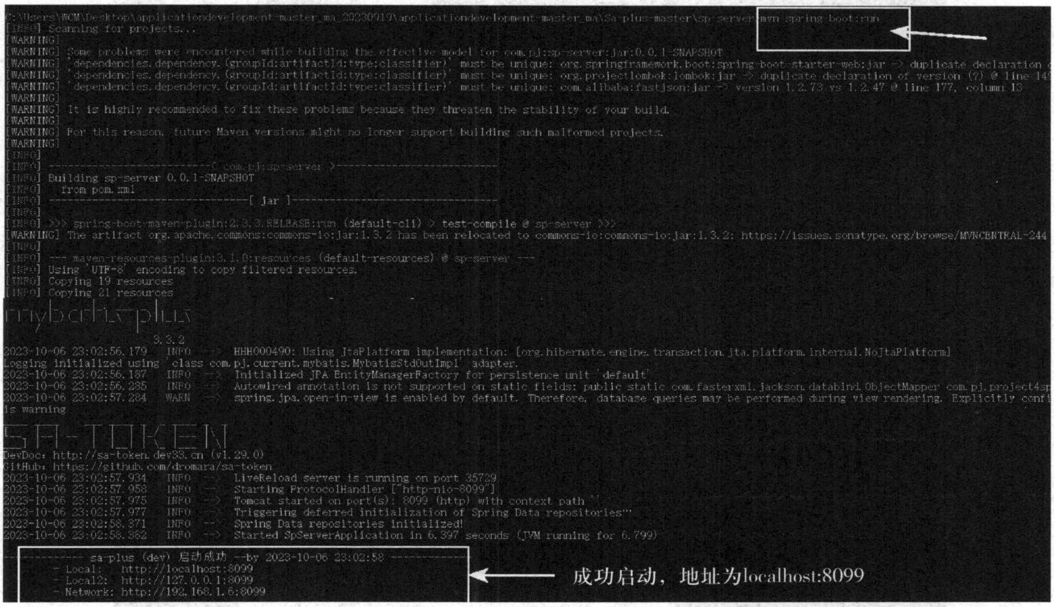

图 5-15 运用 Maven 运行项目

从软件层面，不同功能模块开启之后往往在显示端会有不同的输出结果，根据输出结果，也可以判断该功能模块是否正常启动。

本任务中的无感考勤管理系统只要能够访问 Nginx 服务器并成功登录无感考勤管理系统，即可证明系统启动成功。

在浏览器中键入 Nginx 服务器的地址 127.0.0.1，弹出对话框，如图 5-16 所示。单击"确认"按钮就可以登录无感签到系统管理后台，用户名为 sa，密码为 123456，如图 5-17 所示。

当可以正常登录无感考勤管理系统时，证明软件已成功启动。

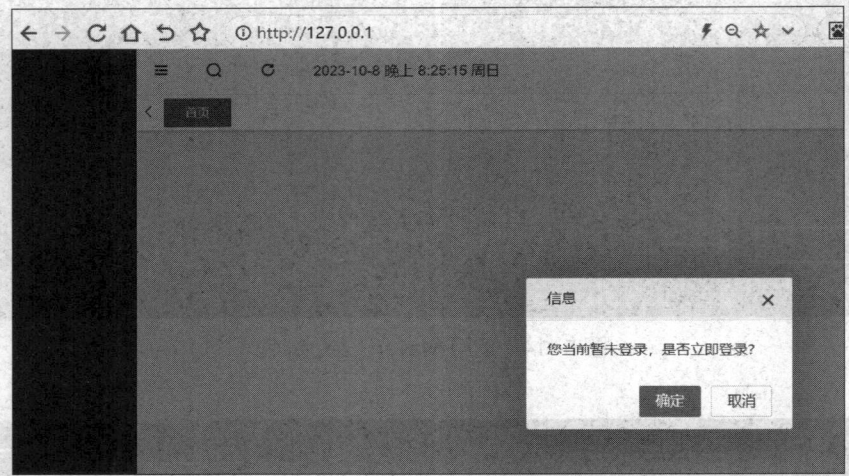

图 5-16　浏览器键入 Nginx 服务器地址

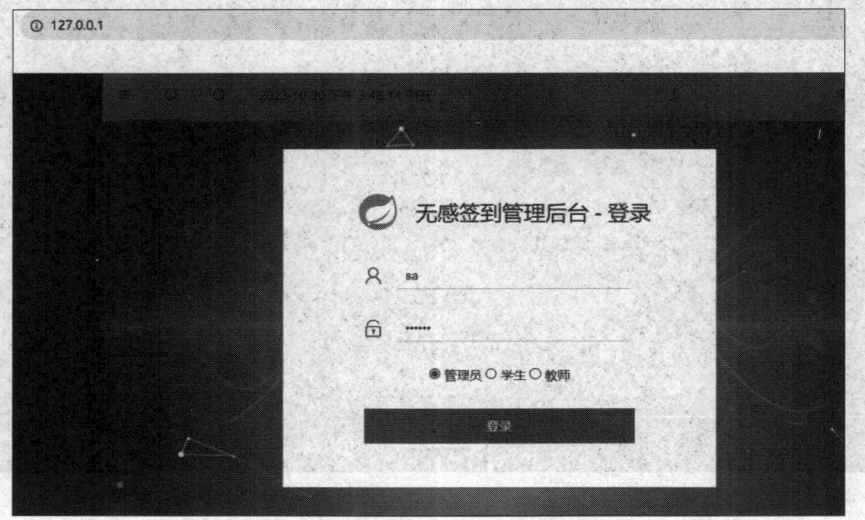

图 5-17　登录无感签到管理后台

学习单元 2　智能系统的简单使用

为了确保无感考勤系统与学校师生数据的无缝对接，李明老师需要遵循操作指南，通过系统操作界面进行交互，完成两个任务，即设置教师管理模块和设置学生管理模块。在进行系统配置的过程中，遇到系统卡顿、操作不响应等简单问题时，李老师要能够理解系统的提示和错误警告信息，并执行基本的故障排除步骤。在掌握智能系统基本应用知识的基础上，李明老师需要迅速掌握系统的简单操作，为师生创造更加便捷、高效的学习与工作环境。

一、智能系统操作界面概述

智能系统的使用是需要通过操作界面来完成的，操作界面是用户与智能系统之间的沟通桥梁。不同的智能系统根据其不同的使用场景及用户的不同使用需求等特点会设计不同的操作界面。

无论何种操作界面，其设计理念核心都注重"简洁性"和"直观性"。设计师们致力于创造出既美观又易于使用的界面，以降低用户的学习难度，提高操作效率。现代智能系统界面通常采用扁平化设计，去除了不必要的装饰性元素，强调内容的直接呈现，使用户能够快速识别功能模块和执行命令。

随着人工智能和机器学习技术的发展，智能系统的操作界面也在不断进化。越来越多的系统采用自适应设计，能够根据用户的习惯和偏好调整界面布局和功能设置。此外，语音和手势控制等交互方式也被集成到操作界面中，为用户提供更加自然和流畅的交互体验。

二、常见操作界面介绍与分析

1. 图形用户界面（graphical user interface，GUI）

优点：直观、易于理解和操作，适合大众用户。

目标用户：所有级别的用户，特别是非技术背景的用户。

举例：智能手机操作系统（如 iOS、Android）、桌面操作系统（如 Windows、macOS）。

使用技巧：熟悉图标和菜单的布局及操作流程，使用快捷方式提高效率。

注意事项：避免在屏幕上放置过多图标或窗口，以免造成混乱。

2. 文本用户界面（text-based user interface，TUI）

优点：资源消耗少，响应速度快，适合专业用户和服务器管理员。

目标用户：程序员、系统管理员和高级用户。

举例：Linux 终端、Windows 命令提示符。

使用技巧：学习常用命令和快捷键，使用命令行脚本自动化任务。

注意事项：命令输入错误可能导致严重后果，需谨慎操作。

3. 语音用户界面（voice user interfaces，VUI）

优点：允许用户通过语音命令进行交互，适合多任务环境和视觉受限用户。

目标用户：驾驶员、视力受限用户、多任务环境下的用户。

举例：智能助手，如 Amazon Echo 的 Alexa、Apple 的 Siri。

使用技巧：清晰地发音，学习特定的语音命令和提示词。

注意事项：在嘈杂环境中可能识别不准确，需注意隐私保护。

4. 触摸用户界面（touch user interfaces，TUI）

优点：直观的操作方式，适合移动设备和公共信息查询。

目标用户：所有级别的用户，尤其是移动设备用户。

举例：平板计算机、自助服务终端。

使用技巧：熟悉多点触控手势，如缩放、滑动等。

注意事项：保持屏幕清洁，避免使用尖锐物品操作。

5. 增强现实（augmented reality，AR）/ 虚拟现实（virtual reality，VR）界面

优点：提供沉浸式体验，适合游戏和专业训练。

目标用户：游戏玩家、专业训练人员。

举例：VR 游戏头盔、AR 应用。

使用技巧：适应虚拟环境中的导航和交互方式。

注意事项：使用时要注意周围环境，避免长时间使用引起眼睛疲劳或晕动症。

6. 手势控制界面

优点：提供自然的交互方式，适合无接触操作环境。

目标用户：需要无接触操作的用户，如手术室医生、厨房工作人员等。

举例：微软 Kinect、手势识别智能家居控制。

使用技巧：学习特定的手势命令，保持手势清晰和准确。

注意事项：确保传感器能够准确捕捉手势，避免背景干扰。

每种界面的设计都需要考虑其目标用户的特点和使用场景，以确保用户能够高效、舒适地与智能系统交互。

在操作这些界面时，用户应该根据自己的需求和习惯选择合适的界面，并通过实践来提高操作熟练度。使用时需要特别注意个人隐私和安全，特别是在使用语音和手势控制界面时，这些界面可能会在不经意间捕捉到一些敏感信息。

无感考勤管理系统的运行一般不需要进行额外的操作。但为了能让系统开始正常运行，需要将待考勤人员的信息及照片录入系统，这样系统才可以通过算法比对，为待考勤人员进行考勤。因为是学校场景，所以待考勤人员分为教师和学生两种，下文讲述如何通过操作系统设置教师管理模块和学生管理模块。

设置学生管理模块

设置学生管理模块的具体任务流程如图 5-18 所示。

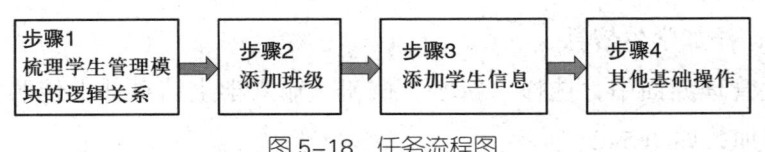

图 5-18 任务流程图

步骤 1：梳理学生管理模块的逻辑关系

学生管理模块主要包括班级表和学生表，如图 5-19 所示。班级表和学生之间存在关联，在该系统中需要首先创建班级表，然后在学生表中添加学生。

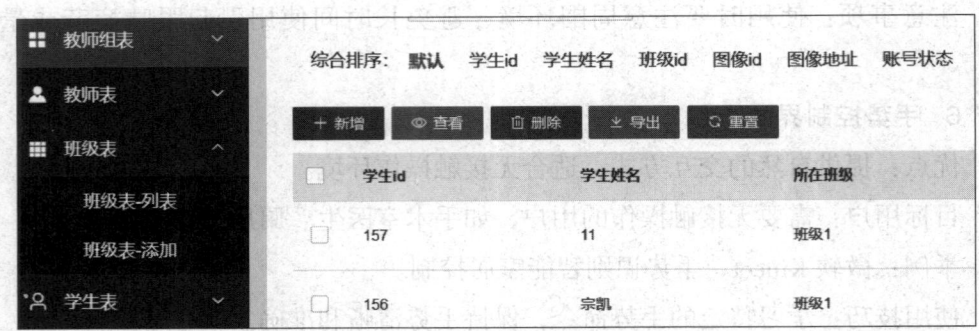

图 5-19　创建班级表并添加学生

步骤 2：添加班级

登录无感签到系统，单击左侧栏"班级表"，进入班级表的管理界面。单击"新增"按钮，添加班级信息。如添加 20 计科 1 班和 21 计科 2 班，如图 5-20 所示。

图 5-20　添加班级

步骤 3：添加学生信息

在学生管理界面中，选择"新增"按钮，输入学生信息并上传照片即可完成学生信息添加，如图 5-21 所示。

步骤 4：其他基础操作

在对应的管理界面中，还可以对已创建的内容进行修改、删除等操作，在检索参数中输入学生姓名、id 等信息可以进行特定内容的查询。

图 5-21　添加学生信息

通过对本学习单元的学习和实践，可提高读者对智能系统各类操作界面的认知，并可掌握无感考勤管理系统的基本操作方法。要做好智能系统运维工作，除了要不断学习，还要不断地进行操作练习，从了解到熟悉，再到掌握，甚至到精通，这虽然是一个漫长的过程，但却是运维工作的基本功。

请使用手机微信扫描二维码，获取"设置教师管理模块"任务，以及练习题。

培训课程 2

智能系统维护

本培训课程模块包含两个核心学习单元，分别聚焦于"无感签到智能系统的功能应用情况记录"与"智能系统应用数据情况记录"。学习者将扮演学校智能系统管理员的角色，在掌握系统启动与基础操作后，进一步学习系统维护知识。通过查阅日常使用和事件记录，掌握系统功能应用情况；通过分析考勤和用户隐私数据，掌握系统应用数据情况。

学习单元1 智能系统功能应用情况记录

情景描述

无感考勤系统的全面应用，不仅标志着学校智能化管理水平的显著提升，也体现了学校积极响应时代号召，利用科技手段优化教育环境、提升管理效能的决心。作为这一创新举措背后的运维负责人，李明老师深知自己肩负的责任重大：他不仅要确保无感签到系统能够稳定、高效地服务于全校师生，实现考勤管理的便捷化与智能化，还要在系统出现故障或异常时，能够迅速响应，及时排除问题，保障学校日常教学秩序不受影响。

为了更好地履行这一职责，李明老师依据严谨的运维计划，定期记录智能系统的功能应用情况：一是对系统的功能应用情况进行定期记录；二是对智能系统日常功能应用过程中的突发事件进行记录。这一做法有助于他全面掌握系统的运行状态，及时发现并解决潜在问题，确保无感考勤系统始终贴合学校实际需求，真正做到以人为本，服务于教学，服务于师生。

越来越多的智能系统成为人们生活和工作中不可或缺的一部分，它们可以提高用户的工作效率，改善用户的决策过程，实现前所未有的超凡体验。然而，为了确保这些智能系统能够持续、安全地提供服务，对智能系统的日常监控工作就显得非常重要了。其中，记录功能应用情况就是日常监控工作中的一项重点任务。

记录功能应用情况有助于保持监控系统性能。通过跟踪系统的使用情况，可以及时发现性能下降或出现故障的迹象，从而采取措施进行维护或升级。

一、常见智能系统功能分类

智能系统根据其应用领域和设计目的，具备很多种功能，划分起来也有很多种维度，在这里按照功能来划分，常见的智能系统核心功能包括以下3类，如图5-22所示。

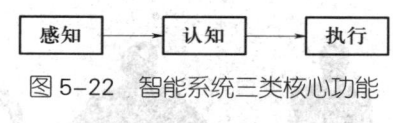

图5-22 智能系统三类核心功能

1. 感知功能——通过传感器等设备感知环境信息

不同的智能系统其感知功能的内容也不尽相同，图5-23展示了一些常见的智能系统感知内容。

2. 认知功能——理解和处理感知到的信息，进行学习和推理

智能系统通常具有认知功能。认知功能体现在对感知功能获取的数据和信息进行解释、分析和理解。这一过程通常需要系统内建有复杂的算法，如机器学习、深度学习、数据挖掘等。

（1）医疗诊断系统。医疗诊断系统是应用于医疗领域的智能系统。其依靠医学知识库，结合患者的症状、病历、实验室测试结果等信息，来辅助医生进行诊断和制定治疗策略。这类系统通常具备复杂的推理引擎，可以模拟医生分析和评估各种医疗信息的过程。

（2）聊天机器人。聊天机器人的设计目标是为用户提供即时、准确、个性化的服务，能够与人类用户通过文字或语音进行交互。聊天机器人的知识库包括大量的对话案例、用语规则、行业知识等，使其能在多种情境下与用户进行有针对性的交流。

图 5-23 常见智能系统感知内容
a) 分类及识别系统 b) 识别及定位系统 c) 定位及分割系统
d) 关键点检测系统 e) 识别及追踪系统 f) 语音识别

其使用的推理引擎可以理解用户的意图和情感，根据对话的上下文提供合适的响应。其应用场景非常广泛，从客户服务自动回应系统到个人生活助手均可应用。

（3）数据挖掘和分析系统。这类系统用于发现大量数据中的有价值信息，它们可以识别数据中的趋势、异常和关联性，帮助企业做出基于数据的决策。数据挖掘系统在市场分析、客户关系管理、欺诈检测等方面有着广泛的应用。

3. 执行功能——根据认知结果进行物理或逻辑上的操作和反馈

（1）自动化控制系统。这些系统结合 AI 功能用于监测和控制工厂的生产过程。例如，在制造业中，自动化控制系统通过摄像头采集流水线上产品的外观信息，通过认知功能判断该产品是否合格，如果判断该产品不符合质量要求，则通过控制机械臂等设备将该产品从流水线上移除。

（2）自主机器人。自主机器人能够在没有人类干预的情况下执行任务。它们在仓库管理、深海探索、太空探索等领域中扮演着重要角色。这些机器人具备环境感知、路径规划和障碍物避让等能力，能够独立完成指定的任务。

（3）智能家居系统。智能家居系统通过集成的传感器和设备，能够自动执行如温度调节、照明控制、安全监控等家庭管理任务。用户可以通过智能手机或语音助手远程控制家中的设备，提高生活便利性和能效水平。

二、记录智能系统功能应用情况的意义

记录智能系统各功能的应用情况，主要是为了及时发现智能系统的异常，从而为后续的改进和升级提供支持。

智能系统在工作过程中可能或多或少存在一些异常。造成这些异常的原因有很多，包括硬件设备故障、软件逻辑问题、网络不畅或 AI 算法精度不足等。

比如，以感知为主的智能系统，可能存在识别精度不高、定位不准的问题，或者在进行物体检测时出现漏检和误检的情况。再如语音交互系统，可能会存在语音识别不准确，对话的精度不够、效果不理想，或者语音交互存在很大的时间延迟、不能及时响应等问题。所以，对智能系统各个功能模块的应用情况进行记录，及时发现和反馈这些异常，是非常必要的。

三、智能系统功能应用情况记录表设计要素

在充分了解智能系统功能后，可设计智能系统功能应用情况记录表，以监控其运行情况。通常来说，在设计智能系统应用情况记录表时，要考虑表 5–1 中的要素。

表 5-1　智能系统应用情况记录表设计要素

序号	要点	内容
1	时间戳	记录每个事件发生的确切时间,要确定各个事件发生的顺序和时间关系,这对于追踪和分析系统行为至关重要
2	事件类型	记录系统中发生的事件类型,例如错误、警告、用户操作、系统操作等,区分出不同的事件,便于筛选和分析
3	用户/操作者信息	如果系统与用户交互,需要记录操作者的信息,如用户 ID 或名称,进而掌握谁在使用系统
4	功能模块	指出系统中哪个功能模块或组件正在运行或发生了事件,这可以对问题的定位提供帮助
5	操作描述	详细描述操作或事件的性质,包括执行的动作或触发的事件,为分析提供更多的依据,形成上下文信息
6	输入参数	记录系统功能被触发时的输入参数,这有助于了解系统是如何响应特定输入的,这对后续分析系统如何处理特定输入有很大帮助
7	输出结果	记录系统功能产生的输出结果,包括任何返回值或状态更改,可以通过输出结果评估系统功能是否按照预期工作
8	性能指标	记录系统运行的性能指标,如响应时间、处理速度、资源消耗等,这能够衡量系统的运行状态以及查看是否有异常情况
9	异常和错误信息	如果发生错误或异常,记录详细的错误信息,包括错误代码、错误信息和可能的堆栈跟踪,这可以帮助诊断系统出现的具体问题
10	状态变化	记录系统状态的变化,这对于理解系统行为和诊断问题很重要
11	环境信息	记录系统运行时的环境信息,如操作系统版本、硬件配置、网络状态等,分析时要考虑到外部因素对系统行为的影响
12	用户反馈	如果适用,记录用户对系统功能的反馈,这有助于改进系统设计

不同的智能系统随着功能的不同,需要记录的内容也有所不同,记录表的设置也会千差万别。具体的情况要具体分析,无须苛求一步到位,随着问题的出现和解决,逐步迭代,最终可以形成一个能够满足需求的记录表格。

任务实践

无感考勤管理系统最主要的功能就是考勤，记录考勤功能的应用情况可以对无感考勤管理系统日常运行的状态进行监测。突发事件会影响系统的正常功能应用，记录特殊情况对后续的系统优化非常有价值。

无感考勤管理系统日常功能应用情况记录

作为智能系统运维工作日常监测的一环，记录的内容一般由单位规定，并培训运维人员日常填表。对于考勤记录功能的应用情况可以从多个维度进行描述，也可以从多种渠道得到反馈。

本任务中规定对无感考勤管理系统功能应用情况的记录内容包含日期、考勤人数、异常考勤、识别准确率、应用反馈和备注等项目。李明老师需要按照如图 5-24 所示的步骤完成功能应用情况记录工作。

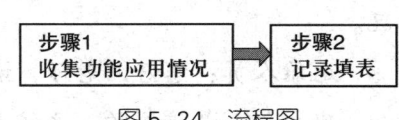

图 5-24　流程图

步骤 1：收集功能应用情况

对于无感考勤管理系统来说，运维人员并不能直观地通过观察设备的运行来判断功能应用情况。

想要了解无感考勤管理系统功能应用情况有两个渠道：一个是通过系统反馈，观察到考勤功能是否在正常工作；另一个是通过与各个班级沟通得到反馈，确定考勤功能是否存在异常情况。

（1）登录无感考勤管理系统，单击左侧栏"签到记录表"→"签到记录表 – 列表"，查看当天的签到记录有无更新。假设今天是 2023 年 10 月 13 日，在列表中看到有 2023 年 10 月 13 日的签到数据，则说明签到功能正常。

（2）点选数据前面的方块，再单击"导出"按钮。在导出的 Excel 文件中可以查看今日的签到总数，如图 5-25 所示。

（3）学校需要建立收集考勤反馈的工作机制，比如当考勤情况存在异常时，班主任需要在规定时间内向运维人员报备。此时运维人员便可获得考勤功能的应用情况。

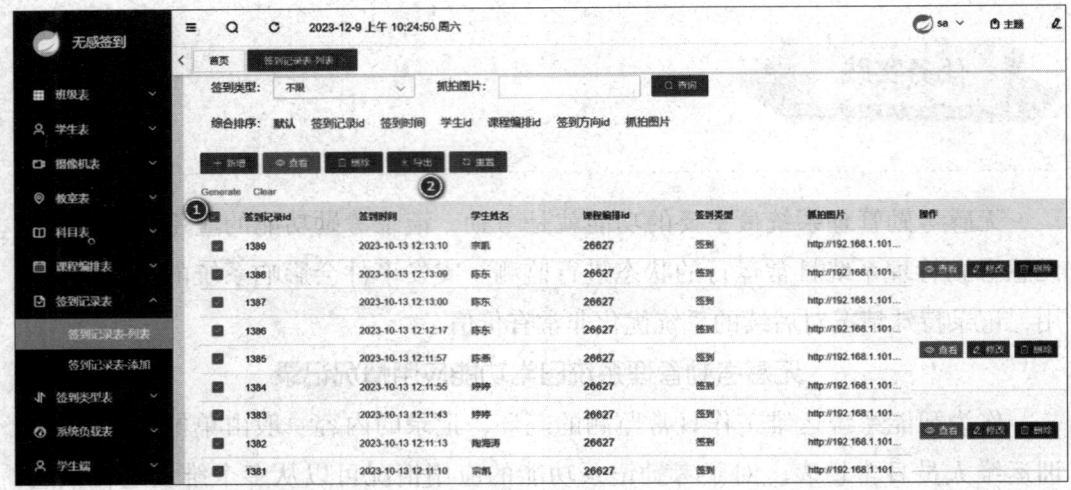

图 5-25 导出签到数据

班主任：喂，你好，是李师傅吗？我们班今天早上考勤系统出现了一个异常情况。

运维人员：您好，老师，请问具体是什么问题？

班主任：是这样的，系统里显示学生小张签到了，但是他实际并没有来上课。我觉得这可能是系统误操作，或者他可能帮别人代签了。

运维人员：好的，老师，我会立即查看小张的签到记录。请问您知道这个异常情况的发生时间吗？

班主任：就是早上第一节课上课前。

运维人员：明白了，我会尽快处理，问题解决后第一时间通知您。

班主任：麻烦了。

运维人员：不客气，老师，这是我们的工作职责。如果还有其他问题，请随时联系我们。

班主任：好的，谢谢。再见。

运维人员：再见，老师。问题解决后会立即给您回复。

步骤2：记录填表

运维人员已经获得了所有日常功能应用情况的数据。根据工作流程需要填入应用情况记录表格内。

假设考勤表中有 206 条记录，班主任反馈有 1 次异常打卡。识别准确率的计算公式是（用户打卡次数－异常打卡次数）×100%÷用户打卡次数。至此运维人员就可以根据收集以及计算出的结果进行填表记录了，见表 5-2。

表 5-2　无感考勤管理系统日常功能应用情况表

序号	日期	用户打卡次数	异常打卡次数	识别准确率	用户反馈	备注
1	2024-04-05	200	0	100%	无	
2	2024-04-06	210	3	98.6%	存在漏考勤情况	
3	2024-04-07	206	1	99.5%	人未到却有考勤记录	查明原因后反馈给老师

请使用手机微信扫描二维码，获取"智能考勤管理系统突发事件记录"的任务实践和练习题。

通过本学习单元的学习和实践，读者不仅可以理解记录智能系统功能应用情况的意义，拓宽对功能应用情况的认知，还完成了对日常功能应用情况和突发事件情况进行记录的任务。这为后续深入学习智能系统运维的相关知识奠定了良好的基础。

学习单元 2　智能系统应用数据情况记录

作为学校信息部门的资深运维人员，李明老师深知智能系统应用数据的重要性，这些数据不仅是系统运行状况的"晴雨表"，更是信息安全防护的"生命线"。在数字化时代背景下，每一串数据背后都可能蕴含着关键信息，对于保障学校日常运行秩序、维护师生信息安全具有不可估量的价值。

随着无感考勤管理系统在学校的全面铺开，李明老师的工作也随之迎来了新的挑战与机遇。他深刻意识到，详细记录系统应用数据，既是对技术工作的严谨态度，也是对学校每一位师生的责任。因此,他的主要工作内容聚焦于两大方面:一是对系统的应用数据情况进行全面、细致的记录,确保任何细微的变化都能被及时捕捉;二是分门别类地记录考勤数据情况和用户隐私数据情况,确保数据的准确性和可追溯性。

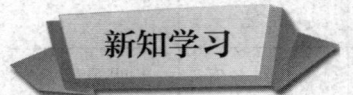

一、应用数据定义

智能系统的应用数据,是指在执行任务、做出决策或学习过程中,智能系统所使用和生成的数据。

这些应用数据可以是结构化的、非结构化的或半结构化的。

在智能家居系统中,智能系统可以通过传感器收集数据,如室内温度、湿度、光照强度等,智能系统根据这些数据自动调节空调、加湿器和窗帘等设备,以保持室内环境的舒适度。室内温度、湿度、光照强度等数据可以很容易地储存在关系型数据库中,这些数据就是结构化的应用数据。

在自动驾驶系统中,智能系统会根据摄像头采集的图像和视频、麦克风采集的环境音等内容对驾驶行为进行调节,这些图像、视频和音频数据就是非结构化的应用数据。

在智能客服系统中,用户会与智能客服系统进行交互,多轮的交互可以形成半结构化的应用数据,数据中包含对话时间、对话内容、操作行为等,当智能客服系统的准确率不达标的时候,就可以运用这些应用数据进行训练,从而提升智能客服系统的准确率。

二、常见智能系统应用数据

1. 从应用领域角度分类

(1)医疗保健领域:病人的医疗历史记录、医学影像数据(如 X 光片、MRI 和 CT 扫描)、基因组数据、实时健康监测数据(如心率、血压等)。

(2)金融服务领域:交易数据、信用评分数据、市场趋势和新闻、客户行为数据等。

(3)零售和电子商务:客户购买历史、库存数据、产品推荐系统数据、客户反馈和评价等。

（4）交通和物流：GPS（global positioning system，全球定位系统）和车辆追踪数据、交通流量和模式数据、仓库管理数据、货运和配送数据等。

（5）制造业领域：机器性能监测数据、生产线效率数据、质量控制数据、供应链管理数据等。

（6）能源管理领域：智能电网数据、能源消耗数据、可再生能源数据、设备和传感器数据等。

（7）智慧城市领域：城市基础设施数据、公共安全和监控数据、环境监测数据（如空气质量、噪声水平等）、交通管理和规划数据。

（8）教育领域：学生表现和成绩数据、课程互动和参与度数据、学习管理系统（learning management system，LMS）数据、教育资源利用数据等。

（9）智能家居领域：家庭能源使用数据、安全监控数据、家庭设备状态和使用数据、用户偏好和行为数据等。

（10）社交媒体和网络服务：用户生成的内容（如帖子、评论、图片等）、用户互动数据（如点赞、分享、关注等）、网络流量数据、广告和市场营销数据等。

2. 从数据属性角度分类

（1）文本数据：包括书籍、文章、报告、电子邮件、社交媒体帖子、聊天记录等形式的文本内容。文本挖掘和自然语言处理技术常用于分析这类数据。

（2）图像数据：包括照片、视频、卫星图像、医学扫描图像等。计算机视觉技术用于处理和分析图像数据，以进行面部识别、物体检测、图像分类等任务。

（3）音频数据：包括语音记录、音乐、环境声音等。语音识别和音频分析技术用于从音频数据中提取信息。

（4）传感器数据：来自物联网设备、智能手机、工业传感器等的数据。这些数据可以包括温度、湿度、压力、加速度、位置等信息。

（5）交易数据：包括购买记录、银行交易、股票市场数据等。这些数据用于分析消费者行为、预测金融市场趋势等。

（6）日志数据：包括服务器日志、应用程序日志、网络流量日志等。日志分析有助于监控系统性能、安全性和用户行为。

（7）社交网络数据：包括用户资料、好友关系、社交互动、点赞和分享等信息。社交网络分析用于研究社交动态、信息传播和影响力。

（8）生物信息数据：包括基因序列、蛋白质结构、临床试验结果等。生物信息学利用这些数据进行疾病研究、药物发现等。

（9）地理空间数据：包括地图、经纬度坐标、地理信息系统（geographical information system，GIS）数据等。地理空间分析用于规划、导航、灾害管理等。

（10）时间序列数据：包括股票价格、气象记录、心电图等随时间变化的数据。时间序列分析用于预测、趋势分析和模式识别。

三、应用数据情况类型

智能系统应用数据情况通常是指在智能系统中应用数据的状态、类型、处理方式、存储情况以及数据流动等方面的综合描述。

1. 数据类型

智能系统可能会使用结构化数据（如数据库中的表格数据）、非结构化数据（如文本、图片、视频等）、半结构化数据（如 XML、JSON 等格式的数据）。

2. 数据来源

数据可能来自传感器、日志文件、在线交易服务、用户输入、数据库、互联网等。

3. 数据规模

数据的体量，可能是小规模的数据集，也可能是大数据级别的海量数据。

4. 数据处理

数据处理包括数据的收集、清洗、转换、存储、分析和可视化等过程。这也可能涉及数据的预处理，比如去噪、归一化、特征提取等。

5. 数据存储

数据可能存储在本地服务器、云存储服务、分布式文件系统、数据库或数据仓库中。

6. 数据安全

数据安全包括数据的加密、访问控制、备份、恢复和隐私保护等方面。

7. 数据流动

数据在系统内部或者系统之间的流动方式，包括实时数据流、批处理数据流等。

8. 数据分析

数据分析是指智能系统如何利用数据挖掘、机器学习、统计分析等方法来提取信息、发现模式或进行预测。

9. 数据反馈

数据反馈是指系统如何根据数据分析的结果进行自我调整或提供决策支持。

10. 数据合规性

数据合规性是指数据的使用是否符合相关的法律法规和标准。

四、记录应用数据情况的意义

记录智能系统应用数据情况在日常运营中有着非常重要的意义。

记录应用数据情况是智能系统性能监控的基础。通过持续收集数据，可以对系统的运行状态进行实时监控，及时发现并解决问题，确保系统稳定高效地运行。通过分析累积的数据，可以识别系统的瓶颈和不足，为系统的升级和改进提供依据。

在合规性和安全性方面，记录应用数据情况也是必不可少的。对于需要遵守特定法规的智能系统，如金融、医疗等领域的系统，记录应用数据情况是确保合规性的重要手段。同时，数据记录也有助于安全监控，通过分析数据可以及时发现潜在的安全威胁，采取措施保护系统和用户数据不受侵害。

一些特定领域的智能系统，比如科学研究领域的智能系统，产生的海量数据是研究人员进行模式识别、预测分析和决策支持的宝贵资源。通过深入挖掘这些数据，可以推动技术创新，为社会发展贡献新的知识和解决方案。

五、记录应用数据情况的工作内容

对于记录应用数据情况这项工作来说，大致可分为三个步骤：数据情况收集、数据处理与统计分析、数据情况记录。

1. 数据情况收集

由于应用数据的情况记录工作对于智能系统运维来说是一项非常重要且便于执行的工作，所以会要求运维人员定期地对指定的应用数据进行情况记录。运维人员需要按照智能系统的要求对这些数据进行收集。不同智能系统的应用数据状态会有所不同，有的需要使用工具进行导出，有的可以在系统内直接查看。最基本的工作就是要先找到这些需要记录情况的应用数据。

2. 数据处理与统计分析

在收集到指定的应用数据后，要求记录的内容可能不能从导出的数据中直接获取，也可能是从多个数据来源获取，这时就需要对数据进行一些处理操作来实现获取指定情况的条件。数据处理完成后，就可以进行统计分析了，比如可以统计数据规模，通过数据情况简单分析系统的运行情况等。

3. 数据情况记录

当得到最终的情况内容后，便可以把指定的内容填写到记录表格中进行留存。不同的智能系统、不同的单位对于运维的要求不同，需要记录的情况表格也会有所不同，数据情况记录表格也需要根据需求进行不断的迭代改进，在记录的过程中也需要留心观察。

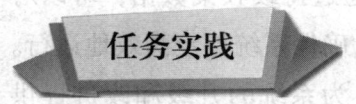

对于无感考勤管理系统来说，考勤数据是最为核心的应用数据。该数据的情况直接反映了系统的运行是否正常。在运行的过程中，由于系统会抓拍待考勤人员的人脸照片，而这些照片数据涉及用户隐私，所以对这类数据的记录可以确保合规性与安全性。

无感考勤管理系统考勤数据情况记录

记录考勤数据情况其中一个重要的目的就是判断当天的无感考勤管理系统运行是否正常。记录表应事先由单位设计好，运维人员应按照要求进行填写。

本任务中，学校要求每日汇报考勤数据情况，其内容包括学校总人数、考勤人数、按时到岗人数及迟到人数四项数据。李明老师需要按照如图 5-26 所示流程完成考勤数据情况记录工作。

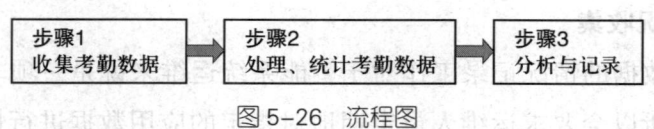

图 5-26 流程图

步骤 1：收集考勤数据

（1）登录无感签到系统，点选签到数据，单击导出签到数据，如图 5-27 所示。

（2）双击打开导出的数据表，这些内容就是所有的签到记录，如图 5-28 所示，可对文件以"时间＋签到记录表"的形式进行命名。

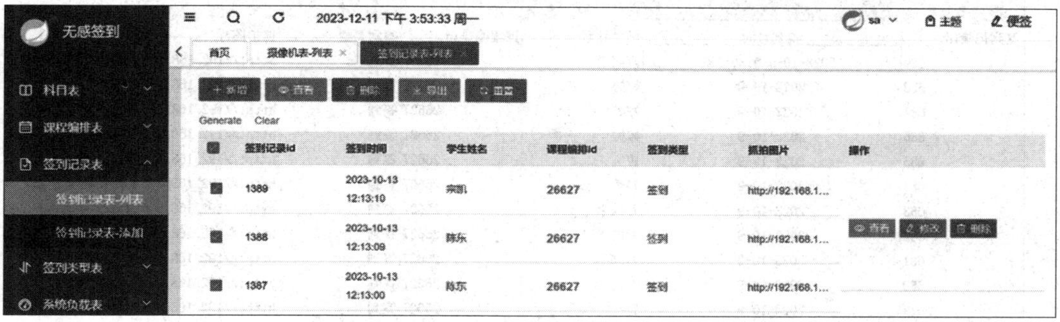

图 5-27　导出签到数据

图 5-28　签到数据

步骤 2：处理、统计考勤数据

对于下载的数据，要根据需要对表格进行处理。因为每天都要报考勤登记表，所以假定学校的总考勤人数已知。要计算当天的考勤总人数，需要把数据中当天考勤的数据按日期筛选出来。按时考勤的人数和迟到人数，需要以一个时间点作为筛选条件，这一时间点之前的就是正常考勤人数，之后的就是迟到人数。由于需要知道精确人数，所以应对重复考勤的数据进行清洗。然后围绕着这些数据进行处理、统计和分析。

（1）单击签到时间中的数据，选中后可以显示具体的签到时间。由于后续要进行时间点的筛选，所以需要对考勤记录表中的签到时间进行单元格格式更改，让签到日期和时间都显示出来，如图 5-29 所示。

（2）选中签到时间列，单击鼠标右键，在弹出的快捷菜单中选择"设置单元格格式"，如图 5-30 所示。

B	C	D	E	F	G	H
签到记录id	签到时间	学生姓名	课程编排id	签到类型	抓拍图片	操作
689	2023-10-9 9:36:05	万同学	26627	签到	http://192.168.1	查看修改删除
688	2023-10-9	婷婷	26627	签到	http://192.168.1	查看修改删除
687	2023-10-9	婷婷	26627	签到	http://192.168.1	查看修改删除
686	2023-10-9	婷婷	26627	签到	http://192.168.1	查看修改删除
685	2023-10-9	曾	26627	签到	http://192.168.1	查看修改删除
684	2023-10-9	婷婷	26627	签到	http://192.168.1	查看修改删除
683	2023-10-9	万同学	26627	签到	http://192.168.1	查看修改删除
682	2023-10-9	万同学	26627	签到	http://192.168.1	查看修改删除
681	2023-10-9	万同学	26627	签到	http://192.168.1	查看修改删除
680	2023-10-9	万同学	26627	签到	http://192.168.1	查看修改删除
679	2023-10-9	曾	26627	签到	http://192.168.1	查看修改删除
678	2023-10-9	婷婷	26627	签到	http://192.168.1	查看修改删除
677	2023-10-9	婷婷	26627	签到	http://192.168.1	查看修改删除
676	2023-10-9	婷婷	26627	签到	http://192.168.1	查看修改删除

图 5-29　显示签到日期和时间

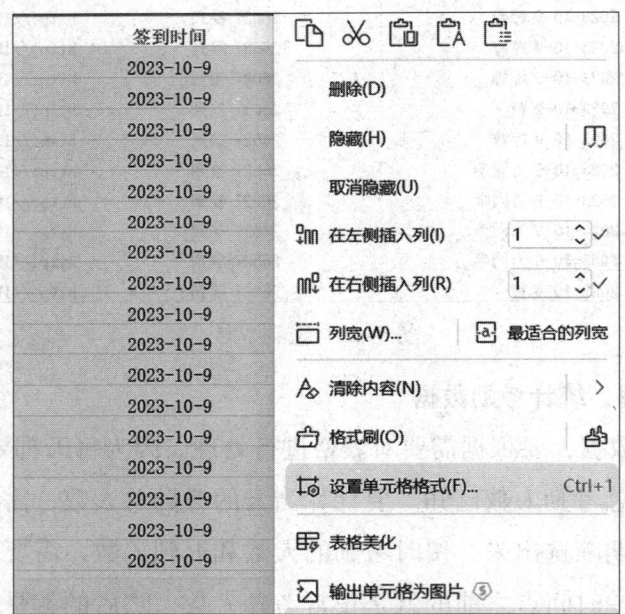

图 5-30　选择"设置单元格格式"

（3）在"单元格格式"窗口中选择"数字"选项卡，选择"日期"选项中的"2001-3-7 0:00"选项，规范签到时间格式为年-月-日时:分，如图5-31所示。

此时签到时间列中的签到日期与时间就同时显示出来了，如图5-32所示。

（4）继续选择签到时间列，选中"数据"，单击数据菜单栏中的"筛选"按钮，如图5-33所示。

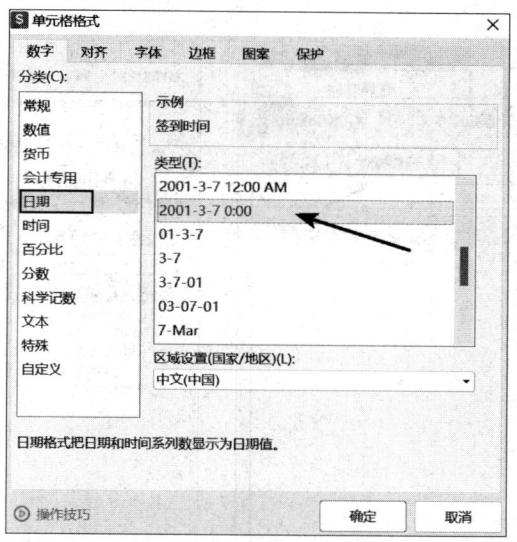

图 5-31 设置时间格式

签到记录id	签到时间	学生姓名	课程编排id	签到类型	抓拍图片	操作
689	2023-10-9 9:36	万同学	26627	签到	http://192.168.1	查看修改删除
688	2023-10-9 9:34	婷婷	26627	签到	http://192.168.1	查看修改删除
687	2023-10-9 9:33	婷婷	26627	签到	http://192.168.1	查看修改删除
686	2023-10-9 9:33	婷婷	26627	签到	http://192.168.1	查看修改删除
685	2023-10-9 9:33	曾	26627	签到	http://192.168.1	查看修改删除
684	2023-10-9 9:32	婷婷	26627	签到	http://192.168.1	查看修改删除
683	2023-10-9 9:32	万同学	26627	签到	http://192.168.1	查看修改删除
682	2023-10-9 9:31	万同学	26627	签到	http://192.168.1	查看修改删除
681	2023-10-9 9:30	万同学	26627	签到	http://192.168.1	查看修改删除

图 5-32 规范后的签到时间

图 5-33 "数据"菜单栏中的"筛选"按钮

（5）单击"筛选"按钮后，会在数据区域的每个列标题上出现下拉箭头，单击需要筛选的日期所在的列标题的下拉箭头，在下拉式菜单中选择"日期筛选"，再选择"自定义筛选"，如图 5-34 所示。

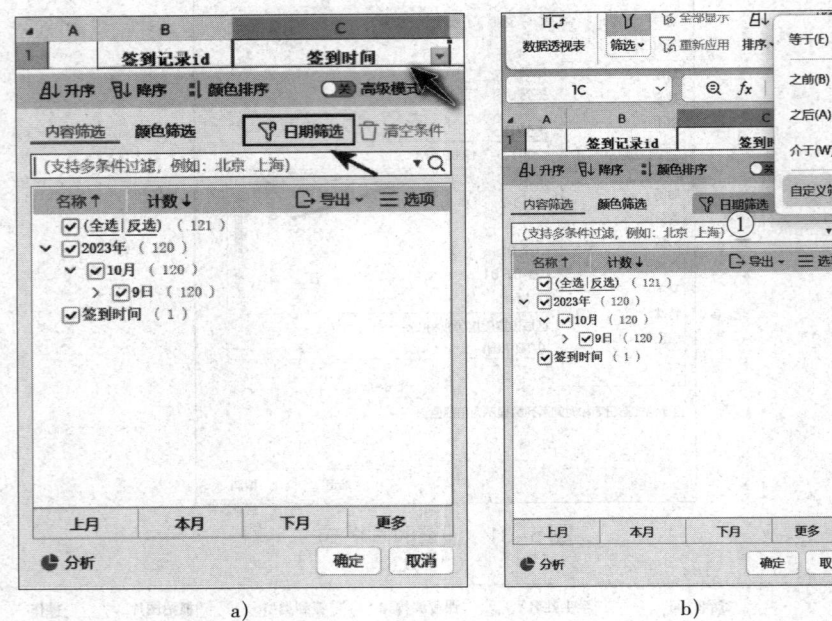

图 5-34 进入自定义筛选
a）选择"日期筛选" b）选择"自定义筛选"

（6）在打开的"自定义自动筛选方式"对话框中，选择"在以下日期之后"，值为"2023-10-9 00:00:00"，选择"与（A）"，再选择"在以下日期之前"，值为"2023-10-9 9:30:00"，如图 5-35 所示。

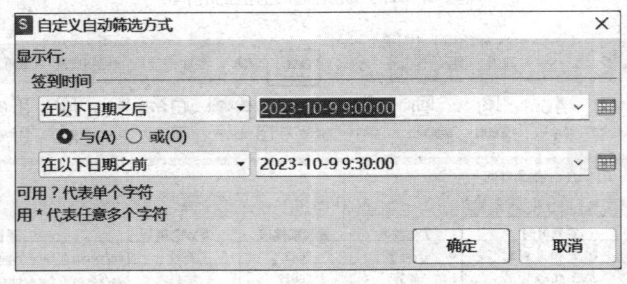

图 5-35 设置自定义筛选方式

（7）单击"确定"按钮后筛选出的数据就是当天的签到数据，如图 5-36 所示。可以对数据进行全选，看到总数据条数，这就是系统当天记录的所有考勤数据。更改筛选的时间可以看到迟到或者正常签到的数据情况。假设 9 点以后的签到数据为迟到，最后一个人的签到时间在 9 点半之前，可以筛选 9 点到 9 点半的数据得到迟到情况，也可以观察到数据中有重复签到的情况。

签到记录id	签到时间	学生姓名	课程编排id	签到类型	抓拍图片	操作
680	2023-10-9 9:29	万同学	26627	签到	ws/record/face/channel1/2023/10/09/v214	查看修改删除
679	2023-10-9 9:29	曾	26627	签到	ws/record/face/channel1/2023/10/09/v214	查看修改删除
678	2023-10-9 9:29	婷婷	26627	签到	ws/record/face/channel1/2023/10/09/v214	查看修改删除
677	2023-10-9 9:29	婷婷	26627	签到	ws/record/face/channel1/2023/10/09/v214	查看修改删除
676	2023-10-9 9:28	婷婷	26627	签到	ws/record/face/channel1/2023/10/09/v214	查看修改删除
675	2023-10-9 9:28	曾	26627	签到	ws/record/face/channel1/2023/10/09/v214	查看修改删除
674	2023-10-9 9:28	万同学	26627	签到	ws/record/face/channel1/2023/10/09/v214	查看修改删除
673	2023-10-9 9:28	婷婷	26627	签到	ws/record/face/channel1/2023/10/09/v214	查看修改删除
672	2023-10-9 9:28	万同学	26627	签到	ws/record/face/channel1/2023/10/09/v214	查看修改删除
671	2023-10-9 9:27	婷婷	26627	签到	ws/record/face/channel1/2023/10/09/v214	查看修改删除
670	2023-10-9 9:27	婷婷	26627	签到	ws/record/face/channel1/2023/10/09/v214	查看修改删除
669	2023-10-9 9:27	婷婷	26627	签到	ws/record/face/channel1/2023/10/09/v214	查看修改删除
668	2023-10-9 9:27	万同学	26627	签到	ws/record/face/channel1/2023/10/09/v214	查看修改删除
667	2023-10-9 9:26	万同学	26627	签到	ws/record/face/channel1/2023/10/09/v214	查看修改删除
666	2023-10-9 9:26	万同学	26627	签到	ws/record/face/channel1/2023/10/09/v214	查看修改删除
665	2023-10-9 9:25	万同学	26627	签到	ws/record/face/channel1/2023/10/09/v214	查看修改删除

图 5-36 筛选结果

（8）同样运用筛选功能，在考勤记录表中选择学生姓名列，单击数据菜单栏中的"筛选"在下拉式菜单中选择"高级筛选"，如图 5-37 所示。

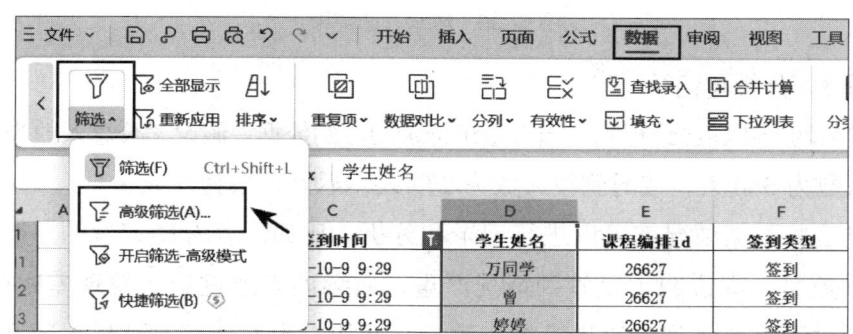

图 5-37 单击"高级筛选"

（9）在"高级筛选"窗口中，选择"将筛选结果复制到其它位置"，选择"选择不重复的记录"，单击"确定"按钮，如图 5-38 所示。

图 5-38 设置高级筛选条件

此时的数据就是迟到人员的有效数据情况，全选后可以看到数据总数，如图 5-39 所示。

学生姓名	课程编排id	签到类型	抓拍图片	操作	学生姓名
万同学	26627	签到	ws/record/face/channel1/2023/10/09/v214	查看修改删除	万同学
婷婷	26627	签到	ws/record/face/channel1/2023/10/09/v214	查看修改删除	婷婷
婷婷	26627	签到	ws/record/face/channel1/2023/10/09/v214	查看修改删除	曾
婷婷	26627	签到	ws/record/face/channel1/2023/10/09/v214	查看修改删除	陈燕
曾	26627	签到	ws/record/face/channel1/2023/10/09/v214	查看修改删除	学生姓名
婷婷	26627	签到	ws/record/face/channel1/2023/10/09/v214	查看修改删除	
万同学	26627	签到	ws/record/face/channel1/2023/10/09/v214	查看修改删除	
万同学	26627	签到	ws/record/face/channel1/2023/10/09/v214	查看修改删除	
万同学	26627	签到	ws/record/face/channel1/2023/10/09/v214	查看修改删除	
曾	26627	签到	ws/record/face/channel1/2023/10/09/v214	查看修改删除	
婷婷	26627	签到	ws/record/face/channel1/2023/10/09/v214	查看修改删除	
婷婷	26627	签到	ws/record/face/channel1/2023/10/09/v214	查看修改删除	

2023年10月9号上午9点到9点30分有效打卡的考勤的学生名字

图 5-39　高级筛选结果

步骤 3：分析与记录

通过前两个步骤已经得到了当天系统记录的考勤数据。假设学校总人数为 300 人，考勤总人数为 380 人，按时到校人数为 275 人，迟到人数为 5 人。

通过这些数据情况就可以进行记录和分析。比如，若考勤记录的总数远超有效的考勤数量，则说明重复签到情况严重，后续如果通过记录发现差距减小了，就能判断对于重复签到的改进措施有效果。又如，当发现按时到校人数和迟到人数的总和与全部人数不一致时，就需要提醒各班级进行核对，根据核对结果判断系统是否有无法识别的情况。横向对比的数据也具有分析价值，例如突然有一天在学校正常上课的情况下系统的记录数据量锐减，就需要排查系统是否出现问题。

在记录时可以填写表格，并做一些简要的备注，见表 5-3。

表 5-3　考勤数据情况记录表

学校总人数	300	当天数据量	380
按时到校人数	275	迟到人数	5
备注：今日考勤数据在合理范围内，系统工作正常。 当天数据量与以往基本持平，说明重复签到的改进措施没有生效，需要继续解决。			

请使用手机微信扫描二维码，获取"无感考勤管理系统用户隐私数据情况记录"任务实践和练习题。

第3部分 人工智能训练师（四级）

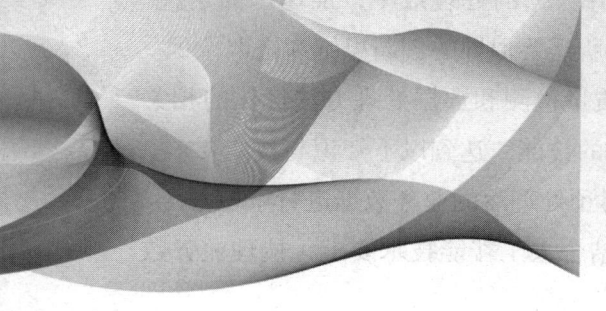

职业模块 ❻
数据采集和处理

数据质量检测和数据处理方法优化在人工智能训练中占据了举足轻重的地位。通过严谨的数据质量检测，人们不仅可以确保所使用数据的准确性和完整性，更能从根本上排除错误数据和噪声数据的干扰，为模型的训练提供一个干净、可靠的数据环境。优化数据处理方法能够显著提升数据的处理效率，加速产品迭代。这种不断优化、追求卓越的精神，正是新时代所需要倡导的创新思维和进取意识。

在本职业模块中，读者将学习业务数据质量检测和数据处理方法优化的相关知识，练习数据质量检测和数据处理方法优化的技能，达到以下知识与技能要求。

1. 了解业务数据质量要求和标准，能够对预处理后的业务数据进行审核。
2. 了解业务数据采集规范和方法，能够结合人工智能技术要求，梳理业务数据采集规范。
3. 熟悉业务数据处理规范和方法，能够结合人工智能技术要求，梳理业务数据处理规范。
4. 掌握数据采集知识，能够对业务数据采集流程提出优化建议。
5. 掌握数据处理知识，能够对业务数据处理流程提出优化建议。

职业模块 6　数据采集和处理

培训课程 1
业务数据质量检测

在本培训课程模块中，将会围绕业务数据质量检测领域中的预处理后的业务数据审核、编制业务数据采集规范以及业务数据处理规范三个学习单元展开。在学习过程中，将以数据服务公司接到的业务数据质量检测项目为载体，学习者以数据采集员身份，学习业务数据质量要求和标准、业务数据采集规范和方法、业务数据处理规范和方法，完成业务数据审核，梳理出采集规范和处理规范，达到四级人工智能训练师对业务数据质量检测所需的知识和技能要求。

学习单元 1　业务数据审核

业务数据质量检测与业务数据采集相互依存，能提升业务数据采集的准确性和可靠性，进而辅助提高模型的识别率。小北经过业务数据采集、业务数据处理等项目的锻炼，初步具备了业务数据采集和处理的能力，不仅锤炼了专业技能，更在实践中深化了对数据严谨性、准确性的认识。公司派遣他加入业务数据质量检测小组，既是对他能力的认可，也是对他责任心的考验。当前业务数据质量检测小组的主要工作：一是针对学生的选课数据（结构化数据），进行数据格式、完整性、准确性等审核；二是使用图像和视频质量的评估方法对图像数据进行质量审核；三是使用客观评价方法和主观评价方法对语音数据进行质量审核；四是使用拼写检查等质量评估方法进行影评数据的质量审核。

一、业务数据质量要求和标准

数据质量是指在业务环境下，数据符合数据消费者的使用目的，满足业务场景具体的需求。数据质量包含两个方面：数据的过程质量和数据自身的质量。数据的过程质量就是要求数据的使用过程必须符合标准规范，比如在数据存储领域就要考虑数据是否被安全地存储到了合适的介质上，是否能够保证数据不受外来因素的破坏，除此之外还包括获取、传输、应用和删除等数据生命周期的各个阶段。数据自身的质量是指数据必须真实准确地反映实际发生的业务，不遗漏任何业务操作的数据，数据存在的各种约束条件不能自相矛盾等。

1. 数据质量维度

数据质量是数据有效利用的基础和前提，数据质量管理贯穿数据生命周期的全过程。在数据生命周期中，可以通过数据质量管理的方法和手段，在数据生成、使用、消亡的过程中，及时发现有缺陷的数据，然后借助数据管理手段，使数据正确化和规范化，从而达到数据质量标准。

（1）数据固有维度。数据固有维度即与数据本身属性相关的数据质量维度，包括完整性、唯一性、有效性、准确性、一致性、波动性和数据覆盖范围。

1）完整性。一般指数据信息是否存在缺失，数据信息缺失的情况可能是整个数据记录缺失，也可能是数据中某个字段信息的记录缺失。应建立数据完整性的检查机制，确保数据完整性。

2）唯一性。在同一数据集或表中，不应有同一实体或时间捕获重复记录。唯一性可以从数据元素、数据记录两个层面衡量。数据元素唯一性通常针对具有高基数的数据元素进行度量，数据应具有高度唯一的属性，例如社会保险号和护照号。为了在数据记录层面衡量唯一性，需要定义业务规则或逻辑，以概述什么构成唯一记录以及什么构成重复记录，以确定是否有多个记录表示相同的事实。

3）有效性。有效性是衡量数据是否符合一组内部/外部标准或指南/标准数据定义（包括元数据[①]定义）的一种方法。因此，为了衡量数据的有效性，有必要

[①] 元数据（metadata），又称中介数据、中继数据，为描述数据的数据（data about data），主要是描述数据属性（property）的信息，用来支持如指示存储位置、历史数据、资源查找、文件记录等功能。

存在一套数据元素需要遵守的内部或外部标准、指南、标准数据定义,包括元数据定义、范围、格式和语法。

4)准确性。准确性是指数据能正确表示所描述的真实世界对象、实体、情况、现象或事件的程度,包括数据元素的准确性和数据记录的准确性。

5)一致性。一致性是指组织中的数据彼此同步,可以从记录一致性、跨记录一致性和记录集一致性三个层面来看。记录一致性是指单条记录内部数据元素之间的逻辑正确性。跨记录一致性指多个关联记录之间的数据关系正确性。数据集一致性是指整个数据集(如数据库表、文件集合或多源数据集成环境)在全局范围内的数据标准统一、无冗余矛盾,并满足跨数据实体的系统级完整性约束。数据集一致性通常在源系统和目标系统之间度量,以确保数据在传输、转换和存储过程中的语义与结构统一。

如果值一致,并不一定意味着值是准确的,但如果值不一致,则明确表示至少一个值不准确或无效。

6)波动性。波动性是衡量数据值随时间变化的频率。由于数据元素表示真实世界实体、现象或事件的属性,因此必须了解其性质以及属性值是否随时间以固定的间隔变化,或者改变是否由特定事件或不同事件触发。一些情况下,属性值从不变化,如个人的出生日期、出生地和性别,这些属性值一旦捕获,就永久不会变更,而年龄和年薪等会随着时间间隔发生变化。

7)数据覆盖范围。数据覆盖范围可以定义为数据的全面性程度,其一般与总体范围进行比较。为了测量数据覆盖率,需要确定数据的覆盖范围。

(2)数据使用维度。数据使用维度即从用户角度定义,与数据使用相关的数据质量维度。它包括数据及时性、时效性、相关性、安全性、可追溯性、可访问性、可靠性、易操作性、简洁性、可解释性、可信度和声誉。

1)及时性。及时性即衡量数据属性值是否为最新的。为了确定数据集中的关键数据属性值是否为当前值,需要将数据属性值与引用数据集进行比较,两个数据集都具有日期参数,以指示数据记录的创建或更新时间。如果地址数据及时性的估计值为6个月,并且客户地址在两年内没有任何变化,则最好将地址与参考数据集进行比较,以确定地址数据值是否仍然是最新的。

2)时效性。时效性即向业务用户发送数据或向数据用户提供数据的速度,是对数据存在到数据交付给用户之间的时间间隔的度量。可对传感器设备采集的原始数据和系统处理后的数据打上时间戳,以对数据的时效性进行判断。

3）相关性。相关性即数据内容和覆盖范围与使用目的的相关程度以及满足当前或潜在未来需求的程度。

4）安全性。安全性是指为了防止未经授权的访问而对数据访问进行限制和管理的程度。数据安全要求取决于数据的敏感程度以及数据的隐私和保密要求。如个人识别信息（personally identifiable information，PII）数据、患者数据和客户财务数据都是高度机密的，因此需要对它们进行良好的保护。

5）可追溯性。可追溯性是指对数据从产生到开放共享的过程进行追踪的能力。对数据的操作应建立日志，记录数据来源、数据处理过程、供需对接情况，以实现数据来源和操作的可追溯性。

6）可访问性。可访问性是指确定数据和元数据存在的难易程度以及能够快速、方便地访问和检索数据的形式或媒介的适用性。这一性质不是对数据内容或表示质量的度量。

7）可靠性。可靠性是指数据集在预期用途下的完整性、相关性、准确性、唯一性和一致性以及追踪数据可靠来源的能力。

8）易操作性。易操作性是指数据在不同任务中易于操作的程度，如修改、排序、重新格式化、分类和聚合、数据集或表中的数据元素的自定义以及与其他数据元素的连接。

9）简洁性。简洁性是指数据被紧凑表示的程度（表示简短，但完整且切中要害）。

10）可解释性。可解释性是指用户能够轻松理解、正确使用和分析数据的程度。

11）可信度。可信度包括用户认为数据可信的程度和数据提供者或数据源的诚信程度。可信度用以确保数据是否实际代表了其应该代表的内容，是否存在意图歪曲数据应该代表的内容的因素，及数据来源的可靠程度。

12）声誉。声誉是指数据在来源或内容方面受到重视的程度，可通过获取数据供应商在一段时间内的跟踪记录进行评估。

2. 影响数据质量的因素

（1）手动数据输入。

（2）数据捕获过程中的验证不足。

（3）数据衰减或数据老化。

（4）数据的多重使用和共享理解的缺乏。

（5）专业知识缺失。

（6）缺乏通用的数据标准、数据字典和元数据。

（7）黑客破坏。

3. 数据质量问题

（1）数据完整性不足。

（2）数据准确性偏差。

（3）数据一致性冲突。

（4）数据时效性滞后。

（5）数据多样性缺失。

（6）合规与伦理风险。

二、审核业务数据

数据质量存在问题会直接影响人工智能训练的结果，高质量的数据应该是对现实世界的真实反映。若数据存在缺失、重复、不一致或过时的问题，就可能会得到不准确的结果，从而导致错误的决策和策略。因此，对数据质量的审核尤为重要。

1. 结构化数据

（1）缺失值。由于调查、编码和录入误差，数据中可能存在一些缺失值，需要进行适当的处理。常用的处理方法有估算、整例删除、变量删除和成对删除。

（2）异常值。应根据每个变量的合理取值范围和相互关系，检查数据是否合乎要求。若发现超出正常范围、逻辑上不合理或者相互矛盾的数据，则为异常值。常用的处理方法有删除、增补和保留。

（3）数据类型不匹配。数据类型不匹配往往会影响后续的数据处理分析环节，因此，需要明确每个字段的数据类型。

（4）重复值。重复值的存在会影响数据分析和挖掘结果的准确性，所以，在进行数据分析和建模之前需要进行数据重复性检验，如果存在重复值，还需要进行重复值的删除。

2. 非结构化数据

文本数据（如经过爬取的数据）经常包含大量来自网络的文本，不可避免地需要面对一些不规范的文本表达问题。

图像数据，如低环境照度图像、模糊不清图像、雨雾天图像、分辨率低图像、压缩倍数大质量低的图像都会影响图像分析的结果。

音频数据质量，在非干净环境下，音频数据质量受环境影响较大，如干扰场景[1]和远场场景[2]。

3. 其他

（1）模糊数据（fuzzy data）。模糊数据即系统无法确切识别或定义的数据。

（2）脏数据（dirty read）。源系统中的数据不在给定的范围内或对于实际业务毫无意义，或是数据格式非法，以及在源系统中存在不规范的编码和含糊的业务逻辑。

（3）数据造假（data fraud）。造假的手段包括捏造和篡改数据。造假具有主观恶意，由于水平或疏忽等非恶意原因导致的数据错误和观点分歧不属于数据造假。诚实性出错是允许的，但造假是不允许的。数据造假的种类包括：①在明知不正确的情况下故意使用不当的研究方法；②故意掩盖或歪曲数据的含义并得出错误结论；③故意伪造或篡改数据。

（4）敏感信息（sensitive information）。指所有不当使用或未经授权被人接触或修改，导致危害国家利益或不利于政府计划施行的信息，以及侵犯个人依法享有的隐私权的信息。

三、Python 在数据审核中的应用

Python 为处理结构化数据和非结构化数据（文本、图片、视频、语音）提供了丰富的库和工具，已广泛应用于数据审核处理的相关操作。

1. 结构化数据审核工具

（1）Pandas 是一个强大的数据分析库，提供 DataFrame 数据结构，通过函数和方法对数据进行清洗、筛选、排序和分组等操作，以确保数据的质量和准确性。

（2）NumPy 是用于处理数值数组的库，高效的数组操作和数学函数可以对结构化数据进行计算和统计分析。

（3）Scikit-learn 是用于机器学习的库，提供了许多有用的工具，如数据预处理、特征提取和模型评估等。Scikit-learn 能对结构化数据进行分类、回归和聚类等操作，以发现数据中的模式和规律。

---

[1] 干扰场景：实际中声音检测主要是处于干扰场景中的，包括城市交通、工厂噪声、自然环境等噪声干扰。

[2] 远场场景：是比较复杂的场景，主要是因为麦克风距离远，语音信号到达麦克风时衰减严重，使得环境噪声、混响、音乐等背景干扰信号以及其他人声的影响难以被忽略。

（4）Matplotlib 和 Seaborn，这两个库是数据可视化的库，提供了丰富的绘图工具和参数，可绘制各种图表，如折线图、柱状图、散点图和热力图等，能帮助用户更好地理解结构化数据。

2. 文本数据审核

（1）判断重复值。duplicated( ) 函数在文本审核中通常用于检测重复的文本行。它可以删除重复的文本行或标记重复的文本行以便进一步分析。

```python
import pandas as pd
# 创建示例数据
text_data = ['This is the first line.',
             'This is the second line.',
             'This is the third line.',
             'This is the second line.']
# 将文本数据转换为 DataFrame
df = pd.DataFrame({'text': text_data})
# 检测重复的文本行
duplicates = df[df.duplicated( )]
# 打印重复的文本行
print(duplicates)
```

（2）处理文本。collections 模块主要用于处理文本数据。如 collections 模块中的 Counter 类可以用于处理文本，可用来记录每个字符或单词的出现次数。collections 模块提供了一些额外的数据结构类型，用于扩展内置的数据类型（如列表、元组、集合和字典等），这些类型也可以用于处理文本。

（3）拼写检查库。可使用 pyenchant 中的 Dict 对象，检查单词的拼写是否正确，同时还可以对拼写错误的单词提供几个可能的正确拼写。在输入文字时，经常出现拼写错误的单词，为了克服这个问题，Python 提供了 Enchant 模块，其主要用于检查单词的拼写并为拼写错误的单词提出更正建议，许多流行的拼写检查软件包也使用它来执行此任务，包括 ispell、aspell 和 MySpell，它在处理多种词典和多种语言方面非常灵活。创建 Dict 对象的方法如下。

```
d = enchant.Dict(language)    # 使用指定语言创建 Dict 对象
```

3. 图像数据审核

（1）图像处理。scikit-image 是基于 scipy 的图像处理软件包，以数组的形式对图像进行处理，提供了一系列用于图像处理和完成计算机视觉任务的函数和工具，可以读取、处理和保存图像，实现图像预处理、滤波、特征提取、图像分割、图像重建等任务，主要应用于机器视觉、图像分析等领域。

（2）图像处理。Pillow 库全称为 Python imaging library，即 Python 图像处理库，简称 PIL，是较为基础的图像处理库，主要用于图像的基本处理，比如裁剪图像、调整图像大小和图像颜色处理等。Pillow 库中的 Image 对象能够与 numPy ndarray 数组实现相互转换。

4. 声音数据审核

（1）音频和音乐信号处理。librosa 库主要用于特征提取、可视化分析时频变换、机器学习等方面的应用。可以处理多种音频格式，包括 WAV、MP3 等，同时还提供了一些预处理工具。

librosa 主要提供了以下 3 个方面的功能。

1）数据准备：librosa 可以加载、处理和转换一些主要的音频格式，比如 WAV、MP3 等，并且可以利用一些简单的音频处理工具，例如生成 Mel 谱[1]、梅尔频率倒谱系数（mel–frequency cepstral coefficients，MFCC）[2] 和谱图等。

2）特征提取：使用 librosa 库的最常见方法是提取音频的特征。对于音频信号，从其频域（如幅度谱、相位谱）、小波域、复杂域中提取相关特征是非常重要的，可以以一定的方式描述音频信号的特性，这在后续的处理中也比较常用。常用的特征提取方法包括梅尔频率倒谱系数、语音分段特征、时域特征、短时能量、过零率等。

3）可视化分析：librosa 还支持对音频信号的可视化分析，比如绘制波形图、频谱图等便于研究者观察和更好地理解声学标签和音频信号的信息。librosa 功能强大且易于使用，针对不同应用场景提供了丰富的 API 接口和方法，方便研究者根据需求进行选择。该库的常用 API 接口如下。

librosa.load：加载音频模块。

librosa.feature.mfcc：计算 MFCC 模块。

---

[1] Mel 谱是一种基于人耳听觉特性设计的时频表示方法，通过梅尔刻度（mel scale）对线性频率轴进行非线性映射，使低频段分辨率升高、高频段分辨率降低。

[2] 梅尔频率倒谱系数是在 mel 标度频率域提取出来的倒谱参数。

librosa.feature.melspectrogram：计算梅尔频谱模块。

librosa.display.specshow：绘制频谱模块。

使用 librosa 库需要注意以下几点。

1）针对不同的应用场景和信号类型，选择不同的函数和参数。

2）要对数据进行必要的预处理。

3）具体处理或者算法由用户自己编写。

（2）语音增强性能度量（质量和可理解性）。pysepm（Python speech enhancement performance measures）是一个专用于评估语音增强算法性能的 Python 工具库，提供客观指标量化增强后语音的感知质量（清晰度、自然度）与可理解性（内容辨识度）。

1）核心功能

①质量评估

PESQ（perceptual evaluation of speech quality），基于 ITU-T P.862 标准，评估语音的听觉质量，适用于窄带（电话语音）和宽带场景，对非线性失真（如语音切割）敏感。

输出范围：-0.5～4.5（数值越高表示语音质量越好）。

SSNR（segmental signal-to-noise ratio），计算分段信噪比，量化噪声抑制效果，值越高表示增强语音中残留噪声越少。

输出范围：值越高越好。

②可理解性评估

STOI（short-time objective intelligibility），通过分析语音包络的短时相关性，预测低信噪比环境下语音内容的可懂度，尤其适用于含稳态噪声的场景。

输出范围：0～1（>0.75 表示可理解性良好）。

ESTOI（Extended STOI），STOI 的改进版本，针对非平稳噪声（如突发性背景声）优化，提升评估鲁棒性。

输出范围：0～1。

③高级分析

LSD（log spectral distance），计算增强语音与纯净语音的对数频谱距离，量化频谱保真度差异。

输出范围：数值越低表示频谱越接近。

fwSNRseg（Frequency-Weighted Segmental SNR），结合人耳听觉特性（频率感

知敏感度），对分段信噪比进行加权优化，更贴合主观听感。

输出范围：值越高越好。

2）使用注意事项

①安装与依赖

安装命令：pip install pysepm（需提前安装 numpy、scipy、soundfile）。

PESQ 限制：需单独安装 PESQ 库（pip install PESQ），且仅支持 8 kHz 或 16 kHz 采样率输入。

②输入要求

信号对齐：纯净语音与增强语音必须等长、同采样率，建议使用 Librosa 统一处理（见示例代码）。

幅值归一化：输入信号幅值需在 [−1，1] 范围内，避免因幅值缩放导致指标计算偏差。

③指标限制

PESQ：对语音切割、时延敏感，不适用于极端噪声或强失真场景。

STOI：忽略相位信息，对音乐/非语音噪声评估效果有限。

SSNR：静音段可能导致结果虚高，建议分段评估或剔除静音段。

④结果解读

多指标联合分析：单一指标易受干扰，需结合质量（PESQ/SSNR）与可懂度（STOI/ESTOI）综合判断。

对比基准：与未增强语音、经典算法（如谱减法）对比，明确改进幅度。

语音质量度量包括分段信噪比、频率加权分段信噪比、对数似然比、加权光谱斜率、客观语音质量评估、复合客观语音质量（复合）、倒谱距离客观语音质量测量。

语音可理解性度量包括短时客观可懂度、连贯性和语音清晰度指数、归一化协方差度量。

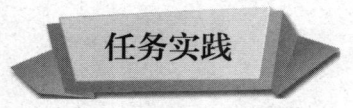

图像数据（视觉数据）的质量审核

小北接到任务，需要进行图像数据质量审核，有针对性地采取探究图像数据的质量评估方法，从开源数据集中选取图像数据作为对象，采用峰值信噪比、结构相似度指数与无参考图像质量评估算法对输入图像进行客观的质量评估，并给出基于数字计算的质量评估结果。任务流程如图 6-1 所示。

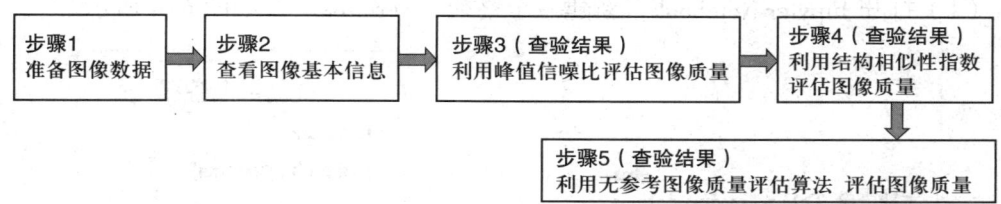

图 6-1　图像数据质量审核任务流程图

步骤 1：准备图像数据

（1）从 TID2013[①] 中选取任务数据。

（2）选取 10 种失真类型（5- 高频噪声，8- 高斯模糊，9- 图像去噪，10-JPEG 压缩，15- 不同强度的局部块失真，17- 对比度变化，18- 颜色饱和度变化，21- 带有噪声的有损压缩图像，22- 使用抖动的图像颜色量化，23- 色差）以及失真级别为 1 和 5 的图像，如图 6-2 所示。

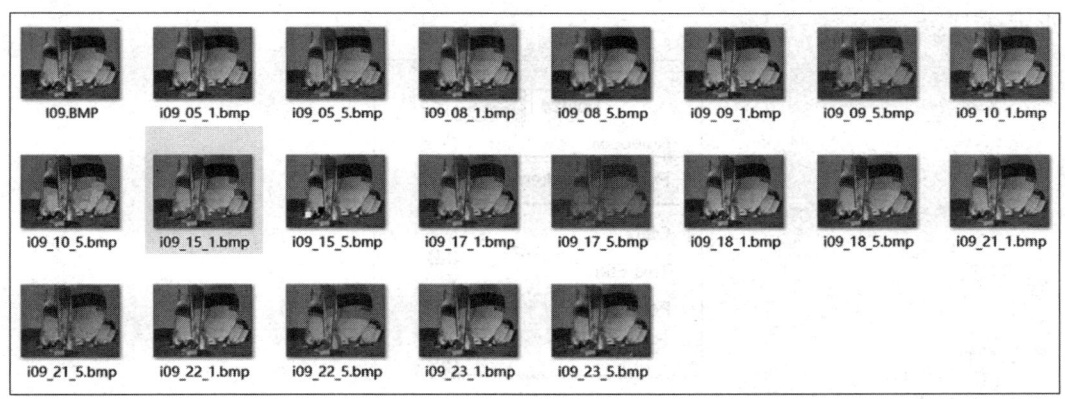

图 6-2　选取参考图像和失真图像

I09.BMP 为参考图像，其他图像为该参考图像的失真图像，每个文件的名称包含参考图像的编号、失真类型和失真级别（例如 i09_05_1.bmp、i09_05_5.bmp 等）。打开 "imgsdata" 文件夹，观察图像间的差异。

（3）将数据集文件夹复制到 D:\reviewdata\ 目录下，如果没有此路径，则创建

---

① TID2013（tampere image database 2013）是一个用于评估全参考图像视觉质量评估指标的数据库。共包含 25 幅参考图像，这些图像是在各种场景和条件下拍摄的，包括自然景观、人物、建筑物、动物、物体等。对于每一幅参考图像，TID2013 提供了 24 种不同类型的失真版本，每种失真类型有 5 个不同程度的失真，总共有 25×24×5 幅失真图像。这些失真类型包括噪声、模糊、压缩伪影、色彩失真、光照变化等。

路径，如图 6-3 所示。

步骤 2：查看图像基本信息

（1）打开 Jupyter Notebook，新建一个终端（Terminal），如图 6-4 所示。

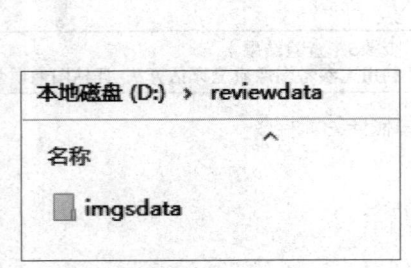

图 6-3 数据集路径

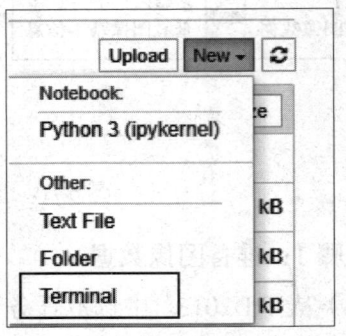

图 6-4 新建终端

（2）安装图像处理库 skimage。skimage 是基于 scipy 的一款图像处理库，可进行图像读取与质量评估。在终端页面输入 pip install scikit-image 命令进行安装。

（3）返回 Jupyter Notebook 首页，新建一个 Python3（ipykernel）文件，如图 6-5 所示。

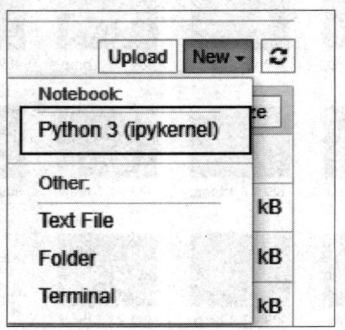

图 6-5 新建文件

（4）加载项目所需要的程序库，包括 os、pandas、numpy、skimage 库。

```
import os
import pandas as pd
import numpy as np
from skimage import io
```

（5）在评估图像质量前，导入 Pillow 库中的 Image 模块，使用 Image.open 方法读取图像，并提取图像的基本信息，将其存入字典中。

```
# 导入 Pillow 库中的 Image 模块
from PIL import Image
# 读取图像
img = Image.open('D:\\reviewdata\\imgsdata\\I09.BMP')
# 提取图像的基本信息
info = {
'format': img.format,
  'mode': img.mode,
'size': img.size,
'width': img.width,
  'height': img.height,
'is_animated': getattr(img, 'is_animated', False),
 'n_frames': getattr(img, 'n_frames', 1)
}
info
```

（6）运行结果显示图像的基本信息，包括其格式、模式（颜色空间）、大小（像素）、宽度、高度、是否为动画以及帧数，如图6-6所示。

```
{'format': 'BMP',
 'mode': 'RGB',
 'size': (512, 384),
 'width': 512,
 'height': 384,
 'is_animated': False,
 'n_frames': 1}
```

图 6-6　图像基本信息

步骤3：利用峰值信噪比评估图像质量

峰值信噪比（peak signal-to-noise ratio，PSNR）[1]是一种经常用于图像和视频质

---

[1] 峰值信噪比：是一个表示信号最大可能功率和影响它的表示精度的破坏性噪声功率的比值的工程术语，峰值信噪比常用对数分贝单位来表示。其值越大，意味着图像的质量越高，高于40 dB说明图像质量极好，即非常接近原始图像；30～40 dB表示图像质量是好的，即失真可以察觉但可以接受；20～30 dB说明图像质量差；低于20 dB表示图像质量不可接受。

量评估的方法。

（1）利用Python实现PSNR的计算公式，将计算的Python实现过程写入calculate_psnr函数中。调用该函数，需要提供一张参考图（原始图像）和一张失真图。

```python
# img1：参考图，img2: 失真图
def calculate_psnr(img1, img2):
    img1 = np.array(img1, dtype=np.float64)
    img2 = np.array(img2, dtype=np.float64)

    # 计算 MSE
    mse = np.mean((img1 - img2)**2)

    # 如果 MSE 为 0，PSNR 是无意义的
    if mse == 0:
        return float('inf')

    # 最大像素值
    max_pixel = 255.0

    # 计算 PSNR
    psnr = 20 * np.log10(max_pixel / np.sqrt(mse))

    return psnr
```

（2）读取数据集中的参考图 I09.BMP，同时使用 for 循环批量读取失真图，计算每一张失真图的 PSNR 值。

```python
# 读取数据集文件夹
directory_path = "D:\\reviewdata\\imgsdata\\"
files = os.listdir(directory_path)
```

```python
# 筛选仅包括 .bmp 的文件（失真图像）
images = [file for file in files if file.endswith('.bmp')]
images.sort()

# 读取参考图（原始图像）
reference_image = io.imread(os.path.join(directory_path, "I09.BMP"))

# 计算每一张失真图像的 PSNR
psnrs = {}
for image in images:
    current_image = io.imread(os.path.join(directory_path, image))
    current_psnr = calculate_psnr(reference_image, current_image)
    psnrs[image] = current_psnr

# 以 dataFrame 表格形式输出
df = pd.DataFrame(list(psnrs.items()), columns=['Image', 'PSNR'])

df
```

（3）运行结果显示为 DataFrame 表格，方便观察。PSNR 的值越大，意味着图像的质量越高，同一张图像采用同一种失真处理后，失真级别越大，其 PSNR 的值越小，质量越差，如 i09_05_5.bmp 的 PSNR 要小于 i09_05_1.bmp 的 PSNR。i09_05_5.bmp 的失真级别小于 20 dB，表示该图像的质量差。图像及其 PSNR 值如图 6-7 所示。

（4）导入 skimage 库中内置的 PSNR 的模块。

```python
# 导入 skimage 中的 PSNR 模块
from skimage.metrics import peak_signal_noise_ratio as psnr
```

（5）接下来将（2）中的代码 calculate_psnr( ) 函数替换为 skimage 的内置方法，其余代码不做改动。

	Image	PSNR
0	i09_05_1.bmp	33.002556
1	i09_05_5.bmp	15.044977
2	i09_08_1.bmp	37.985826
3	i09_08_5.bmp	22.646853
4	i09_09_1.bmp	36.348240
5	i09_09_5.bmp	23.161899
6	i09_10_1.bmp	36.041122
7	i09_10_5.bmp	23.351583
8	i09_15_1.bmp	25.459912
9	i09_15_5.bmp	24.838514
10	i09_17_1.bmp	34.419934

图 6-7　图像及其 PSNR 值

```
# 使用 skimage 的内置方法
current_psnr = psnr(reference_image, current_image)
```

步骤 4：利用结构相似性指数评估图像质量

结构相似性指数（structural similarity index，SSIM）[1]是一种用于衡量两幅图像相似度的指标。

（1）skimage 库中内置计算 SSIM 的方法，导入 skimage 中的 SSIM 模块。

```
# 导入 skimage 中的 PSNR 模块
from skimage.metrics import structural_similarity as ssim
```

（2）与计算 PSNR 类似，读取数据集中的参考图 I09.BMP，同时使用 for 循环批量读取失真图，计算每一张失真图的 SSIM 值。

```
# 读取数据集文件夹
directory_path = "D:\\reviewdata\\imgsdata\\"
files = os.listdir(directory_path)
```

---

[1] SSIM 从结构信息的角度去衡量两幅图像的差异，这更接近于人类视觉系统对图像质量的感知。SSIM 的值在 –1 到 1 之间，1 表示两幅图像完全一样。

```
# 筛选仅包括 .bmp 的文件（失真图像）
images = [file for file in files if file.endswith('.bmp')]
images.sort( )

# 读取参考图
reference_image = io.imread(os.path.join(directory_path, "I09.BMP"))

# 计算每一张图像的 SSIM
ssims = { }
for image in images:
    current_image = io.imread(os.path.join(directory_path, image))
    # 使用 skimage 的内置方法
    current_ssim = ssim(reference_image, current_image, data_range=reference_image.max( )-reference_image.min( ), channel_axis=-1)
    ssims[image] = current_ssim
# 以 dataFrame 表格形式输出
df = pd.DataFrame(list(ssims.items( )), columns=['Image', 'SSIM'])

df
```

（3）运行结果显示 SSIM 的值。越接近 1 表示与原图越接近（本任务以原图是未失真的高质量图像为准），图片 SSIM 值如图 6-8 所示。

步骤 5：利用无参考图像质量评估算法评估图像质量

BRISQUE（blind/referenceless image spatial quality evaluator）[①] 是一种无参考的图像质量评估算法。

（1）image-quality 是一个用于自动图像质量评估的开源软件库，直接使用工具包中的"image_quality"文件夹，其中包含计算 BRISQUE 的算法。将该文件夹复制到与当前 ipynb 文件同级的文件目录中，如图 6-9 所示。

---

① 无参考（NR）或盲评估（blind）是指在不需要原始（未压缩或未失真）图像参考的情况下评估图像质量。BRISQUE 输出的分数从 0 到 100，分数越低图像质量越好，图像质量为 100 表示图像的质量很差。

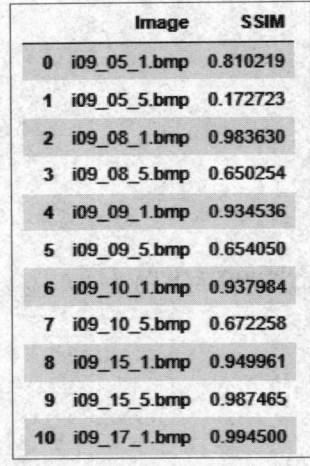

图 6-8 图片 SSIM 值

图 6-9 文件目录中的"image_quality"文件夹

（2）在代码中导入 image-quality 文件中的 BRISQUE 模块。

```
# 导入指定模块
import image_quality.brisque as brisque
```

（3）使用 Image.open 方法读取图像，使用 brisque.score 方法计算图像的质量分数。参考其他步骤中的批量循环读取图像的方法，一次性计算所有图像的质量分数。

```
# 读取图像
img = Image.open("D:\\reviewdata\\imgsdata\\I09.BMP")
# 计算 BRISQUE 分数
score = brisque.score(img)
print(score)
```

最终，通过峰值信噪比、结构相似性指数与 BRISQUE 三个不同的图像质量评估方法，完成不同图像的质量分值计算，为后续业务进行准确和有效的分析提供依据。

请使用手机微信扫描二维码，获取"语音数据质量审核""文本数据质量审核""学生选课数据质量审核"等 3 个任务的实践案例，以及练习题。

学习单元 2 编制业务数据采集规范

小北作为公司业务质量检测小组的重要成员，肩负着编制业务数据采集规范的重任。这一任务不仅是对他专业技能的考验，更是对他责任感和团队协作精神的检验。当前，他需要完成的工作有气象数据（结构化数据）的采集规范和交通标志（非结构化数据）的采集规范。小北认为此项工作正好可以参照前期的数据采集工作经历，根据采集的目的和需求，编写出合理的规范化要求。小北将学习业务数据采集规范相关知识，完成两项业务数据采集规范的编制工作。

一、业务数据采集规范

业务数据采集规范是指在业务运营过程中，对数据的采集、存储、处理和应用等方面进行规范化的要求和规定。

数据采集规范包括如下内容。

（1）采集目的和需求。业务数据采集的目的通常是支持业务决策、优化流程、提高效率等。在制定采集规范时，需要明确采集的目的和需求，以确保数据的针对性和实用性。

（2）采集对象和数据源。根据采集目的和需求，确定需要采集的业务数据对象和数据源。这可能包括各种业务系统、数据库、文件等。同时，需要了解数据源的格式、结构、数据类型等信息，以便正确地采集数据。

（3）采集计划和时间表。根据采集对象和数据源，制定合理的采集计划和时间表。需要考虑采集的时间、频率、数量等，以避免对业务系统造成过大的负载或影响业务运行。

（4）采集方法和工具。根据采集对象和数据源的类型，选择合适的采集方法和工具。对于不同的数据源，可能需要采用不同的采集方法，如 API 接口、爬虫程序、数据导出等。

（5）数据处理流程和规范。对采集到的业务数据进行处理时，需要制定相应的处理流程和规范。这包括数据清洗、去重、转换、标准化等操作，以确保数据的准确性和一致性。

（6）数据存储方式和安全措施。对采集到的业务数据进行存储时，需要选择合适的存储方式和安全措施。这可能包括数据库备份、加密等措施，以确保数据的安全性和可靠性。

（7）数据使用权限和使用方式。对采集到的业务数据，需要明确其使用权限和具体方式。这包括内部使用、外部共享等，以确保数据的合理使用并保护隐私。

（8）数据质量和评估标准。对采集到的业务数据进行质量评估是必要的。需要制定相应的评估标准和方法，如数据完整性、准确性、一致性等，以确保数据的可靠性和实用性。

（9）数据隐私保护措施。对于涉及个人隐私的业务数据，需要采取相应的隐私保护措施。这可能包括匿名化处理、加密等措施，以确保个人隐私得到保护。

（10）定期审查和更新数据采集规范。随着业务需求和技术发展的变化，需要定期审查和更新业务数据采集规范。这有助于确保数据的及时性和有效性，以满足不断变化的业务需求。

二、业务数据采集方法

（1）调查法。通过问卷、访谈、电话调查等方式收集业务数据。该方法适用于需要了解客户满意度、市场趋势等情况。

（2）观察法。通过观察被研究对象的业务行为、环境等方式收集业务数据。例如，通过监控销售数据、库存数据等来了解市场变化和趋势。

（3）实验法。通过控制实验条件收集业务数据，可以帮助研究者确定因果关系。例如，通过 A/B 测试来比较不同方案的效果，以确定最佳方案。

（4）计算机辅助方法。通过计算机技术收集、整理、分析业务数据。例如，使用爬虫程序自动采集网站数据，使用 ETL 工具自动抽取、转换数据等。

（5）实地调研法。通过实地走访、实地考察等方式收集业务数据。例如，到客户现场进行调研以了解客户需求和市场状况。

此外，根据采集数据的类型，数据采集还可以分为传感器采集、爬虫、录入、导入、接口等方式。具体采用哪种方法或技术，需要根据采集的目的和需求来确定。

编制气象数据（结构化数据）的采集规范

小北接到任务，一家气象研究机构想要收集各地往年的气温、湿度、风速等气象数据用于气象研究，这些数据对于天气预报、气候变化监测、农业规划、航空安全、灾害管理等方面具有关键作用。根据以上场景，小北要从确定采集目标、数据类型、采集方法、存储方式、数据质量等方面出发，完成一份完整的数据采集规范文档，为后续业务进行准确和有效的分析提供保障。任务流程如图6-10所示。

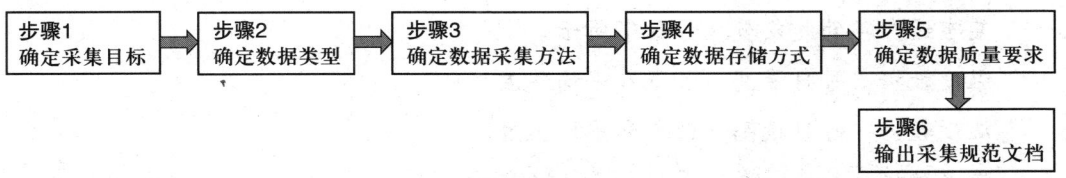

图 6-10 任务流程图

步骤 1：确定采集目标

采集需求方与采集实施方的对话

需求方（研究机构代表）：您好，我们正计划进行一项关于某市的气候趋势和变化的研究，需要一些气象数据。

实施方：明白。为了更好地理解您的需求，我需要问一些问题。首先，您需要哪些具体的气象数据呢？

需求方：主要是某市的温度、湿度、降水等数据。

实施方：好的。关于时间范围，您希望收集多久以前的数据呢？

需求方：大概近 5 年的数据。

实施方：关于温度、湿度和降水数据，您需要的是 24 小时内的最高值，还是最低值呢？

需求方：都需要，最好还能增加一个平均值。

实施方：好的，这些数据对于分析日变化和季节变化非常重要。我们会确保收集到这些数据。您是否还有其他特别的数据格式或质量要求？

需求方：数据需要准确和可靠。如果可能，最好是以电子表格的形式提供，这样更便于我们进行数据分析。

实施方：好的，我明白您的需求了。我们会根据这些标准进行数据采集规范的梳理。

（1）需要确定待采集的气象数据在该项目中的应用场景和具体需求。在这个过程中要反复与需求方沟通，确保理解他们的需求和期望。请首先阅读上方采集需求方（研究机构代表）与采集实施方的对话，来确定采集目标。

应用场景：主要进行气候变化的研究。

场景描述：通过了解和分析某市的气候趋势和变化，以便更好地进行科学研究。

具体需求：需要某市近5年的气象数据。

（2）在此基础上还需要进一步确认数据采集的范围，这些范围可能会包含气象指标和时间周期等，也需要与需求方确定。

某市近5年的气象数据，如下所示。

温度数据：每日最高、最低和平均气温。

湿度数据：每日最高、最低和平均湿度。

降水数据：每日最高、最低和平均降水量。

步骤2：确定数据类型

在确定了数据采集范围后，需要进一步确定数据的类型。

1. 气象主要指标的数据类型

温度数据：采用浮点数，单位为℃。

湿度数据：采用百分比，单位为%。

降水数据：采用浮点数，单位为mm。

2. 时间周期的数据类型

采用日期类型。

步骤3：确定数据采集方法

探索可能的数据采集方法，分析每个数据采集方法的优点和缺点，后续可根据实际的成本投入确定数据采集方法。

可以考虑如下两种采集方法。

从官方平台获取数据：如从某市气象局、中国气象局获取数据，优点是数据准确可靠，缺点是可能需要正式协议，不一定符合数据要求。

网络爬虫采集：优点是可以从公开网站获取免费数据，比较灵活，可以定制爬取内容和频率，缺点是可能涉及版权和隐私问题，有法律和道德风险。

通过与需求方协商，使用网络爬虫技术采集数据，在此过程中需要确保爬取的内容可合法访问和使用，不要爬取和存储敏感信息。

步骤4：确定数据存储方式

需要根据项目的实际情况确定数据的存储方式，同时也需要对数据进行规范命名，方便整理与查询。

本项目中需要采集气象数据，包括温度、湿度、降水等参数，这些数据具有明确的结构和含义，以结构化的形式进行存储以便快速访问。

本项目气象数据将使用电子表格存储，包括数字、文本、日期等数据类型。存储时要满足如下要求。

为每种气象数据（温度、湿度、降水）创建单独的工作表，以便于管理和分析。

温度数据工作表，列标题为日期、年份、月份、日、最高气温、最低气温、平均气温。

湿度数据工作表，列标题为日期、年份、月份、日、最高湿度、最低湿度、平均湿度。

降水数据工作表，列标题为日期、年份、月份、日、最高降水量、最低降水量、平均降水量。

步骤5：确定数据质量要求

采集好的数据需要满足一定的质量要求，如气象数据一定要满足准确性的要求，否则会对科学研究产生影响，其他要求可与数据需求方进行确定。

1. 因为是用爬虫采集的数据，气象数据必须准确反映实际的气象条件，需提供数据来源，并对数据准确性进行抽样性检查。

数据必须完整，没有遗漏的记录或字段。

2. 数据必须满足类型要求，温度数据为浮点数，湿度数据为百分比，降水数据为浮点数。

3. 数据必须受到适当的保护，防止未经授权的访问和使用，尽管气象数据通常不涉及个人隐私，但安全性仍然是重要的考虑因素。

步骤6：输出采集规范文档

整合上述步骤的内容，编写采集规范草稿，并且组织评审，邀请其他团队成员和需求方进行评审，最终输出采集规范文档，指导采集员完成采集任务。

气象数据的采集规范

一、采集目的

采集近5年某市气象数据，用于了解和分析某市的气候趋势和变化，以便于更好地进行科学研究。

二、采集范围

某市近5年的气象数据如下。

1. 温度数据：每日最高、最低和平均气温。

2. 湿度数据：每日最高、最低和平均湿度。

3. 降水数据：每日最高、最低和平均降水量。

三、数据类型

温度数据：采用浮点数，单位为℃。

湿度数据：采用百分比，单位为%。

降水数据：采用浮点数，单位为mm。

时间周期：采用日期类型，如"年-月-日"。

四、采集方法

1. 编写爬虫程序，使用网络爬虫技术采集数据。

2. 确保爬取的内容可合法访问和使用，不要爬取和存储敏感信息。

五、数据存储方式

为每种气象数据（温度、湿度、降水）创建单独的工作表，以便于管理和分析。

1. 温度数据工作表，列标题为日期、年份、月份、日、最高气温、最低气温、平均气温，示例见表6-1，示例中的数据仅供参考。

表6-1 温度数据工作表

日期	年份	月份	日	最高气温	最低气温	平均气温
2023-8-10	2023	8	10	30	24	27

2. 湿度数据工作表，列标题为日期、年份、月份、日、最高湿度、最低湿度、平均湿度。

3. 降水数据工作表，列标题为日期、年份、月份、日、最高降水量、最低降水量、平均降水量。

六、数据质量要求

1. 气象数据必须准确反映实际的气象条件，需提供数据来源。

2. 数据必须完整，没有遗漏的记录或字段。

3. 数据必须满足类型要求，温度数据采用浮点数，湿度数据采用百分比，降水数据采用浮点数。

4. 数据必须受到适当的保护，防止未经授权的访问和使用，尽管气象数据通常不涉及个人隐私，但安全性仍然是重要的考虑因素。

七、采集周期

采集周期为1个月，完成后提供完整的数据表格文件。

基于以上步骤完成简要的气象数据的采集规范文档，可以进一步和需求方沟通，完善此文档。

请使用手机微信扫描二维码，获取"交通标志采集规范"任务实践步骤和练习题。

学习单元3　编制业务数据处理规范

按照业务质量检测小组的分工，小北需要承担业务数据处理规范的编制工作。公司希望通过编制业务数据处理规范，指导业务数据处理，提升数据一致性和准确性，保障数据安全与隐私，强化业务数据处理的合规性。小北的主要工作内容：一是餐厅经营数据（结构化数据）的处理规范；二是电影评价数据（非结构化数据）的处理规范。小北将学习业务数据处理规范相关知识,完成两项数据处理规范的编制工作,这项工作不仅要求他具备扎实的专业技能,更需要他秉持高度的责任感和敬业精神,以确保数据处理流程的高效与合规。

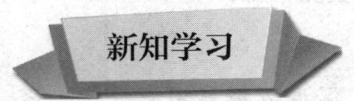

业务数据处理规范对于企业的数据处理和管理具有重要意义,它不仅可以提高数据的准确性和可信度,还可以促进信息的共享和流通,提高企业的运营效率和决策能力。业务数据处理规范是针对特定业务数据处理过程制定的行为准则,旨在确保业务数据的准确性、完整性、一致性和可靠性,提高企业的决策支持能力和业务运营效率。

一、业务数据处理规范

数据处理规范包括数据质量管理、数据流程管理、数据安全管理、数据规范管理和数据应用管理等方面。数据质量管理:要确保数据的准确性、完整性和一致性,包括数据采集、清洗、整合、分析和存储等环节。数据流程管理:要制定数据处理流程和标准,包括数据输入、处理、输出和存储等环节。数据安全管理:要保护数据的机密性、完整性和可用性,包括数据加密、访问控制和备份恢复等环节。数据规范管理:要制定数据处理规范和标准,包括数据格式、编码、元数据等方面。数据应用管理:要将数据处理结果应用于业务决策和支持中,包括数据查询、报表生成、分析报告等方面。这些规范要求企业制定和执行科学合理的数据处理规范,提高数据处理的质量和效率,从而更好地支持业务发展和企业决策。

二、业务数据处理方法

(1)批处理方法。批处理是一次性处理大量数据的方法,通常用于数据清洗、数据转换等操作。批处理方法可以快速处理大量数据,但需要占用大量系统资源。

(2)流处理方法。流处理是实时处理数据流的方法,通常用于实时数据分析、实时预测等场景。流处理方法可以快速处理实时数据,但需要处理的数据量通常较小。

(3)分布式处理方法。分布式处理是将数据分散到多个计算机节点进行处理的方法，通常用于处理大规模数据集。分布式处理方法可以提高数据处理效率和可靠性，但需要投入大量的硬件资源和软件开发成本。

（4）机器学习方法。机器学习是利用算法来自动处理数据的方法，通常用于分类、回归、聚类等场景。机器学习算法可以通过学习历史数据来预测未来的行为和结果。

（5）深度学习方法。深度学习是利用神经网络来自动处理数据的方法，通常用于图像识别、语音识别、自然语言处理等场景。深度学习方法可以通过学习大量的数据来提高预测准确性和泛化能力。

（6）数据挖掘方法。数据挖掘是利用统计学和机器学习技术来挖掘数据中的模式和规律的方法，通常用于市场分析、客户细分等场景。数据挖掘方法可以通过分析大量数据来发现隐藏在其中的有用信息。

（7）文本分析方法。文本分析是利用自然语言处理技术来处理文本数据的方法，通常用于情感分析、主题分析等场景。文本分析方法可以通过分析文本中的语义和语法来提取有用的信息。

这些方法在业务数据处理规范的指导下，能够更有效地确保数据的准确性、完整性和一致性。

某餐厅经营数据（结构化数据）处理规范

小北接到任务，某餐厅提供了一段时间的经营数据，需要使用数据分析餐厅的经营情况，在数据分析之前需要对数据进行清洗和处理，保障数据的质量，避免由于数据问题导致分析错误

该任务将根据以上场景，从确定数据处理需求、数据处理流程出发，完成一份完整的数据处理规范文档，指导技术人员完成数据处理。

任务目标：

（1）能根据数据处理需求梳理数据处理流程；

（2）基于任务场景对数据处理规范文档进行审核，输出数据处理规范文档，为后续业务进行准确和有效的分析提供保障。任务流程如图6-11所示。

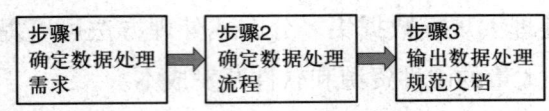

图 6-11 任务流程图

步骤 1：确定数据处理需求

（1）在确定数据处理需求之前，需要了解数据的基本信息，如数据的存储方式、数据的字段信息等。

该数据集是从数据库中提取的某餐厅 8 月份的经营数据，提取的数据集以 CSV 文件格式存储，字段信息包含的内容见表 6-2。

表 6-2　某餐厅 8 月份的经营数据

字段信息	说明	内容示例
orderid	订单编号	0000010
userid	用户编号	34
username	用户姓名	张三
telephone	联系方式	1867450990
dining_table_id	餐桌序号	F4
number_consumers	消费人数	3
dishes_list	菜品	鱼香肉丝 / 剁椒鱼头 / 香辣虾 / 炒时蔬 / 米饭
accounts_payable	应付账款	156
use_start_time	用餐开始时间	2022/8/23 19:07
use_end_time	用餐结束时间	2022/8/23 20:34

在进一步确定处理需求前，实施方需要与需求方（餐厅管理者）进行沟通，了解需求方的要求。

需求方与实施方的对话

实施方：我们已经了解了数据的基本信息，您对该数据的处理有什么要求吗？

需求方（餐厅管理者）：首先我们希望确保数据中的敏感信息被处理掉，以保护用户隐私。

实施方：明白了，我们将去除数据中的敏感信息。还有其他方面的要求吗？

需求方：我们要求数据的完整性，即不能有关键数据的缺失值，比如应付账款。

实施方：好的，我们将确保关键数据没有缺失值。还有其他要求吗？

需求方：我们希望数据有一致性，即数据格式需要统一。

实施方：明白了，我们将进行数据格式的统一处理。比如，消费金额均处理为浮点数类型，保留两位小数；日期处理为日期类型，这样可行吗？

需求方：非常好，而且不要出现应付账款是负数的情况。

实施方：这确实是需要注意的地方，所有数据都应该在合理的范围内。

需求方：另外，如果有重复数据也是需要处理的。

实施方：明白了，我们将进行去重处理。除了数据质量的要求外，您还有其他的数据处理需求吗？

需求方：我们需要增加两个字段。一个是菜品数量，需要统计每单点菜的数量，但不包括米饭；另一个是用餐时长，需要统计每单的用餐时长，以分钟为计量单位。

实施方：好的，我们将增加这两个字段并进行统计。感谢您的明确要求，我们会确保按照您的需求进行数据处理。

（2）认真阅读以上对话，确定数据处理的需求。

数据质量要求如下。

敏感信息处理：去除数据中的敏感信息。

数据的完整性：无关键数据的缺失值，如应付账款。

数据的一致性：数据格式统一，即消费金额需为浮点数类型（保留2位小数），日期需为日期类型。

数据的准确性：所有数据都在合理范围内，如应付账款不能出现负数。

数据无重复：整个数据没有重复数据。

其他数据处理需求如下。

增加字段：需要增加一列，即菜品数量，统计每单点菜数量（不包括米饭）。

增加字段：需要增加一列，即用餐时长，统计每单的用餐时长，以分钟为计量单位。

步骤2：确定数据处理流程

在确定了数据处理需求之后，需要确定数据处理流程与方法，首先需要保证数据的质量要求，接下来可以完成增加字段的操作。

1. 数据脱敏

删除数据中的用户姓名和联系方式，这些信息为敏感信息，会导致个人信息泄露。

2. 数据转换，使数据格式统一

确保所有日期都是 YYYY/MM/DD HH:MM 的日期格式。

菜品列表均用"/"隔开。

确保应付账款为浮点数类型（保留2位小数）。

3. 处理缺失值，使数据没有关键数据缺失值

如果消费人数、应付账款、菜品、用餐开始时间、用餐结束时间存在空值，尝试从系统中恢复。

如果应付账款的空值无法从系统中恢复，可通过计算菜品总价进行填充，或者通过消费人数乘以人均消费金额进行填充。

如果消费人数的空值无法从系统中恢复，可通过应付账款除以人均消费金额进行填充。

如果消费人数、菜品、消费金额都缺失，也无法从系统恢复，则删除这条数据。

用餐时间的空值无法从系统中恢复时，保留空值。

4. 处理异常值

应付账款、消费人数是否为负值。如果是，查看系统记录进行修正，无法从系统中恢复时，可采用处理缺失值的方法。

检查用餐结束时间是否早于开始时间，如果是，查看系统记录进行修正，无法从系统中恢复时，删除用餐时间，保留空值。

5. 数据去重

通过订单编号检查重复记录，并删除。

6. 增加字段

增加菜品数量列（dishes_count）并统计每单点菜数量，以数字的形式记录。

增加用餐时长列（use_time）并计算每餐的用餐时长，以数字的形式记录。

7. 数据存储

原始文件采用 CSV 文件格式存储数据，处理完成后的数据也需要以 CSV 文件的格式存储。

步骤3：输出数据处理规范文档

整合上述步骤的内容，编写数据处理规范草稿，并且组织评审，邀请其他团队成员和需求方进行评审，最终输出数据处理规范文档，指导完成数据处理任务。

某餐厅经营数据的处理规范

一、数据集描述

从数据库系统中提取某餐厅 8 月份的经营数据，提取的数据集以 CSV 文件格式存储，数据的基本字段信息包括 orderid（订单编号）、userid（用户编号）、username（用户姓名）、telephone（联系方式）、dining_table_id（餐桌序号）、number_consumers（消费人数）、dishes_list（菜品）、accounts_payable（应付账款）、use_start_time（用餐开始时间）、use_end_time（用餐结束时间）。

二、处理需求

1. 数据质量要求

敏感信息处理：去除数据中的敏感信息。

数据的完整性：无关键数据的缺失值，如消费金额、菜品等。

数据的一致性：数据格式统一，即消费金额需为浮点数类型（保留 2 位小数），日期需为日期类型。

数据的准确性：所有数据都在合理范围内，如用户年龄不能出现负数。

数据无重复：没有重复数据。

2. 其他数据处理需求

增加字段：需要增加一列，即菜品数量，统计每单点菜数量（不包括米饭）。

增加字段：需要增加一列，即用餐时长，统计每单的用餐时长，以分钟为计量单位。

三、数据处理流程

处理流程如图 6-12 所示。

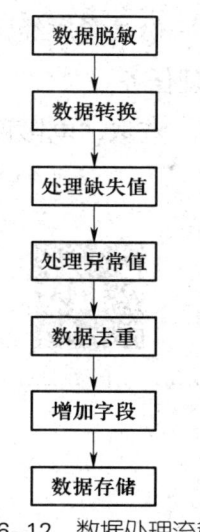

图 6-12 数据处理流程

四、数据处理方式和工具（见表6-3）

表6-3 数据处理方式

流程	处理方法
数据脱敏	删除数据中的用户姓名、联系方式
数据转换	所有日期转换为 YYYY/MM/DD HH:MM 的日期格式 菜品列表用 / 隔开 应付账款转换为浮点数类型，保留2位小数
处理缺失值	（1）空值数据尝试先从系统中恢复 （2）应付账款的空值无法从系统中恢复时，可通过计算菜品总价进行填充，或者通过消费人数乘以人均消费金额进行填充 （3）消费人数的空值无法从系统中恢复时，可通过应付账款除以人均消费金额进行填充 （4）用餐时间的空值无法从系统中恢复时，保留空值 （5）如果消费人数、菜品、应付账款都缺失，则删除这条数据
处理异常值	（1）应付账款、消费人数是否为负值。如果是，查看系统记录进行修正，无法从系统中恢复时，可采用处理缺失值的方法 （2）检查用餐结束时间是否早于开始时间，如果是，查看系统记录进行修正，无法从系统中恢复时，删除用餐时间，保留空值
数据去重	通过订单编号检查重复记录，并删除
增加字段	（1）增加菜品数量列（dishes_count），并统计每单点菜数量，以数字的形式记录 （2）增加用餐时长列（use_time），并计算每单的用餐时长，以数字的形式记录
数据存储	处理完成后的数据也需要以 CSV 文件的格式存储

使用 Python 进行数据处理，处理过程代码需要保留并与数据一起进行交付。

基于以上任务步骤，完成了一份某餐厅经营数据的处理规范文档，后续技术人员可以根据此规范完成数据处理任务。

请使用手机微信扫描二维码，获取"电影评价数据处理规范"任务实践步骤和练习题。

培训课程 2 数据处理方法优化

本培训课程将围绕业务数据处理领域中的业务数据采集流程优化和业务数据处理流程优化两个学习单元展开。在学习过程中,将以业务数据处理方法优化项目为载体,学习者以数据处理员身份,进一步深入学习业务数据采集和处理知识,对业务数据采集和处理项目的流程提出优化建议,达到四级人工智能训练师所需的知识要求和技能要求。

学习单元1 业务数据采集流程优化

情景描述

经过业务数据质量检测项目的实践洗礼,小北对数据处理和质量控制有了更为深刻的认识。在编制数据采集规范过程中,小北收到了需求方提出的对数据采集的需求与建议,要求在原有采集内容、采集方法和存储方式上进行调整和优化。他将在熟悉数据采集流程优化步骤后,针对两项采集规范进行优化:一是优化气象数据(结构化数据)的采集规范,二是优化交通标志(非结构化数据)的采集规范。

好的数据采集流程优化方案对于企业的运营和发展有着至关重要的作用。通过优化数据采集流程,企业可以更好地掌握市场和客户需求,提高生产效率、降

低成本、提高产品质量和客户满意度,增强企业的竞争力和市场占有率。同时,优化数据采集流程也可以更好地支持企业的业务决策,提供更深入的洞察和可操作性建议,帮助企业做出更明智、更及时的决策。此外,优化数据采集流程还可以保护数据的隐私和安全性,避免数据遭泄露、篡改或损坏,确保数据的机密性和完整性。

一、设计数据采集流程优化方案的步骤

1. 明确采集目标

首先需要明确数据采集的目标,例如需要收集哪些数据、数据的用途是什么、数据采集的范围和规模等。这有助于为数据采集流程的优化提供明确的方向和目标。

2. 分析现有数据采集流程

对现有的数据采集流程进行全面分析,了解数据采集的流程、工具、技术、数据来源和格式等,找出存在的问题和瓶颈。这可以帮助确定优化方案的重点和方向。

3. 选择合适的工具

根据采集目标和分析结果,选择合适的数据采集工具。不同的数据采集工具具有不同的特点和适用场景,需要根据实际情况进行选择。例如,如果需要从网站上爬取数据,可以选择 Python 中的 BeautifulSoup、Selenium 等爬虫工具;如果需要从 API 接口获取数据,可以选择 Python 中的 requests 库等。

4. 确定采集方法

根据目标网站的结构和规律,确定合适的采集方法。常用的采集方法包括基于爬虫的采集、通过 API 接口进行的采集、CSV/Excel 文件导入等。需要根据网站的特性和需求选择最合适的方法。

5. 设计数据存储方案

确定采集到的数据如何存储和管理。常用的存储方式包括数据库、数据仓库、文件系统等。应根据数据的特性和业务需求选择最合适的存储方式,并建立相应的数据管理制度和规范。

6. 实施数据采集

根据设计好的方案,实施数据采集工作。在采集过程中需要注意数据的真实性和完整性,避免出现数据缺失或错误的情况。

7. 进行数据清洗和预处理

对采集到的数据进行清洗和预处理，例如去除重复数据、错误数据或无关数据，进行数据格式转换等。这可以提高数据的质量和可用性，为后续的数据分析和应用提供更可靠的基础。

8. 验证数据质量

对采集到的数据进行质量验证，例如对比不同数据源的数据、检查数据的完整性和准确性等。这有助于确保数据的可信度和可用性。

9. 建立数据安全保障机制

采取必要的安全措施和技术，例如数据加密、权限控制等，确保数据的机密性和完整性。这可以保护数据的安全性和隐私性，避免数据遭泄露或篡改。

10. 持续优化和改进

根据实际情况和业务需求的变化，持续对数据采集流程进行优化和改进，提高数据采集的效率和准确性。这可以帮助企业不断适应市场和业务需求的变化，增强企业的竞争力和可持续发展能力。

二、优化数据采集流程方案的作用

数据采集流程优化方案可以提高数据采集效率、提升数据质量、降低采集成本、增强数据安全性、促进业务决策和推动创新性发展。这些作用有助于企业提高运营效率、降低成本、增强竞争力、实现可持续发展。

1. 提高数据采集效率

通过优化数据采集流程，可以简化操作步骤、减少冗余环节，从而提高数据采集的效率。优化后的流程能够更快速地完成数据采集任务，减少人工操作时间和成本。

2. 提升数据质量

优化数据采集流程可以确保数据的准确性和完整性。通过对数据采集环节进行规范化和标准化，可以减少数据出现错误、缺失或重复的情况，提高数据的可信度和可用性。

3. 降低采集成本

减少不必要的操作和资源浪费，可以降低人力、物力和时间成本，实现更高效的资源利用。

4. 增强数据安全性

优化数据采集流程可以加强数据的安全性保障。通过采用加密技术、访问控制等安全措施，可以保护数据免受未经授权的访问、泄露或篡改，确保数据的机密性和完整性。

5. 促进业务决策

优化后的数据采集流程可以提供更及时、准确的数据支持，帮助企业做出更明智的业务决策。通过对数据的分析和挖掘，企业可以更好地了解市场趋势、客户需求和业务运营情况，从而制定更有效的策略。

6. 推动创新性发展

优化数据采集流程可以为企业提供更丰富、多样的数据源，为创新性发展提供动力。通过对数据的深度挖掘和利用，企业可以发现新的商机、改进产品和服务，提升竞争力。

优化气象数据（结构化数据）的采集规范

小北接到"气象数据的采集规范"任务时，需求方提出了更多的采集建议与需求，要求在原有的采集内容、采集方法与存储方式的基础上进行调整与优化。

分析需求方的反馈，然后对采集规范进行优化。任务流程如图6-13所示。

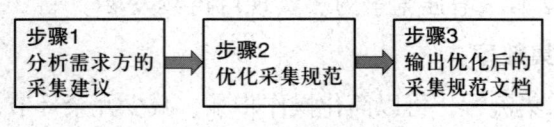

图6-13 任务流程图

步骤1：分析需求方的采集建议

采集实施方在与需求方（研究结构代表）沟通采集规范时，提出了一些优化建议，如下所示。

需求方（研究机构代表）：我们基于目前的数据采集规范进行了初步分析，现在希望对规范进行一些优化。首先，我们考虑补充数据维度。

实施方：明白了，目前数据采集主要集中在温度、湿度和降水量等方面。您希望添加哪些维度？

需求方：我们希望增加平均风速、主要风向和平均气压的数据。这些数据对于全面了解气候条件是非常重要的。

实施方：明白了。关于地理范围的细化，您有何建议？

需求方：目前的采集主要针对某市。但为了获取更全面、更精确的气象信息，我们需要将采集细化到该市的辖区，甚至可能细化到更小的地理单元。

实施方：好的，这有助于更细致地分析。那么关于数据来源，您有何新的考虑？

需求方：目前主要通过网络爬虫获取数据，但鉴于数据复杂度的增加，需要考虑使用更精准的采集方式。

实施方：好的，我们将探索这些新的数据来源。还有其他需要优化的吗？

需求方：另外我们需要记录如台风、暴雨、高温等特殊气象事件的数据。这类数据通常对分析非常重要，应单独记录和标记。

实施方：明白了。关于数据存储方式，您还是希望使用电子表格存储吗？

需求方：考虑到数据量和复杂度的增加，最好使用数据库来存储数据，这样可以更方便地进行复杂查询和分析。

阅读其对话内容，可以确定如表6-4所示的优化方向，包括拓展数据维度、细化地理范围、拓展数据来源、增加特殊事件数据、调整数据存储方式。

表6-4 数据采集优化方向列表

优化方向	原规范	优化建议
拓展数据维度	目前的规范主要集中在温度、湿度和降水量等方面	增加更多类型的气象数据：包括风速、主要风向、平均气压
细化地理范围	数据采集主要针对某市	需要以市辖区范围进行数据采集，以获取更全面、更精确的气象信息
拓展数据来源	主要通过网络爬虫来获取数据	因为数据的复杂度有所增加，除了网络爬虫，还可以考虑使用公开API、购买商业气象数据或与其他研究机构合作
增加特殊事件数据	没有提及	记录特殊气象事件，如台风、暴雨、高温等特殊气象事件的数据通常对分析非常重要，应单独记录和标记
调整数据存储方式	电子表格	考虑使用数据库来存储数据，以便进行复杂的查询和分析

步骤2：优化采集规范

（1）拓展数据维度，原有的采集规范中只采集了温度、湿度和降水量的数据，现在需要增加风速、风向、气压的数据，并进一步确认新增数据的格式。

1. 气象数据的采集范围

温度数据：每日最高、最低和平均气温。

湿度数据：每日最高、最低和平均湿度。

降水数据：每日最高、最低和平均降水量。

风速数据：每日平均风速。

风向数据：一天内出现最多次数的风向。

气压数据：每日平均气压。

2. 气象主要指标的数据类型

温度数据：采用浮点数，单位为℃。

湿度数据：采用百分比，单位为%。

降水数据：采用浮点数，单位为mm。

风速数据：采用浮点数，单位为m/s。

风向数据：使用字符串，如"北风""东北风"等。

气压数据：采用浮点数，单位为hPa（百帕）。

3. 时间周期的数据类型

采用日期类型。

（2）需要采集的数据包含各市辖区每天的气象数据，包含温度、湿度和降水量、风速、风向、气压，还需要存储台风、暴雨、高温等特殊气象事件的数据，针对这种复杂和多维度的气象数据，需要一个更精细化的数据库设计。可以采用更详细的关系数据库设计方案。数据库结构如下。

1. 地区表（Districts）

DistrictID：区域唯一标识符（primary key）。

DistrictName：区域名称（类型：字符串）。

2. 基础气象数据表（WeatherData）

WeatherDataID：唯一标识符（primary key）。

Date：日期（类型：日期）。

DistrictID：地区标识符（primary key，关联到Districts表中的DistrictID）。

Temperature_Max：最高温度（类型：浮点数；单位:℃）。

Temperature_Min：最低温度（类型：浮点数；单位:℃）。

Humidity_Max：最高湿度（类型：整数；单位：%）。

Humidity_Min：最低湿度（类型：整数；单位：%）。

Precipitation：降水量（类型：浮点数；单位：mm）。

WindSpeed：风速（类型：浮点数；单位：m/s）。

WindDirection：风向（类型：字符串）。

AirPressure：气压（类型：浮点数；单位：hPa）。

3. 特殊气象事件表（SpecialWeatherEvents）。

EventID：事件唯一标识符（primary key）。

EventType：事件类型（例如台风、暴雨、高温，类型：字符串）

StartDate：事件开始日期（类型：日期）。

EndDate：事件结束日期（类型：日期）。

DistrictID：影响的区县（foreign key，关联到 Districts 表的 DistrictID）。

Description：事件描述（类型：字符串，可选）。

数据库关系如下。

1. Districts 表中的 DistrictID 是主键。

2. WeatherData 和 SpecialWeatherEvents 表中的 DistrictID 是外键，与 Districts 表中的 DistrictID 相关联。

（3）数据的复杂度和颗粒度都有所增加，使用网络爬虫很难采集到精细且准确的数据，因此需要考虑其他的采集方式，但这也表示采集成本可能会有所增加，需要结合实际情况来考虑。

1. 使用公开 API

优点：通常更新更快，数据更全面和准确。

操作建议：找到提供气象数据的可靠 API，了解其使用限制和成本，然后根据需求进行集成。可能需要与 API 提供方建立合作关系。

2. 购买商业气象数据

优点：数据通常更为准确和全面，而且可能包括一些难以公开获取的信息。

操作建议：联系商业数据供应商，了解他们提供的数据类型、质量、价格和更新频率等，再根据预算和需求进行选择。

3. 与其他研究机构合作

优点：可以获得更专业、更细致的数据，还有机会与专家进行交流。

操作建议：找到与自己研究方向相关的研究机构或高校，探讨合作可能性，包括数据分享、联合研究等。

步骤3：输出优化后的采集规范文档

气象数据的采集规范

一、采集目的

采集近5年某市各辖区气象数据，用于了解和分析各辖区的气候趋势和变化，以便于更好地进行科学研究。

二、采集范围

某市近5年的气象数据如下。

温度数据：每日最高、最低和平均气温。

湿度数据：每日最高、最低和平均湿度。

降水数据：每日最高、最低和平均降水量。

风速数据：每日平均风速。

风向数据：一天内出现最多次数的风向。

气压数据：每日平均气压。

三、数据类型

温度数据：采用浮点数，单位为℃。

湿度数据：采用百分比，单位为%。

降水数据：采用浮点数，单位为mm。

风速数据：采用浮点数，单位为m/s。

风向数据：使用字符串，如"北风""东北风"等。

气压数据：采用浮点数，单位为hPa（百帕）。

时间周期：采用日期类型，如"年-月-日"。

四、采集方法

使用公开API、购买商业气象数据或者与相关机构合作。

五、数据存储方式

使用数据库存储数据，数据库结构参考实验步骤。

六、数据质量要求

1. 气象数据必须准确反映实际的气象条件，需提供数据来源。

2. 数据必须完整，没有遗漏的记录或字段。

3. 数据必须满足类型要求。

4. 数据必须受到适当的保护，防止未经授权的访问和使用，尽管气象数据通常不涉及个人隐私，但安全性仍然是重要的考虑因素。

七、采集周期

采集周期为1个月,完成后提供完整的数据库文件和数据来源信息。

整合上述步骤的内容,优化输出采集规范,指导采集员完成采集任务。

基于以上实验步骤,从多个方面优化了气象数据的数据采集规范文档,可以进一步与需求方沟通,完善此文档。

请使用手机微信扫描二维码,获取"优化交通标志识别的采集规范"任务实践步骤和练习题。

学习单元2　业务数据处理流程优化

按照公司的工作安排,小北在圆满完成数据处理规范的编制任务后,又迎来了新的挑战——根据需求方的宝贵意见与建议,对原有的数据处理流程进行全面优化,以进一步提高数据质量,并强化公司数据处理业务的响应能力。这不仅是对他专业技能的再次考验,更是对他创新思维和解决问题能力的检验。小北需要优化的数据处理任务主要涉及两个方面:一是优化某餐厅经营数据(结构化数据)处理方法,二是优化电影评价数据(非结构化数据)处理方法。在优化过程中,小北要始终坚持以客户需求为导向,将提升数据质量和处理效率作为核心目标。他通过与需求方进行深入沟通,准确把握了客户对数据处理的新期望和新要求,从而有针对性地优化了数据处理流程。

通过优化数据处理流程,企业可以更高效地处理大量数据,提高数据处理的

速度和准确性,从而更好地支持业务决策和数据分析。同时,优化数据处理流程可以降低成本、减少错误和损失、提高企业的生产效率和竞争力。此外,好的数据处理流程优化方案还可以提高数据的质量和可用性,为企业的数据分析和应用提供更可靠的基础,从而促进企业的创新性发展。总之,好的数据处理流程优化方案可以提高企业的运营效率、客户满意度和竞争力,为企业的可持续发展提供强有力的支持。

一、设计数据处理流程优化方案的步骤

1. 明确处理目标

首先需要明确数据处理的目标,例如需要处理哪些数据、数据的用途是什么、数据处理的范围和规模等。这有助于为数据处理流程的优化提供明确的方向和目标。

2. 分析现有数据处理流程

对现有的数据处理流程进行分析,了解数据处理的流程、工具、技术、数据来源和格式等,找出存在的问题和瓶颈。这可以帮助确定优化方案的重点和方向。

3. 选择合适的工具

根据处理目标和分析结果,选择适合的数据处理工具。不同的数据处理工具具有不同的特点和适用场景,需要根据实际情况进行选择。例如,如果需要处理大规模的数据,可以选择分布式计算工具(如 Hadoop 或 Spark);如果需要处理结构化数据,可以选择关系型数据库或数据仓库等。

4. 确定数据处理方法

根据数据的特性和业务需求,确定合适的数据处理方法。常用的数据处理方法包括数据清洗、数据转换、数据聚合、数据挖掘等。需要根据数据的特性和业务需求选择最合适的方法。

5. 设计数据存储方案

确定处理后的数据如何存储和管理。常用的存储方式包括数据库、数据仓库、文件系统等。需要根据数据的特性和业务需求选择最合适的存储方式,并建立相应的数据管理制度和规范。

6. 实施数据处理

根据设计好的方案,实施数据处理工作。在处理过程中需要注意数据的真实

性和完整性，避免出现数据缺失或错误的情况。

二、优化数据处理流程方案的作用

1. 提高数据处理效率

优化方案可以通过简化操作步骤、消除冗余环节，显著提高数据处理的效率，同时缩短了处理时间，使数据能够更快地得到分析和利用。

2. 提升数据质量

优化方案强调数据的准确性和完整性，通过清洗、验证和标准化处理，可以减少数据中的错误、不一致性和冗余，从而提高数据的质量和可靠性。

3. 降低成本

通过优化数据处理流程，企业可以减少不必要的人力、物力和时间成本。自动化和智能化的处理工具可以减少人工干预，降低错误率，从而实现成本效益的最大化。

4. 支持更好的业务决策

优化后的数据处理流程可以提供更准确、及时的数据洞察，使决策者能够根据可靠的信息做出明智的决策。这有助于企业发现市场趋势、识别业务机会并规避风险。

5. 增强数据安全性

优化方案通常包括加强数据的安全性和隐私保护措施，如加密、访问控制和审计跟踪。这可以保护企业数据免受未经授权的访问、泄露和篡改，维护数据的机密性和完整性。

优化某餐厅经营数据（结构化数据）处理方法

小北在对某餐厅的经营数据进行处理时，需求方根据实际情况对处理方法提出了建议，需要优化原有的处理规范。

分析需求方的反馈，然后对处理方法进行优化。任务流程如图6-14所示。

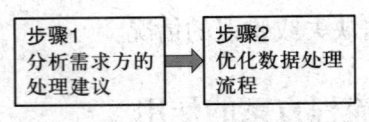

图 6-14 任务流程图

步骤 1：分析需求方的处理建议

需求方（餐厅管理者）提出了一些优化建议，如下所示。

需求方（餐厅管理者）：我们在评估当前的数据处理规范时，认为有必要进行一些优化，特别是在数据脱敏方面。

实施方：明白了，目前我们是通过删除用户姓名和联系方式来进行脱敏的。您有什么新的建议吗？

需求方：我们想保留这些信息，有没有更好的方式呢？

实施方：可否使用不可逆算法对这些敏感信息进行加密呢？这样既保护了用户隐私，又能在必要时用于分析和跟踪。

需求方：这个方法很好，可以按照这个思路实施。另外在统计菜品数量时，需要排除饮品。

实施方：好的。我们将对新增字段进行更加明确的定义，并确保统计时排除饮品。

需求方：对于无法恢复的缺失值，我们也不想删除这些数据，可能在某些分析场景下会用到。

实施方：我们会尽量去进行缺失值填充，如使用平均值和中位数，如果确有无法填充的缺失值，也会对其进行保留。看这种处理方式是否合适呢？

需求方：这个方法很好，我们有人均消费金额，也可以作为数据参考。

实施方：明白了，我们将尽快对采集规范进行优化。

阅读其对话，可以总结出优化数据处理的方向，包括数据脱敏、对新增字段进行更明确定义和数据缺失值的处理方法，见表 6-5。

表 6-5 数据处理优化方向列表

优化方向	原规范	优化建议
数据脱敏的方法	删除用户姓名和联系方式	使用不可逆算法对敏感信息进行加密
缺失值处理方法	如果消费人数、菜品、应付账款都缺失，也无法从系统恢复，则删除这条数据	对于无法恢复的缺失值，可考虑进行缺失值填充
明确增加字段的要求	增加了菜品数量列，并统计每单点菜数量，以数字的形式记录	对新增字段的定义应更加明确，统计菜品数量时明确不包括饮品

步骤 2：优化数据处理流程

（1）直接删除敏感信息会导致数据中的一部分信息丢失，这可能会影响某些数据分析、损害数据的完整性，因此需要采用一种不可逆加密方式对敏感信息进行加密。

通过与需求方进行沟通，建议使用哈希算法进行数据脱敏，可以保留数据的使用价值，并且不影响用户的隐私。

（2）填充缺失值可以保留数据记录，减少数据流失，并且每位顾客的消费记录除了应付账款外，还存在用餐时间、菜品等信息，因此不建议直接删除。

缺失值填充的方法如下。

若消费人数缺失，如果缺失值数量相对较小，并且数据分布近似正态分布，可以考虑使用均值填充。

若应付账款缺失，则使用消费人数乘以人均消费金额进行填充。

（3）根据提出的处理建议，进一步优化数据处理流程。

1. 数据脱敏

使用哈希算法或其他不可逆方法对敏感信息进行加密，包括姓名和电话号码。

2. 数据转换，使数据格式统一

（1）确保所有日期都是 YYYY/MM/DD HH：MM 的格式。

（2）菜品列表均用 / 隔开。

（3）确保应付账款为浮点数类型（保留 2 位小数）。

3. 处理缺失值，确保没有关键数据缺失

（1）如果消费人数、应付账款、菜品、用餐开始时间、用餐结束时间存在空值，首先尝试从原始数据或备份中恢复。

（2）如果应付账款的空值无法从系统中恢复，可通过计算菜品总价进行填充，或者通过消费人数乘以人均消费金额进行填充。

（3）如果消费人数的空值无法从系统中恢复，可通过应付账款除以人均消费金额进行填充，或者使用均值填充。

（4）用餐时间的空值无法从系统中恢复时，保留空值。

4. 处理异常值

（1）检查应付账款、消费人数是否为负值。如果发现为负值，则查看系统记录进行修正，无法从系统中恢复时，可采用处理缺失值的方法。

（2）检查用餐结束时间是否早于开始时间，如果是，则查看系统记录进行修正，无法从系统中恢复时，删除用餐时间，保留空值。

5. 数据去重

通过订单编号检查重复记录，如果订单编号完全一致，则删除重复数据。

6. 增加字段

增加菜品数量列（dishes_count），并统计每单点菜数量，以数字的形式记录，需要注意"饮品"不包含在菜品中。

7. 数据存储

原始文件采用 CSV 文件格式存储数据，处理完成后的数据也需存为 CSV 格式。

基于以上处理流程，主要优化了数据处理方法，可在实际处理过程中进行应用。

请使用手机微信扫描二维码，获取"优化电影评价数据处理方法"任务实践步骤和练习题。

参考文献

［1］周勇，杨倩，廖宁，等.数据采集与预处理［M］.西安：西安电子科技大学出版社，2022.

［2］孔祥维，王明征，胡祥培，等.非结构化数据分析与应用［M］.北京：高等教育出版社，2023.

［3］姜元春，付超，周开乐，等.大数据管理与应用概论［M］.北京：高等教育出版社，2023.

［4］马文豪，李翔宇.数据分析［M］.北京：中国铁道出版社，2023.

［5］安俊秀，唐聃，柳源，等.数据采集与预处理技术应用［M］.北京：机械工业出版社，2023.

［6］林子雨.数据采集与预处理［M］.北京：人民邮电出版社，2022.

［7］张丹珏.数据可视化与分析基础［M］.北京：中国铁道出版社，2022.

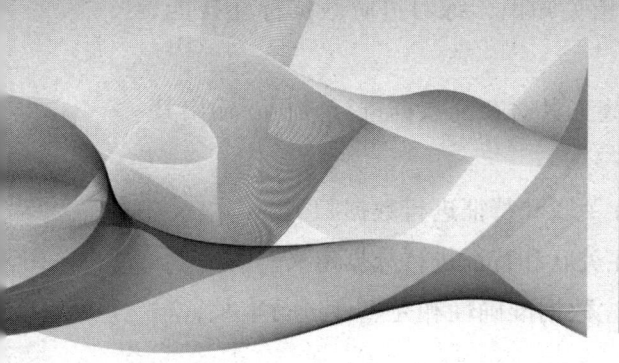

职业模块 7 数据标注

如今，数字经济已成为国际竞争的新高地。通过精准高效的数据标注，人们能够更好地挖掘和利用数据价值，提升数字产业的创新能力和核心竞争力。在本职业模块中，读者将进一步学习数据标注的相关知识，练习进阶数据标注技能，达到以下知识与技能要求。

1. 掌握数据聚类工具知识，能够运用这些工具对杂乱数据进行分析，输出其内在关联及特征。

2. 掌握数据归纳方法，能够根据数据内在关联和特征进行数据归类。

3. 掌握数据定义知识，能够根据数据内在关联和特征进行数据定义。

4. 掌握数据审核标准和方法，能够对标注数据准确性和完整性进行审核，输出审核报告。

5. 掌握数据审核工具的使用方法，能够利用这些工具对审核过程中发现的错误进行纠正。

6. 能够根据审核结果完成数据筛选。

培训课程 1 数据归类和定义

在本培训课程模块中,包含了数据聚类、数据归类和数据定义三个学习单元,全面涵盖了结构化数据归类和非结构化数据的处理技巧。学习内容以数据服务公司接到的数据归类和定义项目为载体,学习者以数据标注员身份,通过实际的数据归类和数据定义项目,深入掌握和应用所学知识。在完成对数据聚类、归类和定义的学习后,学习者将亲自动手对这些数据进行分析,实现数据聚类、归类和定义,达成中级人工智能训练师所需的数据归类和定义的知识要求和技能要求。

学习单元1 数据聚类

作为某公司的数据标注员,小京通过原始数据清洗与标注、标注后数据分析与统计等项目的锻炼,具备了岗位所需能力。为了激励员工、促进公司发展,公司决定将小京吸纳入公司数据标注核心业务团队。小京目前接到的数据聚类工作内容有三项:一是对某一学校所有学生的期中考试成绩(语文、数学、英语)进行分析,从而发现不同学生群体的差异,为学校优化教学策略提供决策依据;二是对包含野生珍贵鸟类的图片进行图像分割,以便鸟类保护协会更好地了解珍稀鸟类的外貌特征和行为习性,解决鸟类分类、保护和管理等问题;三是对不同主题和领域的新闻文本数据进行聚类分析,提取每个类别中的高频词,画出词云图,根据分析结果,更好地了解不同主题的新闻关注度和热点话题,帮助公众更好地了解社会动态和重要事件。无论是在教育领域帮助学生提高学习成绩,还是在生态保护领域助力珍稀鸟类的保护,或是在新闻传播领域提供有针对性的报道分析,数据聚类都发挥着不可或缺的作用,这让小京深刻意识到数据科学对当今社会的重要性。他将这种意识转化为实际行动,在学习数据聚类的相关知识后,高质量完成以上三项工作。

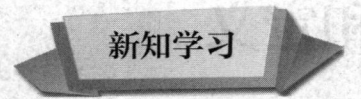

一、聚类的定义

聚类(clustering)是典型的一种无监督的机器学习方法,即事先不知道样本的类别,通过某种方法,把相似的样本放在一起归为一类。聚类算法是实现聚类分析的工具。例如,餐馆拥有大量顾客的消费数据,想对顾客进行分组,以提供更具针对性的优质服务,聚类算法会自行寻找关联,如根据用餐频率和总消费金额将顾客分组,把用餐的次数较多、用餐总花费较高的顾客分为一组,把用餐的次数较少、用餐总花费较低的顾客分为一组,把一次性消费的顾客分为一组,如图7-1所示。

> 聚类就是在输入多个数据时,将"相似"的数据分为一组的操作。1个组就叫作1个"簇"。下面的示例中每个点都代表1个数据,在平面上位置较为相近、被圈起来的点就代表一类相似的数据。也就是说,这些数据被分为了3个簇。

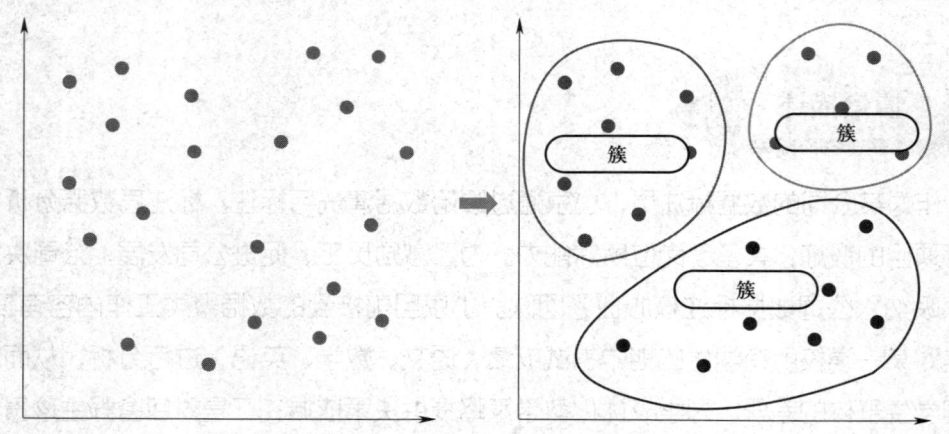

图7-1 聚类分析示意图

常见的聚类算法包括k-means聚类(k-means clustering)、高斯混合模型(gaussian mixture model,GMM)聚类、层次聚类(hierarchical clustering)、密度聚类(density clustering)、谱聚类(spectral clustering)。

二、k-means 聚类

k-means 聚类是一种基于距离的聚类算法，它认为类簇是由距离靠近的对象组成的，通过将样本分离到不同的方差相等的组中来对数据进行聚类，从而最小化目标函数。

k-means 算法也称为 k 均值聚类算法，由于其简洁和高效，成为所有聚类算法中使用最广泛的一种。k-means 算法的原理是：给定一个数据点集合和需要的聚类数目 k（k 由用户指定），k 均值聚类算法根据某个距离函数反复把数据分入 k 个聚类中。

三、高斯混合模型聚类

高斯混合模型聚类是一种基于高斯分布的聚类算法，它通过将数据集中的数据点视为随机变量，并使用期望最大化（expectation maximization，EM）算法来估计高斯分布的参数，从而将数据点分为不同的簇。

高斯混合模型聚类可以应用于许多不同领域，如图像处理、自然语言处理、异常检测。高斯混合模型聚类在人工智能领域，尤其是数据处理和分析方面，具有广泛的应用价值，可以帮助专业人士更有效地处理和分析复杂的数据集。

在图像处理中，高斯混合模型聚类可以用于图像分割、目标检测和识别等任务。例如，将图像中的像素分成几个簇，每个簇代表一种颜色或纹理，然后对图像进行分割或着色。

在自然语言处理中，高斯混合模型聚类可以用于文本分类、情感分析等任务。例如，将文本中的单词或句子分成几个簇，每个簇代表一种语义或情感，然后对文本进行分析和处理。

在异常检测中，高斯混合模型聚类可以用于异常检测任务，例如在金融欺诈检测、网络安全等应用场景中，通过将数据点分为正常和异常两个簇，可以检测出异常点并进行相应的处理，如图 7-2 所示。

四、层次聚类

层次聚类通过计算不同类别数据点间的相似度来创建一棵有层次的嵌套聚类树，不同类别的原始数据点是树的最底层，树的顶层是一个聚类的根节点。

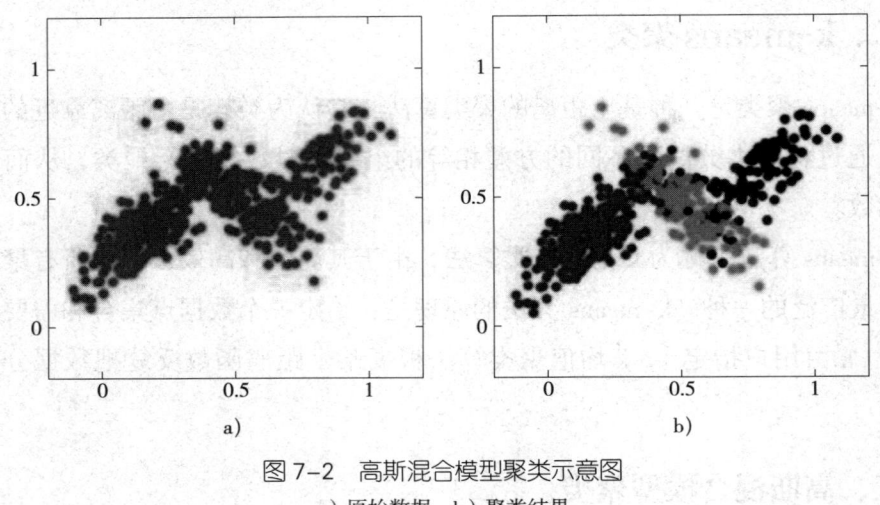

图 7-2 高斯混合模型聚类示意图
a）原始数据　b）聚类结果

层次聚类方法分为两类：自上而下和自下而上。自下而上的算法在一开始就将每个数据点视为一个单一的聚类，然后依次合并类，直到所有类合并成一个包含所有数据点的单一聚类。

按照分解或者汇聚原理的不同，层次聚类可以分为凝聚和分裂两种方法，如图 7-3 所示。

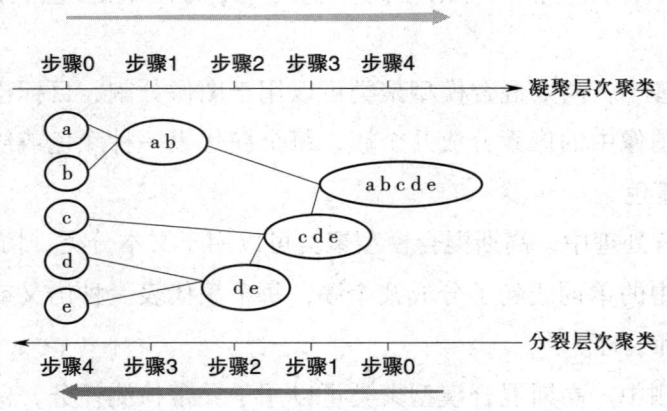

图 7-3 凝聚和分裂层次聚类

1. 凝聚层次聚类

凝聚层次聚类是一种自底向上的策略，首先将每个对象作为一个簇，然后合并这些原子簇为越来越大的簇，直到所有的对象都在一个簇中，或者某个终结条件被满足，绝大多数层次聚类方法属于这一类，它们只是在簇间相似度的定义上有所不同。

2. 分裂层次聚类

分裂层次聚类与凝聚层次聚类相反,采用自顶向下的策略,它首先将所有对象置于同一个簇中,然后逐渐细分为越来越小的簇,直到每个对象自成一簇,或者达到了某个终止条件。该种方法一般较少使用。

图像数据聚类

某互联网科技企业接到客户订单,需要对包含野生珍贵鸟类的图片进行图像分割,以便用户更好地了解珍稀鸟类的外貌特征和行为习性,解决鸟类分类、保护和管理等问题,任务流程如图 7-4 所示。

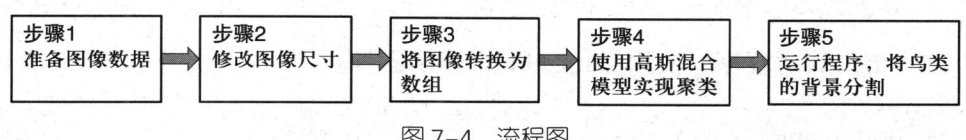

图 7-4 流程图

步骤 1:准备图像数据

从某鸟类数据集中选取一张钳嘴鹳的图片,存储在 imgdata 文件夹中,并将数据集拷贝至指定目录中。

(1)将数据文件复制到 d:\space\imgdata 文件夹下,如果没有此路径,则创建路径,如图 7-5 所示。

(2)打开 Jupyter Notebook,新建一个 Python3(ipykernel)文件,如图 7-6 所示。

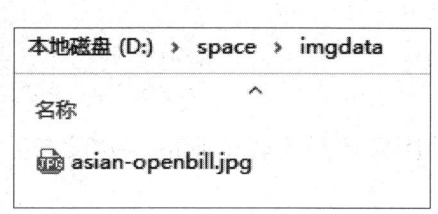

图 7-5 复制数据文件到指定路径

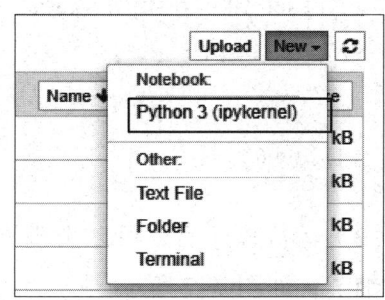

图 7-6 新建 Python3(ipykernel)文件

（3）在 Notebook 中导入 PIL 库，使用 image.open( ) 方法读取图像。

```
from PIL import image

# 读取图片
img = image.open('d:\\clusterdata\\imgdata\\asian-openbill.jpg')
```

步骤 2：修改图像尺寸

（1）在聚类之前，需要缩小图像尺寸（即图像的下采样），以降低数据点的数量，从而提高聚类的计算效率。

```
# 将图像缩减为原来的一半
original_size = img.size
new_size = (original_size[0] // 2, original_size[1] // 2)
img_resized = img.resize(new_size)
```

（2）继续编写程序，使用 matplotlib 来显示图像。

```
import matplotlib.pyplot as plt
# 显示原始图像和采样后的图像
fig, ax = plt.subplots(1, 2, figsize=(10, 5))
ax[0].imshow(img)
ax[0].set_title('original image')
ax[0].axis('off')

ax[1].imshow(img_resized)
ax[1].set_title('resized image')
ax[1].axis('off')

plt.show( )
```

（3）运行程序后，可以发现缩小尺寸后的图像还是比较清晰的，并没有丢失太多细节，如图 7-7 所示。

图 7-7　缩小图像尺寸图与原图对比

步骤 3：将图像转换为数组

（1）图像聚类是将图像的每个像素点作为特征点进行聚类，通过找出相似的区域实现图像分割。因此需要将图像重塑为二维数组，其中每一行是一个像素，每一列是一个颜色通道。

```python
import numpy as np
# 将图像转换为 numpy 数组
img_array = np.array(img_resized)
# 获取图像的形状（高度、宽度和颜色通道数）
height, width, channels = img_array.shape
# 将图像数组重塑为二维数组，其中每一行是一个像素，每一列是一个颜色通道
pixels = img_array.reshape(-1, channels)
# 输出二维数组
print(pixels)
# 输出二维数组的大小
print(pixels.shape)
```

（2）运行程序，输出二维数组与二维数组的大小，从二维数据的大小可以看出，共 98 880 个像素点，每个像素点包含三个颜色通道，如图 7-8 所示。

```
[[115 115 117]
 [116 116 118]
 [117 117 119]
 ...
 [119 136   8]
 [118 137  10]
 [112 132   8]]
(98880, 3)
```

图 7-8 二维数组结果图

步骤 4：使用高斯混合模型实现聚类

高斯混合模型（GMM）聚类是常见的聚类方法，GMM 可以模拟椭圆形或更复杂形状的聚类。与 k-means 这样的简单方法相比，GMM 更充分地考虑了像素之间的关系，因为它考虑了数据的整体分布。

（1）创建高斯混合模型，设置聚类数量为 2，并实现聚类。

```
from sklearn.mixture import gaussianmixture
import numpy as np

# 创建高斯混合模型，设置聚类数量为 2
gmm = GaussianMixture(n_components=2)

# 使用像素数据训练高斯混合模型
gmm.fit(pixels)

# 预测每个像素的聚类标签
labels = gmm.predict(pixels)

# 计算每个聚类的平均颜色
average_colors = np.zeros((2, 3))
for i in range(2):
    average_colors[i] = np.mean(pixels[labels == i], axis=0)

# 使用平均颜色替换每个像素的颜色
```

```
segmented_pixels = np.zeros_like(pixels)
for i in range(2):
    segmented_pixels[labels == i] = average_colors[i]

# 将分割后的像素数组重塑回原来的图像形状
segmented_img = segmented_pixels.reshape(height, width, channels)

# 将数据类型转换回 uint8（0~255 的整数），因为图像库需要这种类型
segmented_img = segmented_img.astype(np.uint8)

# 创建图像对象
segmented_img = Image.fromarray(segmented_img)
```

（2）接下来使用 matplotlib 实现绘图，绘制出图像分割后的效果。

```
# 展示原图和分割后的图像
fig, ax = plt.subplots(1, 2, figsize=(10, 5))
ax[0].imshow(img_resized)
ax[0].set_title('original image')
ax[0].axis('off')

ax[1].imshow(segmented_img)
ax[1].set_title('segmented image')
ax[1].axis('off')

plt.show()
```

步骤 5：运行程序，将鸟类和背景分割

运行代码，观察原图与分割后的图像可发现，水面背景和岩石、鹳和草地前景已经被分割开了，如图 7-9 所示。可以进一步将聚类数量修改为 3，重新运行聚类程序，并绘制出分割后的图像，观察聚类效果。

图 7-9 原图与分割后的图像

请使用手机微信扫描二维码,获取"文本数据聚类分析"和"学生考试成绩的聚类分析"任务实践步骤,以及练习题。

学习单元 2　数 据 归 类

数据归类的基本原理是基于特征的相似性,将新的对象或数据点分配到已知的类别中,在归类过程中,人们通常将数据集中的每个数据点视为一个对象,并根据其特征来决定将其归类到哪个类别中。

小张是某互联网科技企业的一名负责数据归类的员工,他的主要工作内容有三项:一是对某银行用户贷款申请作出智能决策,预测贷款申请者是否有偿还能力,将每个申请者归类为"能通过贷款申请"或"不能通过贷款申请",由银行提供用户贷款申请数据集用于模型训练;二是对从视频中采集的一批图像进行自动智能归类识别,帮助自动驾驶车辆做出正确的决策;三是对网上已下载的文本数据进行自动分类并打上标签,为自动识别评论文本类别做准备。由客户提供图像数据集和新闻文本数据集。这三项归类工作难度系数不同,小张需要根据不同需求完成。

一、归类

数据归类是指将数据按照其共有的特征、属性、性质或者预定义的标准进行整理和组织的过程,将相似或相关联的数据集合在一起,如图 7-10 所示。这个过程相对灵活,可以基于多种维度进行,如数据的类型(如结构化、半结构化、非结构化)、来源(内部生成、外部获取)、用途(运营数据、客户数据、财务数据)、敏感程度(公开、内部使用、机密)等。

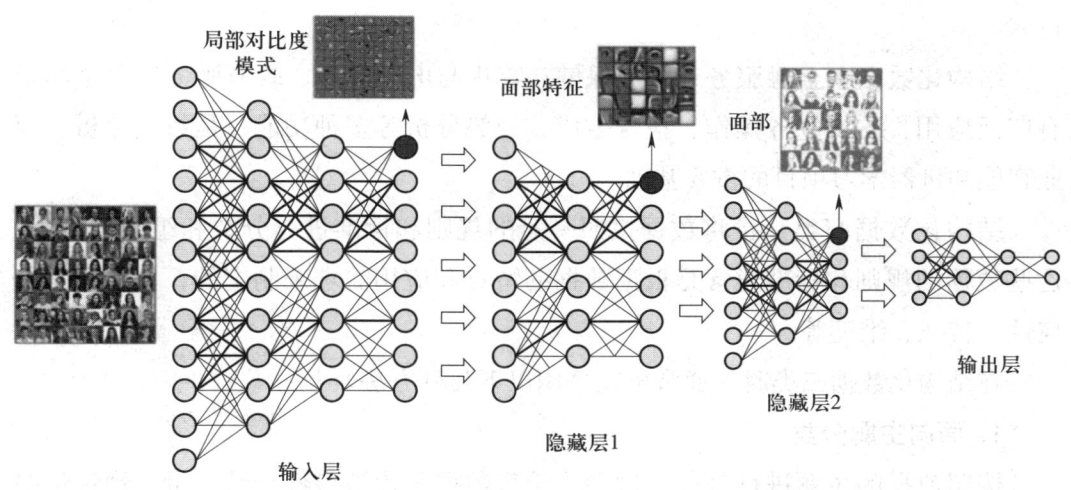

图 7-10 数据归类过程图

数据归类的目的是提高数据的可管理性、查找效率和利用率,确保数据在存储、处理、分析及分发时能够被快速定位和正确处理。它作为数据管理的基础步骤,有助于使用者构建清晰的数据架构,支撑数据治理、数据安全及合规活动,同时也是数据分析和决策支持的前提条件之一。

归类算法通常包括以下步骤。

1. 数据预处理:对数据进行清洗、转换和标准化处理,以便于进行分类。
2. 特征提取:从数据中提取能够代表数据点属性和特点的有用特征。

3. 建立分类器：根据特征和已知的分类标签训练一个分类器，如决策树、神经网络等。

4. 分类预测：使用训练好的分类器对新的数据点进行分类预测，即将新的数据点归入正确的类别中。

二、结构化数据归类

结构化数据是指具有固定格式或标准化布局的数据，它遵循预定义的模式，使信息能够方便地在关系型数据库中组织、存储、访问和处理。这类数据通常以表格形式存在，其中每一行代表一个数据记录，每一列则定义了数据的特定属性或字段，如姓名、年龄、地址等。由于其规则性和一致性，结构化数据容易被计算机程序自动解析和操作，适用于使用SQL等结构化查询语言进行高效搜索、排序、筛选和分析。

结构化数据的例子包括关系型数据库中的客户信息、订单详情、产品目录。

结构化数据在金融服务、医疗保健、零售与电子商务、政府服务等多个场景有广泛应用，支持业务操作、报告生成、趋势分析等多种功能，是数据分析、商业智能和机器学习项目的重要基础。

结构化数据归类是指将数据按照一定的规则和标准进行分类和组织的过程。这些数据的规则和标准通常是根据数据的特点和应用需求来制定的，例如数据的属性、特征、维度等。

在结构化数据归类时，通常可以采用以下几种方法。

1. 面向主题分类

按照数据的主题进行分类，例如将销售数据分为销售额、销售量、销售价格等类别。

2. 面向数据类型分类

按照数据的类型进行分类，例如将数据分为整数、浮点数、字符串、日期等类别。

3. 面向应用分类

按照数据的应用进行分类，例如将数据分为客户数据、订单数据、库存数据等类别。

三、图像数据归类

图像数据归类是指根据图像的内容和特征,将其划分到预定义的类别中的过程,这个过程涉及对图像进行特征提取和分析以及使用分类算法将提取的特征映射到预定义的类别。图像分类是计算机视觉领域的一项基本任务,也是许多高层次视觉任务的基础。它可以应用于许多实际应用中,例如人脸识别、手写数字识别、车辆识别、遥感图像分类等。

根据不同的技术手段和处理层次,图像分类方法包括以下几种:基于特征的手工方法、深度学习方法、基于对象的分类方法、多尺度和多模型融合、弱监督和无监督学习方法、元学习和增量学习。

图像数据归类包括以下几个方面。

1. 图像预处理

图像预处理是图像分类前的关键步骤,它包括对图像进行裁剪、缩放、旋转、灰度化等操作,以增强图像的可用性和适应性。此外,还需要进行图像去噪、平滑等操作,以减少图像中的噪声和干扰。

2. 特征提取

特征提取的目的是从图像中提取出有用的特征,以便于分类器进行分类。常用的特征提取方法包括基于传统机器学习的 sift、hog 等特征提取方法,以及基于深度学习的卷积神经网络(convolutional neural networks,CNN)特征提取方法。

3. 分类器选择

分类器的选择是图像分类的关键步骤。

常用的分类器包括如下两种。

(1)基于传统机器学习方法的分类器:支持向量机(support vector machine,SVM)、k-近邻(k-nearest neighbor,k-NN)、决策树(decision tree)和随机森林(random forests)、朴素贝叶斯(naive Bayes)。

(2)基于深度学习方法的分类器卷积神经网络等。

这些分类器在不同的应用场景中各有优势,选择合适的分类器通常取决于具体任务的需求、数据量大小以及计算资源的限制。对于不同的应用场景和数据特征,需要选择不同的分类器以获得最佳的分类效果。

4. 模型训练和评估

在图像分类中,需要使用已标注的图像数据集训练分类器,然后使用未标注的图像数据集对分类器进行评估。评估指标包括准确率、精度、召回率等。

5. 数据增强

数据增强是一种常用的技术,通过增加数据集中的样本数量和多样性来提高模型的泛化能力和准确性。在图像分类中,可以使用数据增强来增加图像的数量和多样性,例如随机裁剪、旋转、缩放等操作。

四、文本数据归类

文本数据归类是指将文本数据根据其主题或特征进行分类的过程。它是自然语言处理领域的一项基本任务,也是许多高层次文本分析任务的基础。

文本数据归类包括以下几个步骤。

1. 数据预处理

数据预处理是文本分类前的关键步骤,它包括去除无关字符、停用词、标点符号等操作,以去除噪声和冗余信息。此外,还需要处理缺失值、进行数据清洗和去重等操作,以保证数据的准确性和完整性。

2. 特征提取

特征提取的目的是从文本中提取出有用的特征,以便于机器学习算法进行分类。常用的特征提取方法包括基于词袋模型的 tf-idf 算法、基于深度学习的词向量表示等。

3. 分类器选择

分类器的选择是文本分类的关键步骤之一。常用的分类器包括决策树、朴素贝叶斯、支持向量机、神经网络等。对于不同的应用场景和数据特征,需要选择不同的分类器以获得最佳的分类效果。

4. 模型训练和评估

在文本分类中,需要使用已标注的文本数据集训练分类器,然后使用未标注的文本数据集对分类器进行评估。评估指标包括准确率、精度、召回率等。

5. 常用工具和库

常用的工具和库包括 Python 语言中的 scikit-learn、nltk、spacy 等库以及 Java 语言中的 stanford corenlp 等库。

五、SVM 算法

SVM（support vector machine，支持向量机）是一种常见的监督学习算法，用于进行二分类或多分类任务。它的主要思想是找到一个最优的超平面，将不同类别的样本分隔开，如图 7-11 所示。

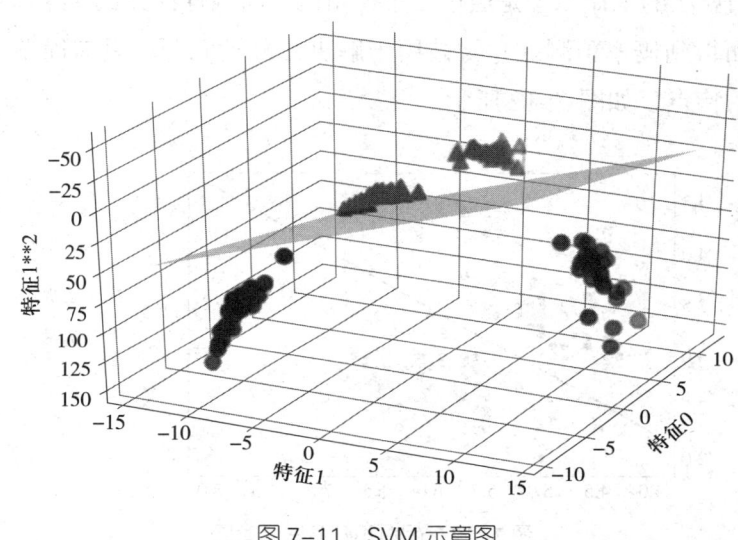

图 7-11 SVM 示意图

SVM 的基本原理包含以下几个方面。

1. 数据表示

SVM 将每个样本表示为特征向量，并将其映射到高维空间。在特征空间中，样本通过特征向量表示，每个特征表示一个维度。

2. 构建超平面

SVM 寻找一个最优的超平面，将不同类别的样本分开。超平面是比样本少一个维数的线性子空间。对于二分类任务，超平面可以将数据划分为两个类别；对于多分类任务，可以使用多个超平面进行分割。

3. 最大化间隔

SVM 的目标是找到一个能够最大化不同类别样本之间的间隔（即支持向量）的超平面。间隔是指离超平面最近的样本点到超平面的距离。

4. 核函数

当数据不是线性可分时，SVM 可以使用核函数将数据映射到更高维的特征空间，从而使数据线性可分。常用的核函数包括线性核、多项式核和高斯核等。

5. 模型训练和预测

SVM 通过最优化问题来训练模型，通常使用凸优化方法求解。训练完成后，可以对新样本进行分类预测。

六、逻辑回归算法

逻辑回归算法的工作原理是通过一个逻辑函数将线性回归的结果映射到（0，1）范围内，从而得到概率预测。它常被用于解决二分类问题，具有简单、可并行化、可解释性强的特点，如图 7-12 所示。

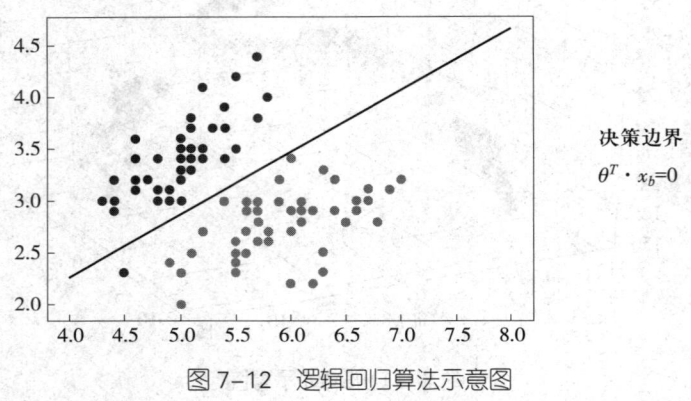

图 7-12　逻辑回归算法示意图

θ：定义分类规则的核心参数，控制决策边界形态。

x_b：包含原始特征与偏置项的扩展向量，用于线性组合计算。

T：实现向量转置，使 θ 和 x_b 的矩阵乘法合法化，从而计算线性组合值。

决策边界本质：$\theta^T \times x_b=0$ 是特征空间中正负类的概率分界线，其位置由 θ 的取值决定。

模型可解释性：通过 θ 的分量（θ_1，θ_2）可判断各特征对分类结果的贡献权重（如 $\theta_1>0$ 表示 x_1 越大，越倾向正类）。

逻辑回归算法的知识和技能要求如下。

1. 模型原理：了解逻辑回归算法的基本原理和数学模型。

2. 数据预处理：能够对数据进行清理、转换和特征提取等操作，为训练模型做好准备。

3. 模型训练：掌握如何使用逻辑回归算法对数据进行训练，得到模型的参数。

4. 模型评估：了解如何对训练好的模型进行评估，包括准确率、召回率、f1

值等指标的计算和使用方法。

5. 模型优化：掌握如何根据评估结果对模型进行优化，包括调整模型参数、增加或删除特征等步骤。

6. 正则化：了解如何使用正则化方法来防止过拟合问题，提高模型的泛化能力。

7. 模型解释性：由于逻辑回归是一种线性模型，因此它具有很好的解释性，应掌握如何解释模型的预测结果。

8. 并行化计算：了解如何利用并行化技术提高逻辑回归算法的计算效率。

9. 应用场景：了解逻辑回归算法在不同领域的应用场景，例如垃圾邮件识别、疾病预测等。

七、TF-IDF 算法

TF-IDF 算法的原理是基于字词在文档中出现的频率和字词在语料库中出现的总频率来计算加权值，这个加权值可以用来衡量字词对于文档集或语料库中某一文件的重要程度。

关于 TF-IDF 算法包含以下知识点。

1. TF：TF 即词频（term frequency），是字词在文档中出现的频率。它可以通过计算字词在文档中出现的次数除以文档的总词数来得到。

2. IDF：IDF 即逆向文档频率（inverse document frequency），是字词在语料库中出现的逆频率指数。IDF 的值与字词在语料库中出现的频率成反比，也就是说，字词在语料库中出现的频率越低，IDF 的值就越大。IDF 可以通过计算文档总数除以包含该字词的文档数再加上 1，然后取其对数得到。

3. TF-IDF 加权：通过将 TF 和 IDF 相乘，可以得到一个加权值，这个加权值可以用来表示字词对于文档或语料库中某一文件的重要程度。

图像数据归类

某互联网科技企业接到客户订单，对已采集的一批图像进行自动智能分类，帮助自动驾驶车辆做出正确的决策。任务流程如图 7-13 所示。

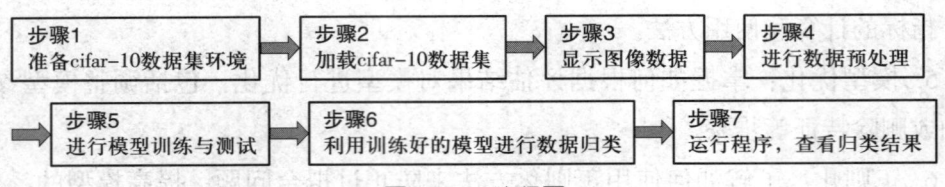

图7-13 流程图

步骤1：准备cifar-10数据集环境

（1）打开cifar-10数据集，观察数据集内容，cifar-10数据集的Python版本通常以pickle格式存储，并打包在多个文件中，如图7-14所示。data_batch_1、data_batch_2……data_batch_5是训练集的数据文件，每个文件包含10 000张图像和它们对应的标签。test_batch是测试集的数据文件，包含10 000张图像和它们对应的标签。

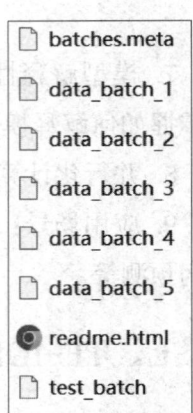

（2）将数据文件复制到D:\classificationdata文件夹下，如图7-15所示，若该目录不存在，则先创建它。

图7-14 cifar-10数据集

（3）打开Jupyter Notebook，新建一个Python3（ipykernel）文件，如图7-16所示。

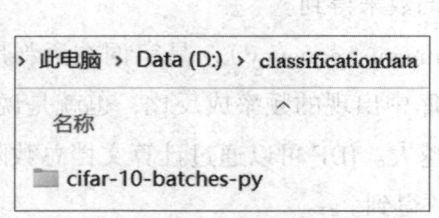

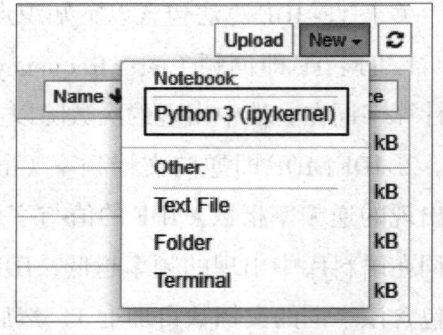

图7-15 复制数据文件到指定目录　　　　图7-16 新建Python3（ipykernel）文件

步骤2：加载cifar-10数据集

（1）首先需要导入相关的Python库。其中pickle库可用于加载保存为pickle格式的数据。

```
import pickle
import numpy as np
import os
```

（2）编写load_cifar_batch()函数，用于加载每一个单独的batch，包括data_

batch_1、data_batch_2……data_batch_5。

```
def load_cifar_batch(filename):
    with open(filename, 'rb') as f:
        # 加载 pickle 文件内容到一个字典变量
        datadict = pickle.load(f, encoding='latin1')
        # 从字典中提取图像数据和标签数据
        x = datadict['data']
        y = datadict['labels']
        # 重新调整图像数据的形状并转置,使其符合常规的图像格式
        x = x.reshape(10000, 3, 32, 32).transpose(0,2,3,1).astype("float")
        # 将标签列表转换为 numpy 数组
        y = np.array(y)
        return x, y
```

(3)编写 load_cifar10( ) 函数,用于加载所有数据,同时将每个单独的 batch 合并为一个训练集。

```
def load_cifar10(root):
    # 初始化空列表以存储多个批次的数据
    xs = [ ]
    ys = [ ]
    # 循环加载每一个批次的数据
    for b in range(1,6):
        f = os.path.join(root, 'data_batch_%d' % (b, ))
        x, y = load_cifar_batch(f)
        xs.append(x)
        ys.append(y)
    # 合并所有批次的数据
    xtr = np.concatenate(xs)
    ytr = np.concatenate(ys)
    # 删除临时变量以释放内存
    del x, y
```

```
# 加载测试集数据
xte, yte = load_cifar_batch(os.path.join(root, 'test_batch'))
return xtr, ytr, xte, yte
```

（4）调用编写好的函数，加载所有 cifar_10 数据集，并输出训练集和测试集的数量与尺寸。

```
cifar10_dir = 'd:\classificationdata \cifar-10-batches-py'
x_train, y_train, x_test, y_test = load_cifar10(cifar10_dir)

print(' 训练集数量与尺寸：', x_train.shape)
print(' 训练集标签数量：', y_train.shape)
print(' 测试集数量与尺寸：', x_test.shape)
print(' 测试集标签数量：', y_test.shape)
```

（5）运行程序，训练集共 50 000 张，测试集共 10 000 张，均为彩色图像，图像大小为 32 px × 32 px，如图 7-17 所示。

```
训练集数量与尺寸：  (50000, 32, 32, 3)
训练集标签数量：    (50000,)
测试集数量与尺寸：  (10000, 32, 32, 3)
测试集标签数量：    (10000,)
```

图 7-17 训练集和测试集的数量与尺寸结果

步骤 3：显示图像数据

（1）从训练集中选择图像，每个类别中随机选择 5 张，然后使用 matplotlib 库进行可视化显示。

```
import numpy as np
import matplotlib.pyplot as plt
%matplotlib inline
plt.figure(figsize=(8, 6))
# 图像类别
classes = ['plane', 'car', 'bird', 'cat', 'deer', 'dog', 'frog', 'horse', 'ship', 'truck']
num_classes = len(classes)
samples_per_class = 5
```

```
for y, cls in enumerate(classes):
    # 找出所有该类别 (y) 的训练样本索引
    idxs = np.flatnonzero(y_train == y)
    # 随机从训练集中选择图像
    idxs = np.random.choice(idxs, samples_per_class, replace=False )
    for i, idx in enumerate(idxs):
        plt_idx = i * num_classes + y + 1
        plt.subplot(samples_per_class, num_classes, plt_idx)
        plt.imshow(x_train[idx].astype('uint8'))
        plt.axis('off')
        if i == 0:
            plt.title(cls)
plt.show( )
```

（2）运行程序，可以看到每个类别输出了 5 张图像，均为彩色图像，大小一致，如图 7-18 所示。

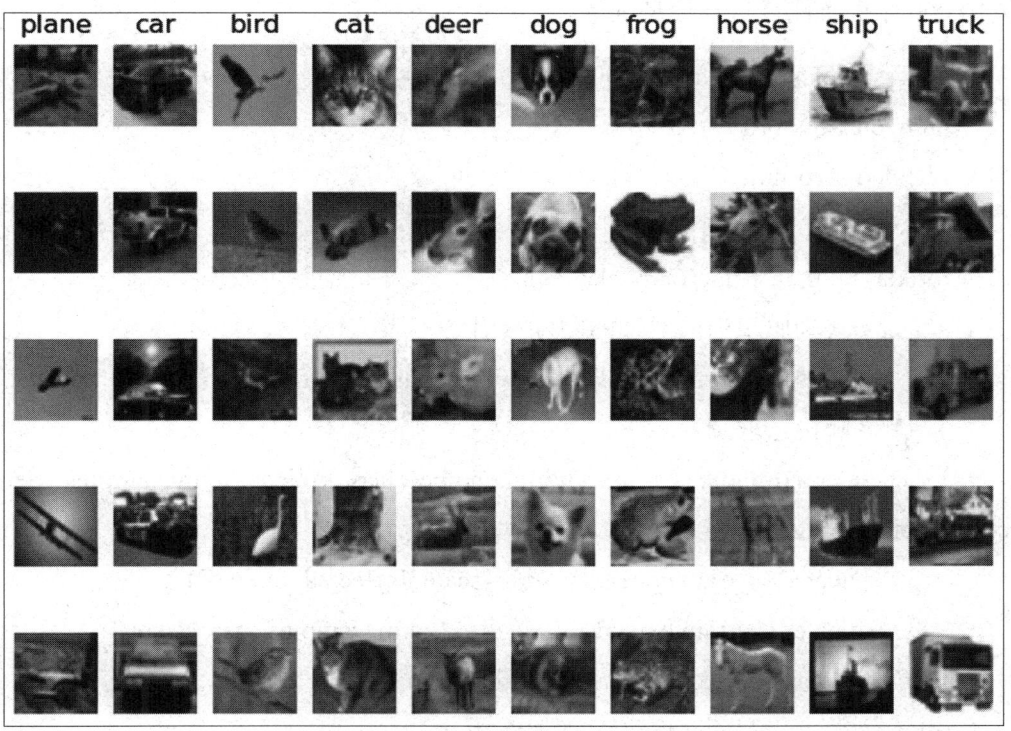

图 7-18　每个类别显示的图像结果

步骤4：进行数据预处理

（1）数据预处理的目的是让数据符合模型训练的要求。图像的原始形状是 32 px×32 px×3（高度、宽度和颜色通道），该形状是一个三维数组，需要将其转换为长度 3 072 px 的一维数据，即将图像数据集进行扁平化处理。

```
x_train_flat = x_train.reshape(x_train.shape[0], -1)
x_test_flat = x_test.reshape(x_test.shape[0], -1)
```

（2）接下来使用 StandardScaler 库进行数据标准化。在标准化过程中，数据会被重新缩放，使其均值为 0，标准差为 1。

```
from sklearn.preprocessing import StandardScaler
scaler = StandardScaler()
x_train_scaled = scaler.fit_transform(x_train_flat)
x_test_scaled = scaler.transform(x_test_flat)
```

步骤5：进行模型训练与测试

（1）为了节省训练时间，在这个任务中每个类别随机选取 1 000 张图像，共选取 10 000 张训练图像进行模型训练。

```
num_samples_per_class = 1000
num_classes = 10
selected_x_train = []
selected_y_train = []
for class_idx in range(num_classes):
    # 找到属于当前类别的图像索引
    class_indices = np.where(y_train == class_idx)[0]
    # 随机选取图片
    selected_indices = np.random.choice(class_indices, num_samples_per_class, replace=False)
    selected_x_train.append(x_train_scaled[selected_indices])
    selected_y_train.extend([class_idx] * num_samples_per_class)
selected_x_train = np.concatenate(selected_x_train, axis=0)
selected_y_train = np.array(selected_y_train)
```

（2）使用 scikit-learn 的 SVC（support vector classification）类来创建和训练一个支持向量机（SVM）模型，然后使用标准化后的训练数据和对应的标签来训练模型。由于需要模型处理的数据量较大，需要等待模型训练完成。

```
from sklearn.svm import svc
svm_model = svc(kernel='linear')
svm_model.fit(selected_x_train,selected_y_train)
```

（3）然后选取 1 000 张测试集图像进行模型测试，计算模型在测试集上的准确率。选择测试集的关键要点包括：①随机抽样，确保测试集样本随机选择，避免偏差；②代表性，涵盖所有类别，各类样本比例反映总体分布；③独立性，测试集与训练、验证集互斥，数据不能重复，确保泛化能力评估；④适当规模，大小满足统计有效性，依据数据总量调整比例；⑤一致预处理，测试集图像处理应与训练集相同；⑥时间隔离，对有序数据，测试集应避免未来信息泄露；⑦交叉验证，数据有限时采用，提高评估稳定性；⑧考虑领域特性，确保关键样本类型被充分包含。

```
#模型测试
test_accuracy = svm_model.score(x_test_scaled[:1000], y_test[:1000])
print(f"test accuracy: {test_accuracy}")
```

通过运行代码，可以观察模型测试的准确率。如模型准确率不高，一方面是训练集数量较少，另一方面是 SVM 模型没有通过调节超参、增加训练集数量和提高质量等方式进行修正。

步骤 6：利用训练好的模型进行数据归类

（1）将待分类的图像数据"test.jpg"放到 D:\classificationdata 文件夹下，加载待分类的图像数据，并进行标准化和扁平化处理。

```
import cv2
#加载待分类的图像
test_image_path = 'd:\\classificationdata\\test.jpg'
test_image = cv2.imread(test_image_path)
```

```
    test_image = cv2.cvtcolor(test_image, cv2.color_bgr2rgb)  # 转换为RGB颜色
空间
    test_image_resize = cv2.resize(test_image, (32, 32))  # 调整图像大小为 32 px×
32 px
    # 扁平化和标准化图像数据
    test_image_flat = test_image_resize.reshape(1, -1)
    test_image_std = (test_image_flat - np.mean(x_train_flat)) / np.std(x_train_flat)
```

（2）利用训练好的模型进行分类，并进行显示。

```
    import cv2
    # 使用训练好的 SVM 模型进行分类预测
    predicted_class = svm_model.predict(test_image_std)

    # 获取类别标签名称
    class_labels = ['airplane', 'automobile', 'bird', 'cat', 'deer', 'dog', 'frog', 'horse', 'ship', 'truck']
    predicted_label = class_labels[predicted_class[0]]

    # 打印结果
    print(" 图像的类别: ", predicted_label)

    # 显示图像
    plt.imshow(test_image)
    plt.title(" 图像类别: " + predicted_label)
    plt.axis('off')
    plt.show( )
```

步骤 7：运行程序，查看归类结果。

运行程序，查看图像归类结果，如图 7-19 所示。模型有可能会存在归类错误的情况，可以用调节超参、增加训练数据等方法进行改进。

图 7-19　归类结果显示

请使用手机微信扫描二维码，获取"文本数据归类"和"结构化数据归类"实践步骤，以及练习题。

学习单元3　数 据 定 义

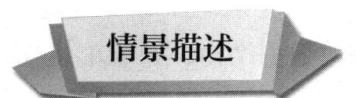

　　深入剖析数据之间的内在联系与特征，以精准定义数据，这不仅是一个技术性的综合过程，更体现了人工智能训练师科学、严谨、细致的探索态度。小京所在的数据标注部接到数据标注任务，要求根据三类数据的深层关系和特性来进行数据定义。一是对两张具体的，且在视觉上有一定相似性的图像数据进行特征提取和分析，希望能通过对颜色直方图、颜色分布的均匀性、梯度纹理和边缘信息等的分析，找出每张图像的独特特征、相似性和差异性，以便在图像查重领域应用此技术。二是需要对比两组具有相同采样率和时长的语音数据，通过对其振幅和频谱的分析，发现音频内在特征的差异，以便在语音甄别领域应用此技术。三是查找零售数据集的特征与内在联系，了解顾客的购买模式及商品间的关联性，通过分析顾客购买的商品组合，辅助零售商更精准地进行库存管理、商品推荐、优惠策略制定，进而提升销售额和顾客满意度。

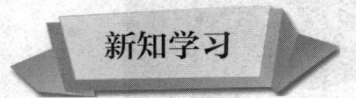

一、数据的定义

在数字化时代，数据已经成为企业最宝贵的资源之一。但是，数据的真正价值不仅在于其数量，还在于人们如何定义、解释和使用它。

数据定义是指对数据进行描述和规定的过程，包括对数据类型、长度、精度、格式等属性的定义。在数据库中，数据定义通常由数据字典（data dictionary）来管理和维护。

数据定义的目的是确保数据的一致性、完整性和可靠性，以方便用户使用和管理数据。通过数据定义，可以明确数据的结构和含义，避免数据冗余和错误，提高数据的可用性和可维护性。

以下列举了几种常见的数据定义方式。

1. 模式定义：通过数据模型来描述数据的结构、关系和约束条件，如实体-关系模型（ER模型）、层次模型、网状模型等。

2. 静态定义：通过数据字典或元数据来描述数据的属性、格式、长度、精度等信息，如表结构定义、字段定义等。

3. 动态定义：通过编程语言或工具来动态生成或修改数据结构，如SQL语句中的CREATE TABLE、ALTER TABLE等命令。

二、结构化数据定义

结构化数据，也被称为定量数据，是具有明确的预定义数据模型和一致顺序的数据。这种数据通常以表格形式呈现，其中的行和列都清楚地定义了数据属性。例如，关系型数据库中的数据就属于这种类型。

结构化数据的主要特点：使用关系型数据库表示和存储，可以用二维表结构逻辑表达来实现；数据以行为单位，一行数据表示一个实体的信息，每一行数据的属性都是相同的，存储在数据库中；能够用数字、符号等统一的数据或结构加以表示；能够用二维表结构逻辑表达来实现，包含属性和元组。结构化数据还广泛应用在各个领域，比如企业 ERP、财务系统、医疗 HIS（hospital information system，医院信息系统）数据库、教育一卡通、政府行政审批等核心数据库中。

结构化数据定义要求能发现数据内在的关联与特征，如挖掘结构化数据的重复模式、异常信息等，为业务或决策提供数据支持。

结构化数据与非结构化数据比较如图 7-20 所示。

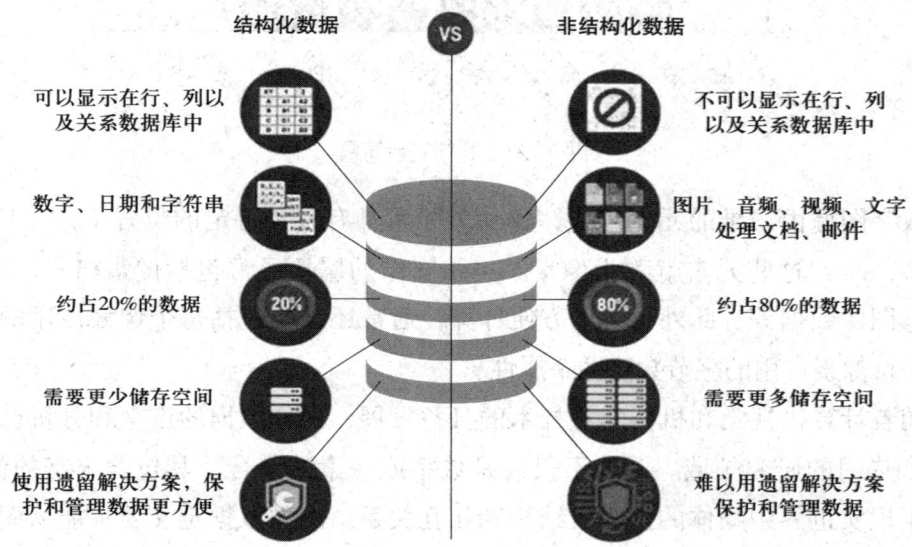

图 7-20　结构化数据与非结构化数据比较

三、直方图

直方图是一种用于展示数据分布情况的图表，它将数据分成若干个区间，然后统计每个区间中数据的个数或频率，最后将这些信息以条形图的形式呈现出来。

直方图可以帮助人们快速了解数据的分布情况，包括数据的中心趋势、分散程度、偏态性等特征，如图 7-21 所示。在实际应用中，直方图被广泛应用于质量控制、统计分析、机器学习等领域。

四、图像数据定义

图像数据为用数值表示的各像素（pixel）的灰度值的集合。图像一般由图像上每一点光的强弱和色彩信息来表示，将图像信息转换成数据信息时，需要将图像分解为很多小区域，这些小区域被称为像素，可以用一个数值来表示它的强度。

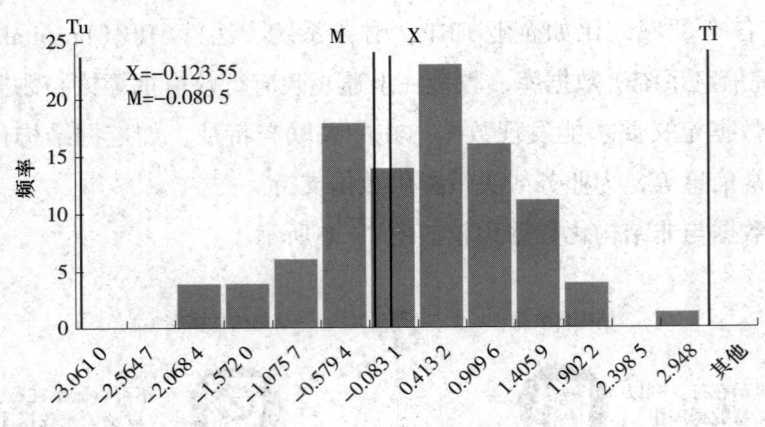

图 7-21 直方图示意图

数字图像由二维的元素组成,每一个元素具有一个特定的位置 (x, y) 和幅值 $f(x, y)$,这些元素就称为像素。一张图像的属性通常包括像素格式、宽度、高度、图像数据等。此外,为了方便计算,通常还需要包括每个像素占用的字节数和一行像素占用的字节数这两个属性。

随着计算机视觉和机器学习技术的日益发展,图像数据的定义和分析已经成为一个热门的研究领域。图像不仅仅是数字或像素的集合,其包含丰富的信息,反映了现实世界中物体的外观、结构和相互关系。图像数据定义要求能从图像中提取这些信息,发现图像内在的特征和结构。

五、熵

熵通常指的是信息熵(entropy),是信息论中的一个概念。信息熵主要用于衡量一个随机变量的不确定性或信息的混乱程度。如果一个随机变量的分布越混乱,则其熵就越大,如图 7-22 所示。

在机器学习和深度学习的训练过程中,熵常常被用作损失函数的一部分,以帮助模型更好地进行分类或完成回归任务。例如,在决策树算法中,熵被用来选择最优的特征进行分裂,以达到最大化信息增益的目的。

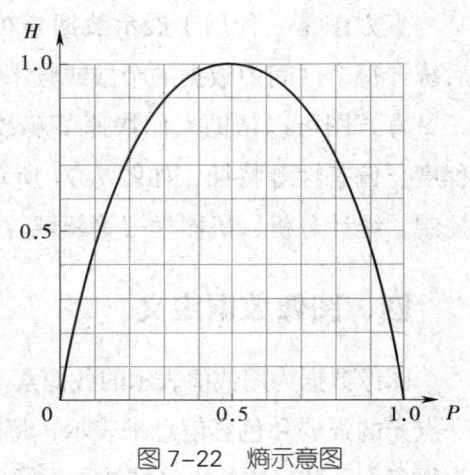

图 7-22 熵示意图

六、语音数据定义

语音数据是将人类语音信号转化为机器可读格式的数据,它包括各种来源的语音文件,例如 ST-CMDS 这个中文语音数据集,它包含 10 万余条语音文件,共计 100 余小时的语音数据,主要用于平时的网上语音聊天和智能语音控制语句的场景。

随着信息技术和数字化的飞速发展,音频和语音数据已经成为人们日常生活中不可或缺的一部分。语音数据定义是对音频信号的描述,涉及数据结构以及数据特征等方面。

七、频谱分析

频谱分析是一种将复杂信号分解为较简单信号的技术,许多物理信号均可以表示为不同频率的简单信号(见图 7-23),这种技术旨在找出一个信号在不同频率下的信息,如振幅、功率、强度或相位等。一般来说,频谱分析指的是将信号做傅里叶变换从而进行分析,最常用的是幅频谱。

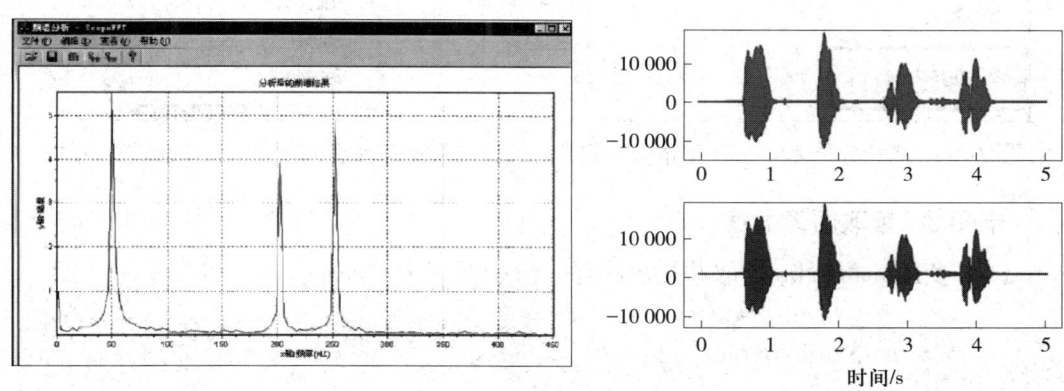

图 7-23 频谱分析示意图

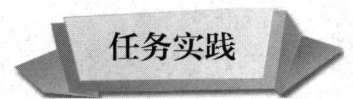

图像数据定义(图像特征深度对比分析)

某互联网科技企业接到客户订单,需要对两张具体的在视觉上有一定相似性的图像数据进行特征提取和分析,希望能对颜色直方图、颜色分布的均匀性、梯度纹理和边缘信息等进行分析，找出每张图像的独特特征、相似性和差异性。任务流程如图7-24所示。

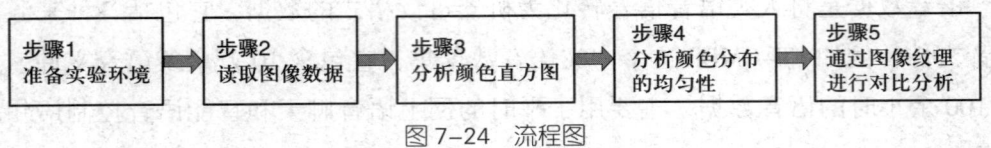

图7-24 流程图

步骤1：准备实验环境

（1）将数据文件复制到d：\miningdata文件夹中，如果没有此路径，则创建路径，如图7-25所示。

（2）打开Jupyter Notebook，新建一个Python3（ipykernel）文件，如图7-26所示。

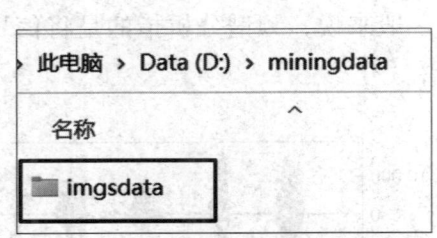

图7-25 复制数据文件到指定路径下

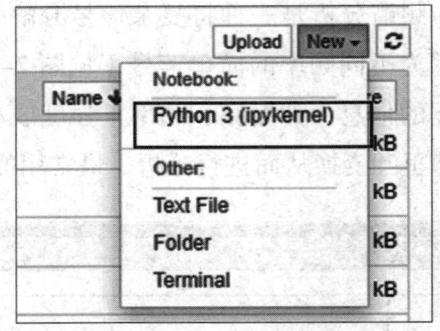

图7-26 新建Python3（ipykernel）文件

步骤2：读取图像数据

（1）使用matplotlib读取并显示图像，分别标记为"image 1"和"image 2"。

```
import matplotlib.pyplot as plt
import matplotlib.image as mpimg
# 设置中文字体
plt.rcparams['font.sans-serif'] = ['microsoft yahei']
# 加载图像
img1 = mpimg.imread('d:\\miningdata\\imgsdata\\n1.jpeg')
img2 = mpimg.imread('d:\\miningdata\\imgsdata\\n2.jpeg')
# 显示图像
```

```
fig, ax = plt.subplots(1, 2, figsize=(12, 6))
ax[0].imshow(img1)
ax[0].axis('off')
ax[0].set_title('image 1')
ax[1].imshow(img2)
ax[1].axis('off')
ax[1].set_title('image 2')
plt.show( )
```

(2)运行程序,查看两幅图像。两幅图像在图像构成上有一定的相似性,中间都有一只小狗作为主体,但小狗在图像中所占的比例和图像背景存在差异,如图7-27所示。

a)　　　　　　　　　　　　　　b)

图 7-27　使用 matplotlib 读取并显示图像

a) image 1　b) image 2

步骤 3:分析颜色直方图

(1)颜色直方图是一种用于分析图像中颜色分布的工具,它对图像数据具有重要的意义,可以帮助人们更好地理解图像的特性和内容。使用 numpy 中计算直方图的相关方法编写 compute_histogram 函数。

```
import numpy as np
def compute_histogram(img, bins=30):
    #计算不同颜色通道的直方图
    hist_r, _ = np.histogram(img[:,:,0], bins=bins, range=(0, 256))
```

```
        hist_g, _ = np.histogram(img[:,:,1], bins=bins, range=(0, 256))
        hist_b, _ = np.histogram(img[:,:,2], bins=bins, range=(0, 256))
        return hist_r, hist_g, hist_b
```

（2）编写绘制直方图的 plot_histogram 函数，调用相关函数计算并绘制两张图像的直方图。

```
# 绘制直方图的函数
def plot_histogram(hist_r, hist_g, hist_b, ax, title):
    bins = np.arange(30) * 256 / 30  # assuming 30 bins
    ax.plot(bins, hist_r, color='red', label='r')
    ax.plot(bins, hist_g, color='green', label='g')
    ax.plot(bins, hist_b, color='blue', label='b')
    ax.legend(loc='upper right')
ax.set_title(title)
# 计算直方图
hist_r1, hist_g1, hist_b1 = compute_histogram(img1)
hist_r2, hist_g2, hist_b2 = compute_histogram(img2)
# 绘制直方图
fig, ax = plt.subplots(1, 2, figsize=(12, 6))
plot_histogram(hist_r1, hist_g1, hist_b1, ax[0], ' 颜色直方图 - image 1')
plot_histogram(hist_r2, hist_g2, hist_b2, ax[1], ' 颜色直方图 - image 2')
plt.show( )
```

（3）运行程序输出两幅图像的直方图，通过直方图，可以了解到图像的颜色分布和主要的颜色成分，如图7-28所示。

步骤4：分析颜色分布的均匀性

（1）颜色分布的均匀性可以通过计算颜色直方图的熵来得到，熵是一个衡量数据分布复杂性的指标。高熵值意味着颜色分布更加均匀，而低熵值意味着颜色分布较为集中。首先编写 compute_entropy( ) 函数计算单一通道的颜色直方图熵值。

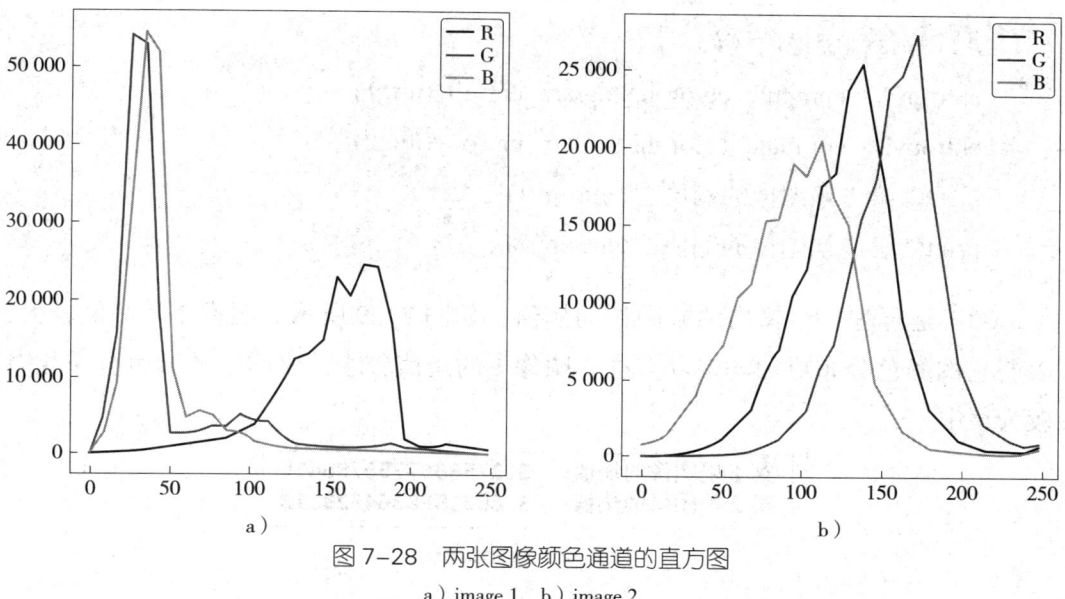

图 7-28 两张图像颜色通道的直方图
a) image 1　　b) image 2

```python
def compute_entropy(hist):
    # 归一化直方图
    hist_norm = hist / hist.sum()
    # 计算熵
    entropy = -np.sum(hist_norm * np.log2(hist_norm + 1e-10))  # add a small constant to avoid log(0)
    return entropy
```

（2）然后编写 compute_color_histogram_entropy( ) 函数计算每幅图像在 3 个颜色通道上的平均熵值，然后调用函数计算每张图像的熵值。

```python
def compute_color_histogram_entropy(image, bins=30):
    hist_r, hist_g, hist_b = compute_histogram(image, bins)
    entropy_r = compute_entropy(hist_r)
    entropy_g = compute_entropy(hist_g)
    entropy_b = compute_entropy(hist_b)
    # 计算平均熵值
    return (entropy_r + entropy_g + entropy_b) / 3
```

```
# 计算每幅图像的熵值
entropy1 = compute_color_histogram_entropy(img1)
entropy2 = compute_color_histogram_entropy(img2)
print(" 第 1 幅图像的熵值：",entropy1)
print(" 第 2 幅图像的熵值：",entropy2)
```

（3）运行程序，输出两幅图像的熵值，如图 7-29 所示。图像 2 的熵值较大，表明它的颜色分布更加均匀和多样；图像 1 的熵值较小，表明它的颜色分布相对较为集中。

```
第 1 幅图像的熵值：   3.2758367750788415
第 2 幅图像的熵值：   3.8631928364323116
```

图 7-29　输出熵值

步骤 5：通过图像纹理进行对比分析

（1）图像的纹理特征描述了图像中像素之间的局部和全局纹理信息，这些特征用于捕捉图像中的纹理模式、重复结构等信息。定义 compute_gradient( ) 函数，该函数使用 Sobel 算子来计算图像的水平和垂直梯度，并进一步合并这些梯度来计算图像的梯度幅度。

```
import cv2
def compute_gradient(image):
    gray = cv2.cvtColor(image, cv2.color_rgb2gray)
    grad_x = cv2.Sobel(gray, cv2.cv_64f, 1, 0, ksize=3)
    grad_y = cv2.Sobel(gray, cv2.cv_64f, 0, 1, ksize=3)
    magnitude = cv2.magnitude(grad_x, grad_y)
    return magnitude
```

（2）调用函数计算图像的梯度，使用 matplotlib 绘图，可视化梯度幅度，便于观察。

```
# 计算梯度
grad1 = compute_gradient(img1)
grad2 = compute_gradient(img2)
# 可视化
```

```
fig, ax = plt.subplots(1, 2, figsize=(12, 12))
ax[0].imshow(grad1, cmap='gray')
ax[0].set_title(' 梯度幅度 - image 1')
ax[0].axis('off')
ax[1].imshow(grad2, cmap='gray')
ax[1].set_title(' 梯度幅度 - image 2')
ax[1].axis('off')
plt.tight_layout( )
plt.show( )
```

（3）运行程序查看图像的梯度幅度信息，梯度幅值代表了图像中颜色变化的快慢，可以揭示图像的纹理特性。较亮的区域表示颜色变化较大的地方，通常对应到物体的边界或纹理的位置，如图 7-30 所示，两幅图像在梯度图中均展现出一些边界和纹理信息；直观上看图像 1 的梯度图较为平滑，而图像 2 则展现出更多的纹理和边界信息。

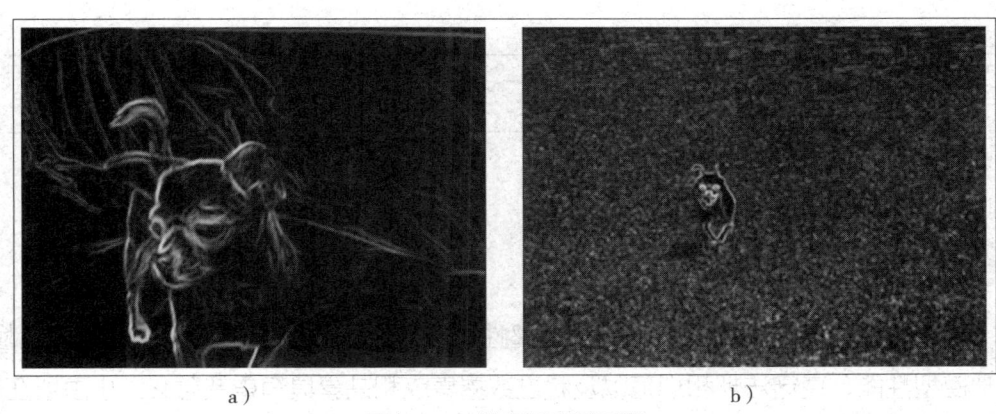

图 7-30　梯度幅度显示图
a）image 1　b）image 2

请使用手机微信扫描二维码，获取"语音数据定义（语音特征深度对比分析）"和"结构化数据定义（挖掘零售数据集的特征）"任务实践步骤，以及练习题。

培训课程 2　标注数据审核

在本培训课程模块中,包含了数据审核、数据纠错和数据筛选三大学习单元,全面覆盖了视觉、语音和文本数据的审核流程。为了让学习者能够更直观地理解和应用所学知识,本文以数据服务公司实际承接的数据审核项目为案例,让学习者以人工智能训练师的身份参与其中。学习者将通过实践操作,深入掌握数据审核的标准与方法,并熟练运用各种数据审核工具。在完成这一系列学习任务后,学习者能够独立完成数据审核、数据纠错和数据筛选工作。

学习单元1　数据审核

数据标注后进行的数据准确性和完整性审核对于保障数据质量、降低决策风险、提升模型性能、遵守法规和规范以及促进数据集成和共享具有重要意义。小京所在的数据标注部接到数据审核任务,要求从准确性和完整性两方面对前期完成标注的交通标志数据集、突发事件语料数据集、客服语音数据集进行数据审核。该数据审核数据量大,包含了标注后的视觉、语音和文本三类数据。面对大量的交通标志数据集、突发事件语料数据集以及客服语音数据集,小京和他的团队深知,每一项数据的准确性和完整性都直接关系到后续决策的科学性、模型预测的精准度。

一、视觉标注数据质检与反馈

对标注数据的质检十分重要,质检可确保数据准确性,提高模型训练质量,高质量标注数据是训练强大模型的基础,可有效提升人工智能应用性能。

本实验任务是对已完成的交通标志标注数据进行全样质检,发现错标、漏标、多标的问题,并对不合格的标注进行反馈。

1. 熟练使用 labelme 标注工具

标注工作通常需要对图像进行不同类别或属性的分类。通过 labelme,可以轻松创建分类文件夹,根据具体的数据集和标注任务的需求来定制文件夹结构。这种个性化的分类结构有助于更有效地组织数据,使得不同类别的图像能够被正确归类,从而提高标注的准确性和效率。

labelme 还提供了丰富的标注工具和功能,使用户能够精确绘制边界框、多边形,进行点标记等,以满足不同的标注任务需求。这些标注工具能帮助用户创建准确的标签,有助于后续的机器学习模型训练和数据分析。

熟练使用 labelme 标注工具可以更好地管理和标注视觉数据,为视觉处理任务提供强大的支持。通过合理的数据分类和高效的标注,可以更轻松地应对复杂的图像标注工作,并为后续的应用提供了便利和可靠性。

2. 完成交通标志标注数据的质检反馈报告

在视觉处理项目中,对交通标志标注数据进行质检反馈至关重要。这份标注数据是自动化驾驶系统的训练和改进所必需的,因此数据的质量和准确性至关重要。

为了确保数据的高质量,应创建分类文件夹来组织和管理标注数据,这个分类文件夹的结构是根据交通标志的类型、颜色和位置等关键特征进行定制的。这种分类方式有助于快速查找和检索相关数据,提高了数据处理的效率。

在质检过程中,应仔细审查每个标注任务的结果。发现标注可能存在的不一致或错误之处,如标志类型不匹配、颜色标注有误、位置不准确等。这些问题会影响自动化驾驶系统的性能和安全性。

分类文件夹的合理组织和详细的质检反馈，为自动化驾驶系统的进一步改进和训练提供了坚实的数据基础。这有助于提高系统的性能和安全性，实现更智能和可靠的自动驾驶技术。

3. 具备解决问题的能力

在视觉处理中，具备应对需求时解决问题的能力至关重要。该能力包括根据具体项目和应用场景的要求，创建合适的处理流程和工具。例如，通过建立适当的图像分类和存储文件夹结构，可以高效地组织和管理大量视觉数据。这种个性化的分类系统可根据不同项目的需求而定制，确保数据的可查找性和使用便捷性。这种实际问题解决能力不仅提高了工作效率，还为项目的顺利进行和数据分析提供了关键支持。

二、语音标注数据质检与反馈

本实验任务是对标注过程中的客服语音数据进行质检，发现错标、漏标、多标的问题，并对不合格的标注进行反馈。

1. 熟练使用 Praat 标注工具

熟练使用 Praat 标注工具，可以管理和处理语音数据，以更好地服务于后续的语音分析和研究。Praat 是一款强大的语音分析工具，用于声学分析、音素标注和语音特征提取等任务。合理的 Praat 标注方法和文件结构能够有效组织语音数据，提高标注效率，确保标注的一致性和准确性。这不仅使研究人员更轻松地访问和分析语音数据，还为语音处理项目的成功提供了坚实的基础。

2. 掌握实时质检的方法与流程，完成语音数据的质检

在语音处理中，掌握实时质检的方法与流程至关重要，只有这样，才能确保语音数据的高质量。实时质检可以通过建立清晰的流程来实现。首先，明确质检标准，包括语音的清晰度、流畅性和准确性等要素。接着，使用专业的语音质检工具，对语音数据进行逐一检查。如果发现错误或低质量的录音，及时标记并记录问题。最后，将经过实时质检的语音数据整理存档，确保高质量的数据被用于后续处理和分析。这种系统化的实时质检流程有助于提高语音数据的准确性和可用性。

3. 具备解决问题的能力

在语音处理项目中，具备应对需求时解决问题的能力至关重要，这包括根据项目要求制定合理的数据处理流程和分类方法。这种能力不仅提高了数据处理的

效率，还确保了数据的可用性和准确性。在复杂的语音处理项目中，问题解决能力可以为后续的数据分析和模型训练提供关键支持，确保项目顺利完成。

三、文本标注数据质检与反馈

质检可确保数据准确性，提高模型训练质量，高质量标注数据是训练强大模型的基础，可有效提升人工智能应用性能。

本任务是对中文新闻分类标注结果进行质检，采用多重抽样检验辅助实时检验方法，发现错标、漏标、多标的问题，并对不合格的标注进行反馈。

1. 掌握多重抽样检验辅助实时检验的方法与流程

可根据具体文本分析任务和数据集需求进行个性化定制。首先，建立适当的抽样框架，选择样本数据以代表整体文本数据。随后，利用多重抽样技术，如随机抽样、分层抽样或系统抽样，从大数据集中提取样本。接着，应用所选的多重抽样检验方法，如 bootstrap 或 monte carlo 模拟，对样本进行多次抽样，以获得置信区间和假设检验结果。最终，将这些结果用于实时文本分析，有助于更好地理解文本数据的特征和趋势，以支持决策和应用。这一流程可以有效提高文本数据处理的准确性和可信度。

2. 完成文本数据的多阶段质检

完成文本数据的多阶段质检是确保文本数据质量和可用性的关键步骤。这个过程涵盖了多个阶段，根据特定的文本数据集和应用场景进行定制。首先，文本数据需要进行收集和整理，然后通过自动化工具和手动审查，进行拼写检查、语法审查和一致性检查等质检步骤。接下来，数据可以根据主题、来源、时间等因素进行分类，以建立清晰的文件夹结构。这个分类文件夹结构能够提高文本数据的组织性，使其更易于查找和分析，为后续的文本挖掘和自然语言处理任务提供便捷和高效的数据支持。

3. 具备解决问题的能力

在实际项目中，文本数据可能来自不同渠道、格式和语言，具有多样性和复杂性。因此，创建适当的文本处理流程和分类文件夹结构至关重要。这需要根据项目需求定制文本数据的预处理、清洗、分词、特征提取等步骤，以满足具体的分析和应用目标，能够灵活运用自然语言处理工具、文本挖掘技术和机器学习算法，解决文本数据中的噪声、歧义和复杂性的问题，使其更易于理解和应用。这种实际问题解决能力为项目的成功实施提供了坚实的基础，支持了数据驱动的决策和创新。

视觉标注数据质检与反馈

小京需要对标注后的交通标志数据进行标注质量的检查与反馈，检查标注质量还会用到 labelme 软件，具体的工作流程如图 7-31 所示。

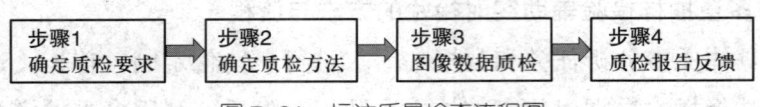

图 7-31 标注质量检查流程图

步骤 1：确定质检要求

（1）首先需要明确数据集的标识需求，该标注需求就是质检要求，见表 7-1。

表 7-1 交通标志标注指南

标注项目	交通标志图像检测
标注类型	图像区域标注
标注数据集描述	由摄像头拍摄公路交通标志图像，共 15 幅图像
待标注目标	需要使用矩形标注方法标注出标志位置
标注工具	labelme
标注属性	按照标志类型添加标志的标签
交付数据格式	labelme 导出的 JSON 格式
误差范围	质检合格率为 100%

1）标注范围说明如下。

①将图像中所有交通标志进行标注。

②标注框的位置要覆盖整个标志，但是不能过大，尽量做到刚好覆盖。

2）标注规则如下。

①标注方框大小合适。

②标注方框位置合适。

③目标被遮挡时也要标注。

④小目标也不能漏掉。

⑤人眼分不清是什么的不要标。

（2）阅读标注要求，从标注指南中梳理质检要求。

标注数据不能出现错标、漏标与多标的情况，可以整理出如下要求。

1）标注不能有漏标：图像中每一个交通标志都需要使用标注框标注，被遮挡目标以及小目标都需要标注。

2）标注不能有多标：人眼分不清是什么的不要标。

3）标注框的位置要合适：覆盖整个目标，大小、位置合适。

4）标注属性需要正确，不能错标：需要按照标志类型添加标志的标签，但在标注指南中并没有明确指出每个标注的标签名称，可与标注责任人沟通以确定每个标签的名称，如：停止（stop）、前方右急转弯（sharp_right_turn）、前方学校（school_ahead）、禁止掉头（no_u_turn）、前方左急转弯（sharp_left_turn）、前方危险提示（danger_warning）、限速30（speedlimit_30）、限速80（speedlimit_80）、人行道（crosswalk）、禁停（noparking）。

不满足上述要求的标注图像需要记录为不合格标注。

步骤2：确定质检方法

标注指南中要求质检合格率为100%，并且数据集的数量也不大，因此可以选择使用全样质检，即在所有数据标注完成后，逐条检查。

步骤3：图像数据质检

（1）因为标注时使用的是labelme标注工具，质检时也使用该工具。打开安装有labelme工具的虚拟环境，输入labelme启动标注软件，检查是否成功安装labelme标注工具。

（2）交通标志图像和标注好的数据存储在"roadsign"文件夹中，单击软件上"Open Dir"读取该文件夹中所有文件，labelme会自动加载图像与标注记录，如图7-32所示。

（3）单击"Next Image"逐条检查，如图7-33所示。如果图像出现任意一处漏标、错标、多标的情况，则记录该图像，标注为不合格，并详细记录每一个错误。在质检完成后需要计算质检合格率，用合格标注的图像数量占图像总数量的比例来计算。

图 7-32 打开文件夹

图 7-33 切换到下一幅图像

步骤 4：质检报告反馈

在质检完成时需要填写质检反馈报告。从表 7-2 所示的报告可以看出，质检合格率只有 67%，未达到要求的 100% 合格率。

表 7-2 质检反馈报告

质检反馈报告			
项目名称	交通标志图像检测	质检员	张三
数据总数量	15 幅图像	质检总数量	15 幅图像
质检工具	labelme	质检方法	全样质检
合格数据量	10 幅图像	不合格数据量	5
要求合格率	100%	质检合格率	67%
质检反馈			
图像名	质检反馈	截图	
road10.jpg	标签名称不正确。该标志的标签应为 sharp_right_turn，但实际标注为 sharpright_turn		
road14.jpg	标签名称不正确。该标志的标签应为 no_u_turn，但实际标注为 noparking		
road15.jpg	标签名称不正确。该标志的标签应为 danger_warning，但实际标注为 school_ahead		

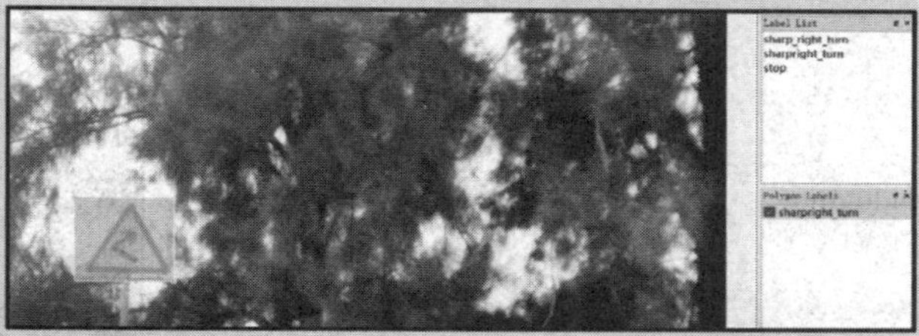

续表

图像名	质检反馈	截图
road2.png	标注框虽然覆盖了整个目标,但标注框过大	
road6.png	图像中左上角有人行道标志没有标注	

经过上述步骤,完成交通标志标注数据的全样质检,并填写了质检反馈单,可反馈给标注员进行纠错处理,以确保数据质量达到预期标准。

请使用手机微信扫描二维码,获取"语音标注数据质检与反馈"和"文本标注数据质检与反馈"任务实践步骤,以及练习题。

学习单元 2 数 据 纠 错

数据纠错对于确保数据质量、提升模型性能、节省资源和时间、增强模型可信度等方面具有重要意义。小京接到任务，要求在质检报告的基础上进行数据纠错，主要进行 3 项任务：一是对已标注的交通标志数据进行纠错处理；二是对已标注的语音转写数据进行纠错处理；三是对已标注的突发事件语料数据进行纠错处理。数据纠错工作，不仅关乎技术层面的精准度，更体现了对工作严谨性、责任心的追求。

一、视觉标注数据纠错处理

在前一学习单元中已经完成了对交通标志标注数据的质检工作，发现了一些标注问题，现阶段将继续对质检阶段反馈的标注问题进行纠正。

1. 阅读质检报告

视觉标注数据的质检过程始于详细审查质检报告。在这一步骤中，熟练使用视觉标注工具是关键，这样才能确保标注能够被准确理解。类似于 labelme 标注工具，通过创建分类文件夹，可以根据不同的标注任务需求定制文件夹结构，有助于组织和管理标注数据。

2. 进行数据纠错

在质检报告的基础上进行数据纠错是保证标注数据准确性的关键一步。通过进行合理的数据分类和使用高效的标注工具，可以更轻松地发现标注中可能存在的问题，如错标、漏标、多标等。在交通标志标注数据中，可能会发现标志类型不匹配、颜色标注有误、位置不准确等问题。解决这些问题需要对标注进行修正，以确保数据的一致性和准确性。

3. 进行数据验证

进行数据验证是确保标注数据质量的最后一步，这涉及对修正后的标注数据进行再次审查，以确认问题是否得到了有效解决。在实际项目中，具备解决问题的实际能力至关重要，例如，通过建立适当的图像分类和存储文件夹结构，确保数据的可查找性和使用便捷性。通过详细的质检反馈和纠错处理，可为后续视觉处理任务提供可靠的数据基础，有助于提高模型训练质量和应用性能。

二、语音标注数据纠错处理

在上一学习单元中对语音标志标注数据进行了实时质检，发现了一些标注问题，现阶段将继续对质检阶段反馈的标注问题进行纠正。

1. 阅读质检报告

在语音标注数据处理项目中，首要任务是仔细阅读质检报告，这份报告是确保语音标注数据准确性的基础，为后续的纠错和验证工作提供了指导。通过对报告进行仔细审查，可以发现可能存在的错标、漏标、多标等问题，为下一步的处理提供清晰的方向。

2. 进行数据纠错

在语音标注数据的处理中，纠错是关键步骤之一。在这一步骤中，人工智能训练师通过使用专门的工具或平台，对质检报告中指出的问题进行修正，这可能涉及更正标注中的语音内容、纠正语音标签的分类错误等。纠错过程需要高度专业的语音理解和标注技能，以确保修正后的数据准确可靠。

3. 进行数据验证

完成数据纠错后，进行数据验证是必不可少的。这一步的目的是确保纠错操作的有效性，通过再次审查标注数据，验证修正是否解决了问题。数据验证需要人工智能训练师具有细致入微的注意力，以确保标注数据的最终版本是准确、一致的。高质量的标注数据将为语音处理模型的训练和应用提供可靠的基础。

三、文本标注数据纠错处理

在上一学习单元中已经完成了对文本标注数据的质检，发现了一些标注问题，现阶段将继续对质检阶段反馈的标注问题进行纠正。

1. 阅读质检报告

在文本标注数据处理项目中，首要任务是仔细阅读标注数据的质检报告。通过细致的质检，可以发现错标、漏标、多标等问题，为后续处理提供必要的反馈。

2. 进行数据纠错

在质检报告的基础上，进行文本标注数据的纠错工作，这包括修正错标、填补漏标以及删除多余标注。使用标注工具中提供的编辑功能，可以有针对性地修复每个标注任务中的问题，确保文本数据的准确性和一致性，这一步是保证数据质量的关键，直接影响到后续模型训练和应用性能。

3. 进行数据验证

完成数据纠错后，应进行数据验证以确保修正后的标注数据质量，这涉及对修正后的数据进行检查，以确认错误是否被纠正，漏标是否被填补以及多余标注是否被删除。通过数据验证，可以最终确认文本标注数据的准确性和一致性，为后续的文本处理任务提供可靠的数据基础。这也是确保文本处理系统性能和应用效果的重要一环。

任务实践

本项目包括处理标注后的视觉数据、语音数据、文本数据三部分内容纠错。

任务一涵盖了处理标注后的视觉数据，其中视觉数据集是关于交通标志的标注数据。在先前的任务中，图像经过矩形框分类标注，每张图像都被划分成矩形框，每个矩形框都标注了交通标志的类型，如停止、前方右急转弯、前方学校等。这些标注结果以 JSON 格式文件存储，包含了图像数据、矩形框标签、位置等信息。任务的目标是对这些视觉标注数据进行纠错处理，以确保标注的准确性和一致性。

任务二涉及的语音数据集是有关客服语音样本的标注数据，其中包括语音数据文件和 Praat 的 textgrid 格式的标注文件。由于语音数据是连续信号，而人类语音是以离散单位为基础的系统，因此使用 textgrid 将连续信号切割成多个部分。任务的目标是对语音标注数据进行纠错处理，确保标注文件与实际语音数据的匹配，可能包括处理时间戳、切分点等方面的校正工作。

任务三涉及的文本数据集是关于突发事件语料的标注数据。在之前的阶段，使用 doccano 工具对数据进行了标注，包括事件类型和时间年份。该数据以 CSV 文件形式存在，包含语料 ID、文本、标签和描述等列。任务的目标是对文本标注数据进行纠错处理，确保标签的正确性和一致性。可能涉及处理错误标签、确保时间年份的准确性等方面的工作。

视觉标注数据纠错处理

小京需要根据质量报告对已标注的交通标志数据进行纠错，同样运用标注时使用的 labelme 工具来完成，具体工作流程如图 7-34 所示。

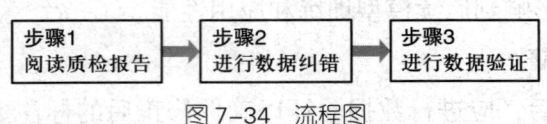

图 7-34　流程图

步骤 1：阅读质检报告

在数据质检环节已经完成数据的质检与反馈，并输出了质检报告。这一步骤中首先需要详细阅读质检报告，根据该质检报告进行标注数据的纠错与处理。

质检方法采用全样质检，该质检报告共检测 15 幅图像，其中出现了 5 幅标注错误的图像，需要对这 5 幅图像的标注信息进行纠正，见表 7-2。

步骤 2：进行数据纠错

（1）标注数据集存储在"roadsign"文件夹中。在进行数据纠错处理之前，首先要确保对原始数据已进行了备份，以免丢失或损坏原始数据。然后，准备一个干净的工作环境，以便进行数据纠错处理。

（2）因为标注和质检时使用的是 labelme 标注工具，纠错处理时也使用该工具。在该工具中加载数据集，按照质检反馈对每幅图像进行逐一纠正。

步骤 3：进行数据验证

在完成数据纠错处理后进行验证，以确保问题已经得到解决。可以随机抽取一部分数据或者采用全样检验的方式进行验证，确保每幅标注图像都正确标注。

经过上述步骤，交通标志标注数据的纠错与处理就完成了，若在数据验证时发现错误，则需要进一步进行纠错，同时可实施奖励机制，以提升标注、质检、纠错的效率和准确率。

请使用手机微信扫描二维码，获取"语音标注数据纠错处理"和"文本标注数据纠错处理"任务实践步骤，以及练习题。

学习单元 3　数　据　筛　选

在完成智能客服数据标注和质检之后，有效的数据筛选能够确保数据集的质量和适用性，这对于训练高效的机器学习模型或改善智能客服系统的性能至关重要。

目前，小京主要的工作内容如下：对公司收集的大量数据进行筛选与清理，以确保数据的高质量和适用性。数据集包括各种类型的数据，涵盖了结构化数据、非结构化数据和时间序列数据。这些数据对于公司的数据分析和机器学习模型训练至关重要，因此数据的准确性和一致性也是十分重要的。小京使用专门开发的数据筛选工具和自动化脚本来检查和清理数据。通过数据筛选与清理，公司可以更好地利用这些数据，实现更准确和可信的数据分析和预测模型，为公司在基于数据的决策和创新方面建立可靠的基础。

一、视觉标注数据需求筛选

在完成数据标注和质检之后，根据特定需求使用不同的筛选方法来挑选数据，是确保数据集满足后续使用需求的重要步骤。

在本任务中，将对已完成标注的交通标志数据集进行细致筛选，包括按照标注的属性、标注框的数量以及标注框的大小等多个维度进行分类筛选，以满足不同的数据需求。

1. 掌握常用的图像标注数据筛选方法和作用

在完成数据标注和质检之后，为了确保数据集满足后续使用需求，需要进行数据筛选。在本任务中，对已标注的交通标志数据集进行详细的筛选，以满足不同的数据需求。因此，人工智能训练师应了解和掌握常用的筛选方法，如属性、标注框数量和大小的分类筛选,以满足特定数据需求。

2. 掌握利用 Python 读取标注文件的方法

这一步骤涉及使用 Python 编程语言来读取已完成标注的数据集中的标注文件,以便后续根据标注的属性、标注框的数量和大小等多个维度进行分类筛选。在具体实施时,可能需要使用相应的库或工具来处理标注文件,以便有效地提取和分析数据集中的标注信息。这一过程是数据预处理的一部分,为进一步的数据分析和挑选工作奠定基础。

3. 掌握利用 Python 实现图像标注数据筛选的方法

在数据筛选过程中,应使用不同的筛选方法,根据标注的属性、标注框的数量以及标注框的大小等多个维度进行分类筛选,其目的是确保最终的数据集能够满足后续使用的特定需求。这要求人工智能训练师熟练使用 Python 进行图像标注数据筛选,以便有效地挑选和整理数据,以满足不同的数据需求。

二、语音标注数据需求筛选

在本任务中,将对已完成标注的智能语音数据集进行筛选,包括按照语音的总持续时间、语音关键字、语音文本长度以及暂停出现的位置进行筛选,以满足不同的数据需求。

1. 掌握常用的语音标注数据筛选方法

对已标注的智能语音数据集进行筛选,涉及以下几种常用的语音标注数据筛选方法。

(1)根据语音总持续时长筛选。通过对语音的总时长进行筛选,可以选择符合特定时长要求的语音数据,以满足不同的应用场景和需求,帮助优化模型性能,确保训练数据集包含所需时长范围内的语音片段。

(2)根据语音关键字筛选。在语音数据中识别和筛选特定的关键字,有助于聚焦特定主题或任务,这对于定制化客服系统或特定领域的语音识别模型训练非常重要,可以提高系统的准确性和适应性。

(3)根据语音文本长度筛选。对语音文本的长度进行筛选,可以根据任务的要求选择合适长度的语音数据,这有助于确保模型能够有效处理各种文本长度,提高泛化能力。

(4)根据暂停位置筛选。通过分析语音中暂停的位置,可以定制化地选择包含或排除特定暂停模式的语音数据，这可以使模型更好地在真实对话场景中理解和处理暂停的情况，提高语音识别和理解的效果。

2. 掌握利用 Python 读取语音标注文件的方法

使用 Python 编程语言来实现对语音标注文件的读取操作，涉及文件读取、解析和提取数据的技能。通过这一步，研究人员或开发者可以获取语音数据集的相关信息，以便后续进行数据筛选和分析工作。

3. 掌握利用 Python 实现语音标注数据筛选的方法

这个任务是对已完成标注的智能语音数据集进行筛选，以确保数据集的质量和适用性，从而能够训练高效的机器学习模型或改善客服系统的性能。具体而言，筛选的依据包括语音的总持续时间、语音关键字、语音文本长度以及暂停的位置。为了完成这个任务，需要使用 Python 编程语言。

三、文本标注数据需求筛选

在完成文本分类标注和质检之后，进行数据筛选显得尤为重要，有效的数据筛选能够确保数据集的质量和适用性。数据筛选不仅可过滤掉不相关或低质量的数据，还可以确保数据集的平衡和多样性，从而避免模型偏见，此外，筛选后的数据更容易满足特定的研究或应用需求，如对于特定时间段、事件或主题的新闻报道的筛选。

在本任务中，将探索多种数据筛选方法，如按事件类型、事件、关键词和文本长度等进行筛选。这些筛选方法旨在优化数据集，满足特定应用需求，确保其在后续的文本分析和模型训练中发挥最大的作用。

1. 掌握常用的文本分类标注数据集的筛选方法

筛选方法包括按事件类型、关键词和文本长度等进行筛选。这些筛选方法的目的在于优化数据集，确保其质量和适用性，同时满足特定研究或应用需求，如对于特定时间段、事件或主题的新闻报道的筛选。

2. 掌握 Python 实现文本分类标注数据筛选的方法

在完成文本分类标注和质检后，重点按事件类型、关键词和文本长度等进行筛选，这些方法旨在优化数据集，确保其质量和适用性，避免模型偏见，并满足特定研究或应用需求。

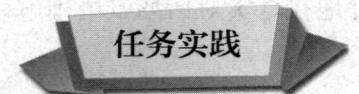

本项目涉及对标注后的视觉、语音和文本3部分数据进行筛选处理。

任务一：视觉数据处理与标注。

确保视觉标注数据以JSON格式存储，每幅图像都有相应的数据记录，包括图像信息、矩形框标签、位置等信息。标注准确性：确保每个矩形框都准确地标注了交通标志的具体内容，如"停止"标志、"前方右急转弯"警示牌、"前方学校"提示牌等，以便在后续任务中能够正确识别和分类这些标志。数据多样性：确保数据集涵盖各种交通标志类型，以保证模型在实际应用中能够处理多样性的场景。

任务二：语音数据处理与标注。

确保语音数据集以一致的格式存储，例如音频文件和对应的Praat的textgrid格式标注文件。标注精度：确保标注文件准确反映了语音数据的内容，包括对语音信号的切割，以便进行后续语音识别或其他语音处理任务。语音多样性：确保语音数据集涵盖不同的语音类型和语境，以提高模型的泛化能力。

任务三：文本数据处理与标注。

确保文本数据集以一致的格式存储，例如CSV类型文件，包含语料ID、文本、标签和描述等列。标签的准确性：确保每个文本样本都正确地标注了事件类型和时间，以便在后续文本分类或事件分析任务中能够准确地使用这些标签。文本多样性：确保文本数据集包含多样的突发事件语料，涵盖不同的事件类型和语境，以提高模型的适用性和泛化能力。

视觉标注数据需求筛选

小京需要对数据进行筛选，需要用到自动化脚本来进行筛选工作，具体工作流程如图7-35所示。

图7-35　视觉标注数据需求筛选流程图

步骤1：准备实验环境

（1）将数据文件复制到D:\filterdata文件夹下，如果没有此路径，则创建路径，如图7-36所示。

（2）打开Jupyter Notebook，新建一个Python3（ipykernel）文件，如图7-37所示。

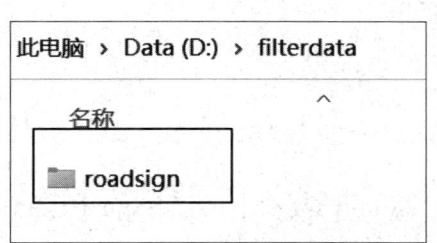

图7-36 复制数据文件到指定路径

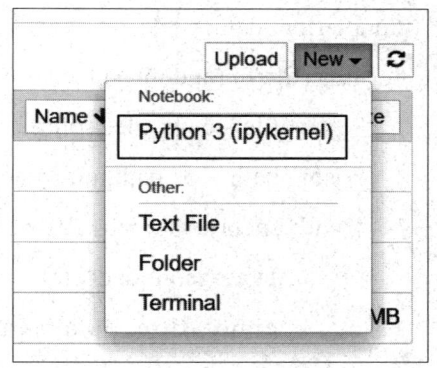

图7-37 新建Python3（ipykernel）文件

步骤2：进行随机筛选

（1）首先需要读取数据文件夹中的图像文件和标注文件，将所有的图像文件存储在列表"all_image_files"中，所有的标注文件存储在列表"all_json_files"中。

```python
import random
import json
import os
roadsign_path = "d:\\filterdata\\roadsign"
roadsign_files = os.listdir(roadsign_path)
# 从数据集中获取所有图像
all_image_files = [f for f in roadsign_files if f.endswith(('.png', '.jpg', '.jpeg'))]
# 从数据集中获取所有标注文件
all_json_files = [f for f in roadsign_files if f.endswith('.json')]
```

（2）随机筛选指的是从完整的数据集中随机挑选出一部分数据。这种方法主要用于进行数据集标注结果的初步质量评估和特性分析。同时，在项目的早期阶段，随机筛选也常被用来构建和测试初始模型，以便为之后的全面训练和优化提供一个基准性能指标。编写程序，利用random方法随机从数据集中挑选6幅图像，并同时读取相应的标注文件以获取这些图像的标注信息。

```python
# 随机选择 6 幅图像
random_selected_images_2 = random.sample(all_image_files, 6)
# 获取对应图像的标注信息
annotation_data = { }
for img_file in random_selected_images_2:
    json_file = img_file.rsplit('.', 1)[0] + '.json'
    json_path = os.path.join(roadsign_path, json_file)
    with open(json_path, 'r') as file:
        data = json.load(file)
        annotation_data[img_file] = [shape['label'] for shape in data.get('shapes', [ ])]
annotation_data
```

（3）运行程序，随机选择 6 幅图像，并输出其图像中交通标志的标签，如图 7-38 所示。

```
{'road2.png': ['stop'],
 'road7.png': ['speedlimit_30', 'noparking'],
 'road9.png': ['speedlimit_80'],
 'road14.jpg': ['no_U_turn'],
 'road1.png': ['stop'],
 'road10.jpg': ['sharp_right_turn']}
```

图 7-38 图像标签输出结果

步骤 3：按标注属性筛选

（1）交通标志数据集中有不同的标签属性，如"stop""speedlimit_30"等，按照标签属性筛选，一方面针对特定应用或研究重点，选择相关类别的数据，另一方面评估模型在特定类别上的性能，识别需要改进的领域。在这里将编写程序循环读取所有标注文件，找出含有"stop"标签的图像。

```python
stop_images = [ ]
# 循环读取所有标注文件
for json_file in all_json_files:
    json_path = os.path.join(roadsign_path, json_file)
```

```
            with open(json_path, 'r') as file:
                data = json.load(file)
                for shape in data.get('shapes', [ ]):
                    if shape.get('label') == 'stop':
                        stop_images.append(data['imagepath'])
stop_images
```

（2）运行程序，找出含有"stop"标签的 3 幅图像，如图 7-39 所示。

```
['road1.png', 'road2.png', 'road3.png']
```

图 7-39　含有"stop"标签的筛选结果

步骤 4：按标注框的个数筛选

（1）图像中可能存在多个交通标志，标注框的数量代表了图像中交通标志的数量。按照标注框的数量进行筛选可用于评估和训练模型在处理含有多个目标的复杂场景时的能力。编写程序首先计算每个标注文件中标注框的数量，然后筛选出标注框数量大于 2 的图像。

```
# 计算每幅图像中的标注框数，并根据计数过滤
images_with_multiple_bboxes = [ ]

for json_file in all_json_files:
    json_path = os.path.join(roadsign_path, json_file)
    with open(json_path, 'r') as file:
        data = json.load(file)
        # 计算图像中标注框的数量
        bbox_count = sum(1 for shape in data.get('shapes', [ ]) if shape['shape_type'] == 'rectangle')
        # 筛选标注框数量大于 2 的图像
        if bbox_count >= 2:
            images_with_multiple_bboxes.append(data['imagepath'])

images_with_multiple_bboxes
```

（2）运行程序时，发现 2 幅图像中存在多个交通标志，如图 7-40 所示。

```
['road6.png', 'road7.png']
```

图 7-40　含有多个标注框的筛选结果

步骤 5：按标注框的大小筛选

（1）某些应用场景可能更关注特定范围内的目标（如远距离小目标检测）。通过筛选特定范围的对象，可以更好地定制模型以满足这些特定的应用需求。在标注文件中标注框的大小表示了图像中交通标志的大小，因此编写程序首先计算标注框占整个图像的比例，即交通标志占图像的比例，然后筛选出比例小于 10%（小目标）的图像。

```python
bbox_area_ratios = { }

for json_file in all_json_files:
    json_path = os.path.join(roadsign_path, json_file)
    with open(json_path, 'r') as file:
        data = json.load(file)
        image_area = data['imagewidth'] * data['imageheight']
        for shape in data.get('shapes', [ ]):
            if shape['shape_type'] == 'rectangle':
                points = shape['points']
                # 计算标注框的大小
                bbox_area = abs(points[1][0] - points[0][0]) * abs(points[1][1] - points[0][1])
                # 计算标注框占图像的比例
                ratio = bbox_area / image_area
                bbox_area_ratios[data['imagepath']] = ratio

# 筛选标注框所占图像的面积比例小于 10% 的图像
large_bbox_images = [img for img, ratio in bbox_area_ratios.items( ) if ratio < 0.10]

large_bbox_images
```

（2）运行程序，找出了符合要求的 8 幅图像，如图 7-41 所示。

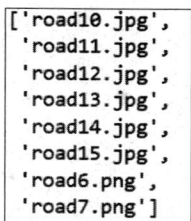

图 7-41　符合标注框大小标准的筛选结果

经过上述步骤，完成随机筛选以及按照标注的类别、标注框的数量以及标注框的大小等多个维度进行筛选的操作。

请使用手机微信扫描二维码，获取"语音标注数据需求筛选"和"文本标注数据需求筛选"任务实践步骤，以及练习题。

职业模块 8
智能系统运维

进入人工智能训练师四级工岗位,意味着踏入了一个技术密集型与创新驱动型的前沿领域。在智能系统运维方面,该岗位的要求广泛而深入,涵盖了知识库和数据维护、系统部署、根据深入分析提出优化需求、进行高效团队协作以及持续学习与自我提升等多个方面。这些要求不仅仅是技术层面的挑战,更是对人工智能训练师责任感、使命感以及社会担当的深刻体现。在本职业模块中,读者将进一步学习智能系统的维护和优化知识,练习智能系统维护,并利用数据分析提出优化建议,推动智能系统正常运转和不断改进,达到以下知识与技能要求。

1. 掌握知识整理方法,能够维护智能系统所需知识库。
2. 掌握数据整理方法,能够维护智能系统所需数据。
3. 掌握智能产品应用方法,能够为单一智能产品找到适合的应用场景。
4. 掌握智能系统部署方法,能够在真实应用场景中部署实施智能系统。
5. 掌握数据拆解基础方法,能够利用分析工具进行数据分析,输出分析报告。
6. 掌握数据分析基础方法和工具使用方法,能够根据数据分析结论对智能产品的单一功能提出优化需求。

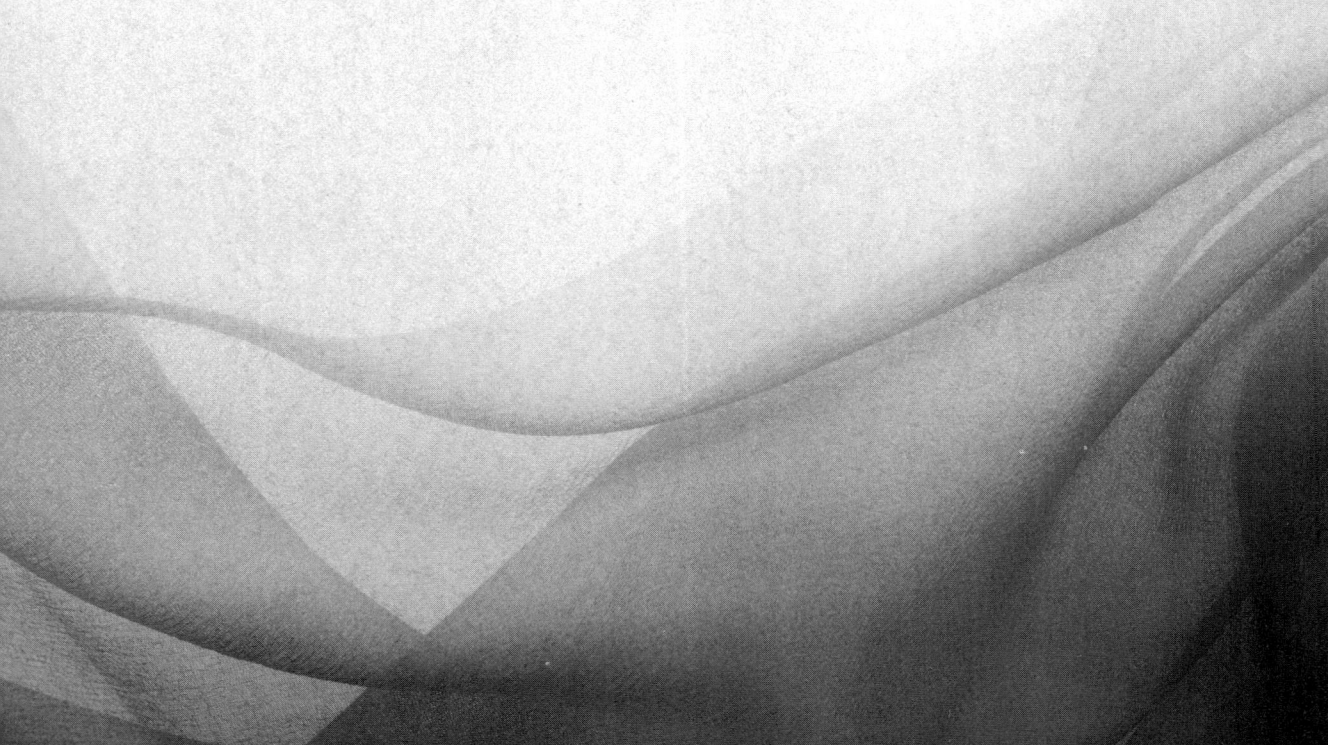

培训课程 1 智能系统维护

在本培训课程模块中,学员将深入学习智能系统维护领域的四大核心单元:智能系统知识库维护、智能系统数据维护、智能产品应用和智能系统部署。为了增强学习的实效性和针对性,本模块将继续以学校作为具体的应用场景,并选用无感考勤管理系统作为实训的主要载体。无感考勤管理系统作为智能系统的典型代表,不仅全面涵盖了维护系统的各项工作需求,还展现出了卓越的高扩展性和适应性。因此,这一课程模块适合作为进阶智能系统维护技能的场景实操,帮助学员在真实、具体的应用环境中,全面提升智能系统维护的实战能力。

学习单元 1　智能系统知识库维护

情景描述

无感考勤管理系统作为智慧校园的关键组成部分,利用人脸识别技术实现了考勤记录的快速与准确处理,显著提升了校园管理效率。无感考勤管理系统的知识库包含人脸特征数据、用户身份信息和考勤规则等,在新学期开始时,随着大量新生和新教职工的加入,无感考勤管理系统的知识库需要及时更新以包含这些新用户的人脸特征数据、身份信息和遵守的考勤规则等。这一过程体现了智能系统知识库的动态性和适应性特点。李明老师是该智能系统的负责人,他深知这项工作的烦琐性。他明白,在完成知识整理和审核后,必须有条不紊地规划整理并精确上传数据,以顺利完成智能系统知识库的维护工作。

一、智能系统的知识库概述

智能系统的知识库（knowledge base）是一个特殊类型的数据库，它为智能系统表达、存储及管理某种特定领域的知识，并利用知识来解决该领域的问题，所以知识库就是这个特定领域的知识合集，常见的知识包含事实、概念、规则、程序、启发式信息等，类型可以是结构化的（例如个人信息、产品目录等）、半结构化的（例如以 XML 或 JSON 格式储存的 FAQ、客户服务流程等）或非结构化的（例如用户反馈、聊天记录等）。

对于智能系统来说，要先从感知模块获得数据，经过分析模块处理后，通过计算模块，最终指导执行模块的行动，而知识库对计算模块起到关键的作用，如图 8-1 所示。

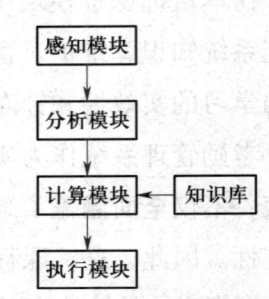

图 8-1 智能系统主要模块关系

二、常见智能系统的知识库

智能系统通常依赖于庞大的知识库来提供准确的信息和服务，每个智能系统的知识库都是为了满足特定的功能和需求而设计的，以下是一些常见的智能系统及其对应的知识库类型。

1. 个人助理（如百度的小度）：其知识库包含自然语言处理库、用户个人数据（如日历、联系人）、互联网信息（如天气、新闻）等。

2. 面部识别系统（如门禁控制系统、支付系统、安检系统）：其知识库包含不同角度、不同光照条件下的人脸图像或视频序列、个人信息等。

3. 推荐系统（如视频软件的推荐引擎）：其知识库包含用户观看历史、评分数据、内容元数据（如电影和电视节目的类型、导演、演员信息）等。

4. 机器翻译系统（如百度翻译）：其知识库包含双语语料库、翻译记忆库、术语库等。

5. 智能家居控制系统（如小米的米家）：其知识库包含用户行为模式、设备状态信息、环境数据（如温度、湿度）等。

6. 医疗诊断系统（如 IBM Watson for Health）：其知识库包含医学文献、临床试验数据、患者病历和医学图像库等。

7. 自动驾驶汽车（如特斯拉 Autopilot）：其知识库包含传感器数据（如摄像头、雷达、激光雷达）、地图信息、交通规则和行为模式。

8. 电子商务网站（如淘宝）：其知识库包含产品目录、用户购买历史、用户评价和评论、库存和物流信息等。

三、维护知识库的工作内容

不同的智能系统所需要的知识库不同，维护知识库的工作量也不同。在解决比较单一问题的智能系统中，其知识库较为简单，维护的工作量会相对较小；而在可以解决复杂问题的智能系统中，其背后的知识库也会更为庞大和多样，对知识库的维护也会更为复杂。

通常来说，当人工智能训练师拿到收集的知识后，对其进行维护的工作内容包含以下几个方面。

1. 知识整理

知识会有很多种类型，其格式、形式、内容都会有差异，在知识被收集之后需要人工智能训练师对这些知识进行整理。知识整理的依据由智能系统所服务的业务需求决定。

比如，智能客服的知识有单轮的、多轮的问答对话，也有知识文档，这时就可以将单轮、多轮的问答对话和知识文档分别整理。

2. 知识加工

人工智能训练师要结合业务对知识的质量进行判断，并对其进行加工，可能包括的工作有对内容的切分，形式的转变等。

比如，一整篇产品文档，若一次性全部输出，效果可能不会好，那就需要根据其内容进行切分，输出最核心、最贴切的内容。

3. 知识分类与标注

知识分类与标注的目的都是让智能系统更好地理解和检索知识。但分类和标注又有所差别，分类是要根据智能系统的业务设计一种结构体系，而这个分类体系是预先设定好的，相对稳定且不会频繁变动的。而标注则是没有体系结构的，是自由灵活且可以随时更新和修改的。

比如，有些智能系统知识库就不止一个，从分类上来说，要先分出哪些知识属于哪个知识库,如智能家居的不同子领域"智能安防""智能照明""智能音响"就属于分类。在分类之外,标注可以赋予知识更自由、更多的关键词,比如"智能""家居""节能""语音控制"等,根据用户的偏好可以灵活添加。

4. 知识质量管理

一些重要的知识需要审核,可以通过专家审核或使用自动化工具评估数据的准确性与覆盖程度。在评估时需要对知识的状态进行管理。

比如,可以对数据设计5种状态:编辑、审核、测试、发布、淘汰。这样的设计可以让人工智能训练师清晰地了解数据情况,有效避免因操作失误导致发布不合格的知识。

5. 知识版本管理

知识是动态变化的,同一业务场景下的同一条知识有时会发生变化。一旦知识发生了变化,就需要对不同版本的知识进行区分,比如说某业务流程V1.0版本,某业务流程2024年版本等。

6. 测试与调优

当知识库设定好后,就可以进行智能系统的功能测试。知识库建设恰当的情况下,智能系统就可以满足业务需求。一旦出现不能满足业务需求的情况,就需要对知识进行重新调整。

任务实践

智能系统的知识库维护包含很多的工作内容,不同智能系统需要的知识不同,其工作内容、工作量、工作难度也不同。无感考勤管理系统作为一个单一功能的智能系统,其知识库的维护相对简单。下面介绍对学生人脸照片和个人信息进行知识管理与知识库更新的操作。

知 识 管 理

对于学校的无感考勤管理系统来说,数据包含人员的照片和信息,整理时可以依据学校的班级设置,这样当数据采集标准下发之后,执行的数据采集过程以班级为单位进行,收集的结果也会以班级为单位呈现,不仅符合无感考勤管理系统的业务需要,还省去了很多数据整理工作。

李明老师需要梳理知识的框架,并进行知识的整理工作,通常在整理过程中会发现数据的各类问题，比如照片的尺寸不合格，这时需要对数据进行加工。具体操作步骤如图 8-2 所示。

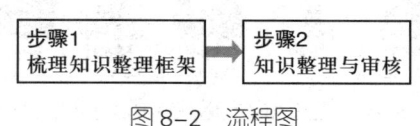

图 8-2　流程图

步骤 1：梳理知识整理框架

（1）登录无感考勤管理系统，在左侧栏依次单击"学生表"→"学生表 - 列表"，并单击"添加"按钮。

为了制定整理标准，需要明确无感考勤管理系统更新时需要上传哪些信息。在图 8-3 中可以看到，无感考勤管理系统知识库在添加学生数据时，需要收集学生姓名、密码、所在班级和人脸照片等内容。

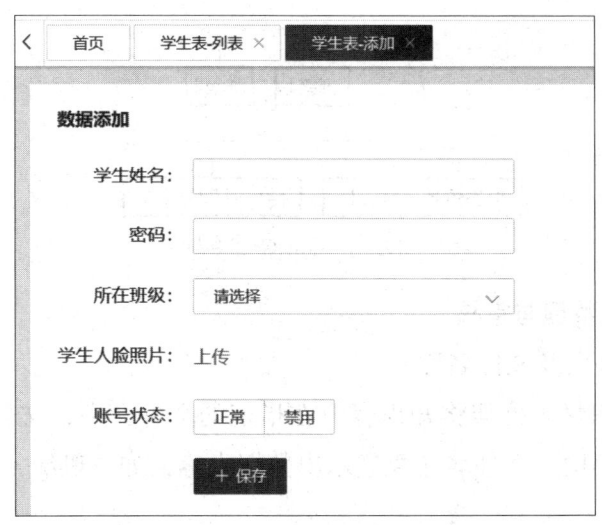

图 8-3　无感考勤管理系统数据添加页面

（2）确认知识类型

根据数据添加内容，可以判断收集的数据会有两种格式，一种是以班级为单位的含有每个学生信息的表格文件，另一种是以班级为单位的所有学生的人脸照片，如图 8-4 所示。

（3）确定整理框架

根据学校的组织架构以及无感考勤管理系统的数据添加需要，可以确定知识整理框架，如图 8-5 所示。

图 8-4 学生信息表格数据和人脸照片数据

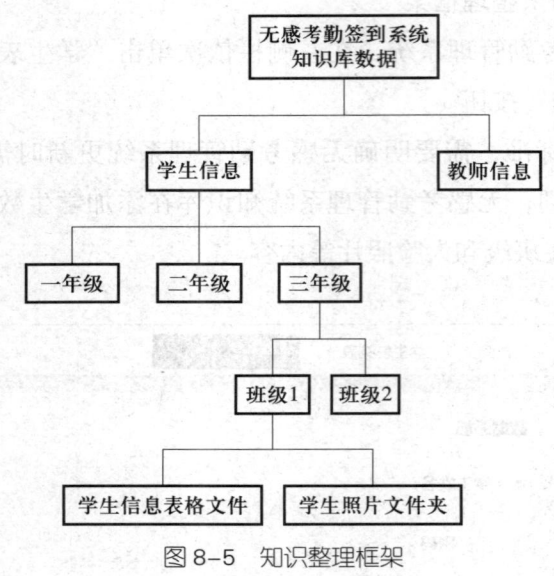

图 8-5 知识整理框架

步骤 2：知识整理与审核

（1）设计文件夹及文件名称

需要根据知识整理框架将知识存放在指定的文件夹中，文件夹以及文件的名称要显示出组织架构，文件名还要显示出数据内容，如"班级+学生信息表""班级+学生姓名"。

由于知识收集上来后需要运维人员对其进行审核，审核合格后才能上传，这样就会产生很多种状态的数据。所以在名称设计时还需要考虑进行状态标记，如未审核、正在审核、不合格、可发布等状态。相对应的，上级文件夹也会对应不同的状态，状态名可以相同也可以不同。具体需要标记哪些状态，应根据智能系统以及管理办法进行变动。

对于无感考勤管理系统的知识状态，可以考虑设计为"待审查""待上传"和"已上传"3个状态，参考文件名称可以为"【待审查】会计1班-学生信息表"。文件夹状态可以考虑设计为"未完结""已完结"，参考文件夹名称可以为"【未完结】会计1班无感考勤知识"。这样就可以很方便地查看哪些数据可以上传到系统里，避免误操作或重复操作。

（2）打开文件查看

运维人员按照设计把每个文件夹建立好，并把相应的知识储存到指定的位置之后，需要对这些知识进行审核，如果有不符合规范的知识，可根据情况联系数据提交人员或自行修改。

打开学生信息表 Excel 文件，查看是否填写完整，如有空白信息，联系数据提交人员，无空白信息则判断为合格，如图8-6所示。

学生姓名	密码	所在班级	学生人脸照片	账号状态
喻佳豪	123456	21计科2班	喻佳豪	正常
赵鹏	123456	21计科2班	赵鹏	正常
赵雪婷	123456	21计科2班	赵雪婷	正常
陈俊杰	123456	21计科2班	陈俊杰	正常
池娅丽	123456	21计科2班	池娅丽	正常
沈文乐	123456	21计科2班	沈文乐	正常
施力丹	123456	21计科2班	施力丹	正常
文鑫	123456	21计科2班	文鑫	正常
陈锭禄	123456	21计科2班	陈锭禄	正常

图8-6　学生信息填写情况

（3）右键查看文件属性

对于本无感签到系统，照片文件的分辨率以及文件的大小是影响系统工作的重要参数。

在照片文件上单击右键打开菜单，单击"属性"，在"常规"信息页中可以查看文件大小情况，单击"详细信息"页可以查看分辨率，如图8-7所示。

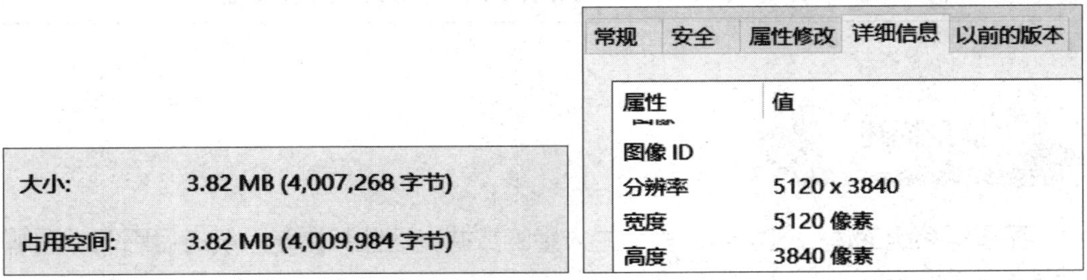

图8-7　图像文件属性

不同的系统对分辨率和文件大小会有不同的要求，对于无感考勤签到系统来说，由于需要进行人脸识别，所以对分辨率和文件大小没有从系统层面进行限制。但考虑到储存的问题，运维人员可以自行对分辨率和文件大小进行限制。比如分辨率至少为 1 280 px × 720 px，文件的大小在 5 MB 以内。根据一定的标准，就可以区分出合格和不合格的文件。

如有不合格的，如过大的文件，可以由运维人员代为进行调整，Windows 系统的画图工具就可以解决这类问题，手机端也有可以调整文件大小的工具。如有分辨率过低的文件则需要联系相关人员进行重新提交。

整理好后的知识，可以清晰地分辨出其状态、归属以及类别，如图 8-8 所示。

图 8-8　知识整理示意

请使用手机微信扫描二维码，获取"知识库更新"任务实践步骤和练习题。

通过本学习单元的任务实践，完成了对无感考勤管理系统知识库的维护工作，在维护智能系统的过程中，运用整理知识对收集的数据进行了整理，并上传数据，实现了对知识库的更新。更新无感考勤管理系统的知识库会更改智能系统的人员识别范围，使智能系统在人员不断变化情况下能够持续正常工作。

学习单元 2　智能系统数据维护

在智能系统的运行过程中，会产生大量的数据，这些数据是系统进行感知、理解、决策和执行任务的基础。作为学校智能系统的运维主管，李明老师负责校园中各类智能系统的运维工作，其中一项重要任务就是对这些数据进行维护。新学期伊始，无感考勤管理系统在运行过程中产生了大量的实时数据。按照运维要求，李明老师需要定期对这些数据进行维护。具体工作包括查询和重置无感考勤管理系统的日志数据以及查询和下载系统抓拍的人脸数据。李明老师深知，这项工作不仅有助于优化系统的运行状态，提升系统性能，还能为后续系统的算法升级提供必要的数据集，从而进一步推动智能系统的完善和发展。

一、数据的定义

数据广义上讲是指任何可以被记录下来并用于分析或计算的信息。它是对现实世界的属性、事件或环境的描述，可以是数字、文字、图像、声音等形式。数据可以是定量的，也可以是定性的。

定量数据通常是数字形式的，可以进行数学计算，比如温度、速度、年龄、收入等。定性数据则是描述性的，比如颜色、性别、意见等。

在广义的维度中，知识库也是数据的一种。随着智能系统的发展，知识库由于其重要的作用而与一般数据相区分。

因此在智能系统中，数据从狭义上讲是指原始的、未经加工的事实和数字，通常是从各种来源收集的信息，比如传感器数据、用户输入、日志文件、网络流量等。数据可以是结构化的（如数据库中的表格数据），可以是半结构化的（如网络应用程序的响应数据），也可以是非结构化的（如文本、图片、音频等）。数据本身不包含任何特定的上下文或解释，它需要通过分析和处理才能转化为有用的信息或知识。

二、常见数据种类

在智能系统运行的过程中，会产生很多种类的数据，常见的数据有以下几类。

1. 用户数据

用户数据是指系统中专属于某用户的相关信息，例如用户名、真实姓名、年龄、性别、联系方式、身份证号等。这些数据通常用于识别和区分不同的用户，并为他们提供个性化的服务。

2. 日志数据

日志记录了系统运行过程中发生的各种事件和操作，并将其保存为文件或数据库形式。日志可以帮助开发人员追踪问题、排除故障以及优化系统性能。例如，在数据库服务器上，访问日志可以记录每个访客的 IP 地址、访问时间和请求页面等信息。

3. 配置数据

配置数据是包括了各种设置、选项和参数的数据，用于定义系统的行为和功能。这些配置项会由管理员或用户根据自己的需要进行调整，系统会将这类信息记录下来形成配置数据。例如，显示器的分辨率、个性化颜色选择等。

4. 传感器数据

传感器数据是由各类传感器收集上来的数据，例如温度传感器、压力传感器、运动传感器等，这些传感器用于监测和测量环境或设备的特定参数。

5. 交互数据

交互数据是指用户与系统、服务或产品交互过程所产生的数据，包括用户的行为、操作、输入等内容，例如，用户与虚拟助手的对话记录、用户在网上的浏览路径，用户的点赞与分享行为等都属于交互数据。

6. 安全数据

安全数据包括用户的登录凭证、权限设置以及审计日志等内容。这些数据用于确保系统的安全性和防止未经授权的访问。例如，密码、加密密钥、交易记录等都属于安全数据。

7. 性能数据

性能数据是指在智能系统运行的过程中，对运行情况的评估和监测所产生的数据，包括 CPU 使用率、内存占用、网络吞吐量等指标。

8. 备份和恢复数据

备份数据用于在系统故障或灾难发生时恢复系统状态，这些数据通常包括文件、数据库以及配置信息等。通过定期备份关键数据，可以最大程度地避免因硬件故障或其他原因导致的数据丢失风险。

三、维护数据的工作内容

定期维护智能系统中的数据对于确保智能系统的正常运行至关重要。众多的数据中隐藏着帮助优化智能系统的线索，维护用户数据可以确保用户的隐私以及数据的安全，当智能系统出现异常情况时，日志数据的定期筛查和分析可以帮助运维人员及时发现系统潜在的问题和安全威胁。

智能系统的数据维护大致涉及数据的收集、储存、处理、分析和安全等多个方面。由于数据是由智能系统自动生成的，所以最先要考虑的就是如何设置这些数据的生成参数，如果存在不同来源的数据还需要做一些整合的工作。当产生了这些数据后，就要设计和实施高效的存储方案，对于重要的数据需要定期进行备份，防止丢失。对于需要处理、分析的数据，应将其下载，并使用数据处理工具对数据进行转换，再通过统计方法或其他算法对数据进行分析，提取有价值的信息，从而帮助智能系统进一步优化，对于保密级别较高的数据还要严格执行安全防护策略等。

在智能系统产生的众多数据中，还有一类数据特别值得关注，因为它们与非智能系统的维护内容有所区别。这类数据有可能是传感器数据，也有可能是交互数据，具体是哪一类数据需要根据智能系统的智能功能来定。但无论是哪一类数据，其特点都是对智能系统的算法可以做进一步训练。因此对于这一类数据，除了常规的数据维护工作外，其维护内容还包含数据清洗、数据增强、数据标注、数据分割、定期更新等。

任务实践

在一些智能系统中，维护数据是系统部署或保证系统正常运行的基础，比如智能客服在运行过程中产生的很多对话数据都能用来优化系统问答准确率，其在部署时运维工作量很大。而有些智能系统，比如无感考勤管理系统，其应用场景相对单一，算法比较成熟，在运行的过程中产生的数据对部署和优化没有太直接的影响，维护工作相对简单。本任务选取日志数据的维护与人脸抓拍数据的维护作为实践任务，可以多类别地体验数据维护的工作内容。

人脸抓拍数据收集

人脸抓拍数据在无感考勤管理系统中是一类非常重要的数据。对于智能系统来说，这类数据可以整理成训练集，进一步训练算法。所以在日常运维中，需要把这些数据收集起来，作为后续数据清洗、数据增强、数据标注等流程的原始数据。李明老师需要通过操作系统，按照如图8-9所示的流程完成数据收集工作。

步骤1：查询人脸数据

（1）打开浏览器，输入边缘节点的地址 192.168.

图8-9 数据收集流程图

1.10，进入边缘节点登录界面。登录的用户名为admin，密码为admin123!，如图8-10所示。

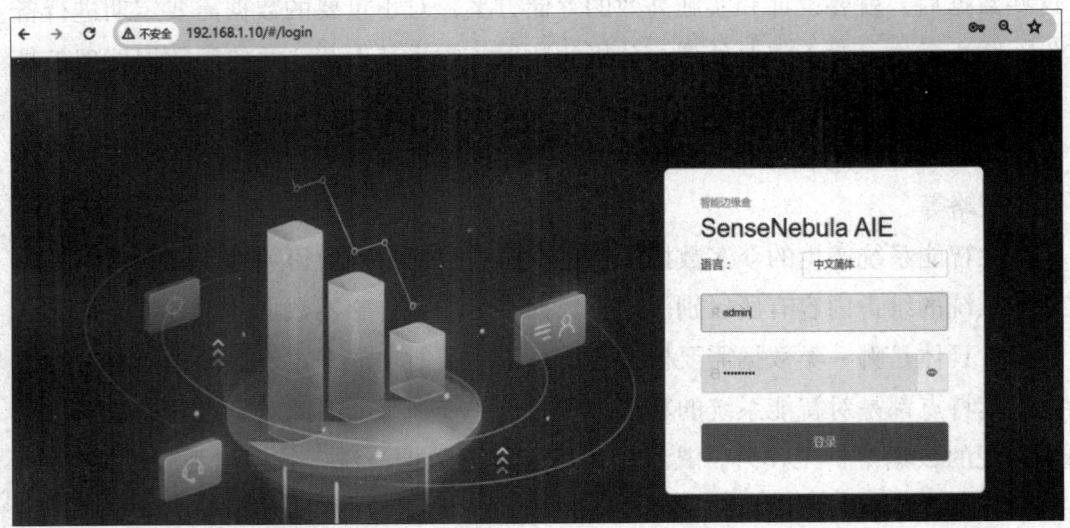

图8-10　登录边缘节点

（2）在左侧菜单栏，单击"记录查询"→"抓拍记录查询"，如图8-11所示。

图8-11　单击"抓拍记录查询"

（3）选择"人脸记录"，在筛选条件中选择想要查看的日期区间，单击"确定"按钮，便可以查看对应的人脸数据记录，如图8-12所示。

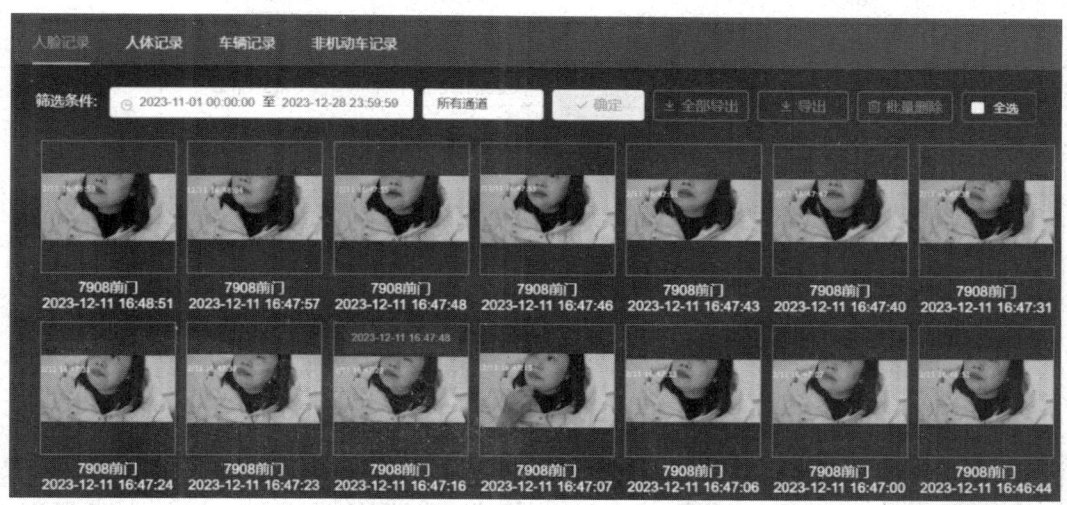

图 8-12 人脸数据记录

步骤 2：下载抓拍人脸数据

（1）在页面右上角勾选"全选"，然后单击"导出"按钮。数据以压缩包形式导出，弹出的下载链接窗口会给出解压密码，请牢记解压密码，单击"确定"按钮，下载压缩包文件，如图 8-13 所示。

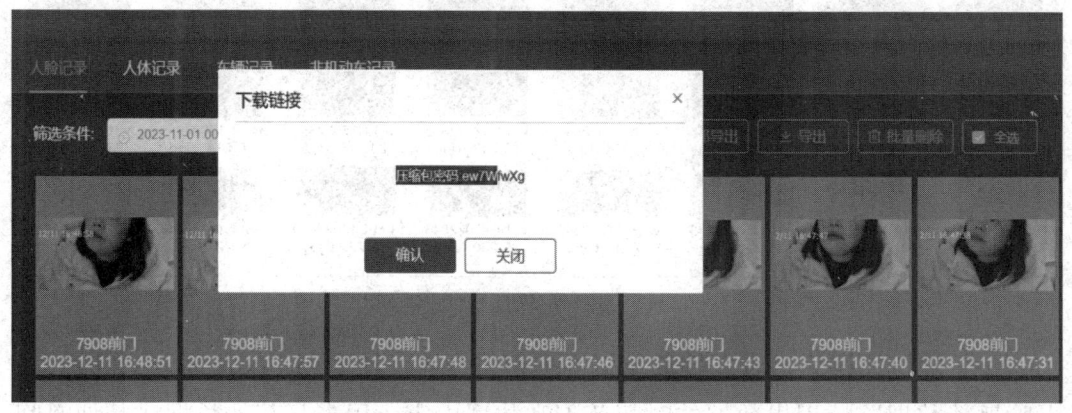

图 8-13 下载压缩包文件

（2）找到下载的压缩包文件，进行解压，解压过程中输入解压密码。解压后得到一个文件夹和一个 CSV 文件。文件夹中存放的是抓拍的图片，而 CSV 文件则是抓拍的记录信息文件，如图 8-14 所示。

（3）双击打开 CSV 文件，可以看到如图 8-15 所示的信息表格。

（4）打开文件夹，可以看到 JPG 格式的人脸抓拍图片，如图 8-16 所示。

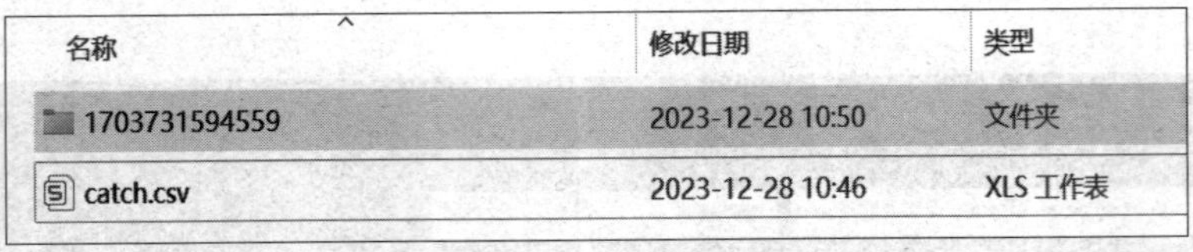

图8-14 解压后的文件

图8-15 打开CSV文件信息表格

图8-16 文件夹中的人脸抓拍图片

（5）确认无误后，对文件夹及文件进行重命名，比如用"20231101—20231228人脸抓拍数据"标识出数据的时间范围和数据内容，用来与其他数据或其他时间段的人脸抓拍数据进行区分。

请使用手机微信扫描二维码，获取"日志数据的查询与重置"任务实践步骤和练习题。

通过上面两项任务，完成了对日志数据及人脸抓拍数据的维护。其中日志数据是常规的系统数据维护内容，而人脸抓拍数据是无感考勤管理系统这一智能系统的特有数据。

学习单元3　智能产品应用

无感考勤管理系统在日常考勤中的应用效果非常显著,不仅极大提高了考勤效率,还有效增强了校园的安全性。李明老师作为智能系统的运维主管,深刻认识到这款智能系统具备在其他场景应用的巨大潜力。为了拓展无感考勤管理系统在校园内的新应用场景,李明老师决定在学校内进行深入的调研和分析。他意识到,为了找到新的应用场景,需要更加全面地了解系统的技术特性和优势,深入了解潜在用户的需求和痛点。为此,李明老师决定组织一个专业的团队进行技术评估与需求分析,团队将深入挖掘系统的技术潜力,评估其在不同场景下的应用效果,并广泛收集潜在用户的需求和反馈,为无感考勤管理系统在校园内的更广泛应用提供有力支持。

新知学习

面对一款新的智能系统,人工智能训练师不但要具备该智能系统运维所需的知识,而且要熟悉该智能系统的应用场景,并能够根据不同的条件拓展其应用场景。还要使系统在不同应用场景下以最佳状态运行,并达到最好效果。

一、为智能系统寻找新应用场景的考虑因素

1. 客户需求分析

根据智能系统的功能,确定其可能服务的用户群体,对其需求以及痛点进行深入了解。以无感考勤管理系统为例,在不同场景下,所产生的需求是不同的。

例如，会议考勤的主要需求是确认参会人员是否按时到达；在参与人员较多的娱乐活动中，考勤关注的主要是参与人数的统计；在企业考勤中，则更关注员工按时到岗的情况。在寻找新应用场景时，这一步是最为核心的，只有了解了目标用户的需求才能确定一款智能系统是否能对该用户进行部署。

2. 技术可行性分析

根据用户需求对硬件设备进行评估，包括处理器速度、内存大小、传感器参数等。要考虑到应用场景的环境因素，比如带摄像头的系统如果遇到环境光线很差的情况是否还能继续工作。如果采用了非标配的硬件，还需要考虑软件的兼容性问题。对于后续的部署交付还需要考虑到训练数据获取的问题以及算法和模型是否适配。

3. 用户体验分析

不同需求的用户，其所需要的交互设计也是不同的。所以现有的用户界面和交互流程能否满足需求，哪些能根据用户的行为和偏好进行个性化服务等都需要进行考虑。

4. 经济效益评估

在寻找一个新场景的时候，开发和运营智能系统的成本是一个很重要的因素，公司的目标是为了盈利，对于一个新应用场景及其定制化程度，结合商业模式的设计就能够评估出其是否具有好的应用场景。

5. 社会影响评估

有时，智能系统的使用以及采集到的数据会涉及社会伦理问题，比如，导致大量的人员失业，造成社会不稳定，或者涉及侵犯隐私，导致大量的人员抗议等。能耗或环境污染等方面的问题也需要考虑。

6. 项目实施可行性分析

项目实施的可行性分析是最后一个要考虑的重要因素。其包括实施的周期、付款周期、项目可能面临的风险等问题，这些问题都需要进行考虑。

二、快速构建智能产品认知的方法

寻找智能产品新应用场景要基于人工智能训练师对产品有足够的了解。快速、正确、全面地了解产品是人工智能训练师的基本功。

1. 获取产品信息的最有效途径就是阅读官方文档、用户手册和产品说明书等资料。通过阅读这些文档可以了解产品的基本功能、架构、技术规格、软硬件的部署方法等全方位的知识。有些官方文件还配套提供了视频教程，使用户能更直观地进行学习。

2. 在有了客观的信息之后，就要梳理智能产品的核心功能和技术优势。硬件上也可以形成优势，如复眼摄像机能完成其他硬件实现不了的任务。还有计算能力的优势，如处理的速度快、线程更多等。交互界面友好也可以成为一种优势。通过多方对比，可以总结出产品的能力边界以及亮点，这样的工作有助于更精准地找到新的应用场景。

3. 案例研究是非常重要的一环，分析已经部署的案例，了解类似的智能产品在不同行业和场景下的应用情况，总结其成功因素和存在的挑战。通过研究整理可以发现一类智能产品的应用场景与技术参数的需求匹配情况，更好地指导人工智能训练师找到适合的应用场景。

三、寻找新场景的工作步骤与内容

要为一个智能产品找到新的应用场景，就需要理解潜在市场的需求，并确定最佳的应用场景。工作可能会包含以下内容。

1. 理解系统现有能力

在详细了解智能系统的功能、技术优势和潜在限制后，应探索哪些功能可以在新场景中发挥价值。

2. 市场研究

调研目标场景的现有问题和挑战。分析竞争者的产品和服务，找出市场中的空白或现有产品的不足之处。

3. 目标群体分析

确定可能受益于智能系统的目标用户群体。通过问卷调查、访谈、焦点小组和社交媒体等渠道收集目标群体的意见和需求。

4. 场景挖掘与匹配

根据市场研究和目标群体分析结果，找到潜在需求大，而现有方案难以满足的应用场景，考虑智能系统如何解决这些场景的具体问题。

5. SWOT[①] 分析

对智能系统在新应用场景中的优势、劣势、机会和威胁进行分析。

---

① SWOT：strength、weakness、opportunity、threat 的缩写。

6. 原型创建和测试

如果可能，创建一个最简可行产品（minimum viable product，MVP）或概念验证原型，用于在选定场景中进行测试。收集用户反馈，对产品功能进行迭代优化。

7. 监管和合规性审查

确定智能系统在新的应用场景中是否符合相关法规和行业标准。

8. 风险评估和缓解

了解在新应用场景中可能遇到的风险，并制定相应的缓解策略。

9. 前景预测

通过对市场趋势、技术动向和用户需求的预测，判断智能系统在新场景中的长期发展潜力。

无感考勤管理系统作为一个智能产品，具有很多的目标应用场景，配套的系统中也拥有很多的功能，比如人脸识别相关功能，车辆识别相关功能等。当一个产品落地之后，根据系统情况及使用情况，可以应用在更多的细分场景。本任务通过技术可行性分析和需求分析两个重要步骤，为无感考勤管理系统寻找新的应用场景。

寻找新应用场景

在对无感考勤管理系统有了一定的认知后，就可以为系统寻找新的应用场景了。由于任务案例在学校内部推广相对简单，所以只涉及部分工作内容。李明老师需要带领团队按照图8-17所示的流程完成任务。

图 8-17 寻找新应用场景流程图

步骤1：确定目标场景

（1）设想潜在应用场景

根据产品的核心功能和技术特点，在学校中的各类应用场景中选择出一些潜在应用场景。对于案例中的无感签到系统来说，可以从机动车识别、非机动车识别和人的识别 3 个方向进行思考。

在机动车的识别应用方向，可以用于停车场管理。

在非机动车的识别应用方向，可以用于自行车及电动自行车的停放管理。

在人的识别应用方向，可以部署在相对封闭的区域，比如，操场/体育馆区域，餐厅/食堂区域，会议室/礼堂/多功能厅区域，图书馆区域，校园的各类出入口等；也可以部署在有一定人体属性要求的区域，比如在实验室/机房等区域部署，感测进入者是否穿戴安全防护设备。

（2）假定需求并筛选目标场景

对于机动车的管理场景，可以将系统部署在校园出入口处或停车场，以往的传统管理只能控制车辆的进出，不能实时进行车辆总量以及停车场的管理。部署系统后可以快速甄别教师车辆以及社会车辆，并可以实时获得车流量情况，大幅提升停车场的管理效率。

对于非机动车的管理场景，可以将系统部署在停车棚或楼门口。以往非机动车的管理很难执行落实，需要大量的人力驻扎现场。部署系统后可以在停车区域区分自行车与电动自行车，还可以阻止电动自行车进入楼内。一旦有违规的情况，就会发出对应的警报。

对于图书馆/体育馆等较为封闭区域的管理场景，可以将系统部署在出入口，传统的管理措施或门禁系统有很多漏洞，不能精准地确定某人所处区域。在系统部署完毕后，可以对进出人员实现高精度的监控，实现专属区域只为专属人员服务。

对于实验室的管理场景，可以部署在实验室内部，传统的管理方法不能实时监控，很容易出现漏洞。在系统部署完毕后，一方面可以对人员进行签到管理，另一方面可以对人员的安全行为进行管理，保证实验在安全的环境下进行。

这些需求都是根据自身对该场景的认知来进行假定的，根据假定的需求就可以对这些应用场景产生一个初步的判断，如哪些场景的需求更为急迫，哪些场景目前不太需要。将假定更为急迫的场景挑选出来，就可以实施下一步的工作了。

这里假定挑选的场景为图书馆。

步骤 2：实施访谈计划

在有了假定场景后，就要去深入了解该场景下的真实需求，一方面验证假定是否正确，另一方面对认知进行补充。

（1）制订访谈计划

在去图书馆访谈前，要制订一个访谈计划，根据访谈目标确定访谈对象及访谈问题大纲。本次以图书馆为目标场景，访谈的目标为了解图书馆管理的痛点以及管理需求，进而结合产品功能判断是否适合部署。访谈对象可以定为图书馆负责人。以下给出大致的访谈大纲。

无感考勤管理系统图书馆场景拓展访谈大纲

1. 开场：介绍自己和访谈目的。
2. 了解现状：了解当前图书馆的出入人员管理情况，询问现有系统的优点和不足。
3. 具体需求：探讨图书馆期望改善或实现的考勤管理目标，询问对无感考勤管理系统的期待和需求。
4. 基础条件：询问图书馆是否有必要的技术基础设施来支持无感考勤管理系统。
5. 安全和隐私：讨论数据安全和隐私保护的需求，确定管理层对于数据使用的法律和伦理观念。
6. 接受性和培训：评估图书馆员工和访客对新系统可能的接受程度，讨论培训员工和用户使用新系统的策略。
7. 收尾：总结访谈内容，确保所有关键点都已覆盖，感谢参与者并解释下一步会如何使用收集到的信息。

在访谈期间可以根据访谈的进度随时调整访谈情况。为了确保访谈的顺利进行也可以预设一些问题，举例如下。

1）图书馆在考勤管理方面有哪些主要挑战？
2）是否有现有考勤系统无法满足的需求？
3）对于无感考勤系统，图书馆有哪些具体的功能期望？
4）有关隐私和数据安全，图书馆有何种特殊的规定？
5）图书馆是否曾考虑升级考勤系统？有没有遇到什么阻碍？
6）技术升级或者维护期间，图书馆如何维持正常运营？
7）如何评估图书馆用户对于无感考勤管理系统的态度和接受程度？

当做好计划后，就可以与访谈对象约定时间、地点进行访谈了。

（2）实施访谈

以下为一段模拟的访谈对话。

IC（信息中心）主任：您好，我是信息中心的李明老师，我们之前已经在学校中部署了学生及教师考勤的无感签到管理系统，使用效果非常好，老师们记录考勤非常方便。所以现在考虑图书馆是否也能通过部署无感考勤管理系统来提升管理效率，增加安全性，希望能与您探讨。

馆长：感谢您的提议。我们对提高图书馆的管理效率和安全性一直持开放态度。请问这个系统具体是怎么运作的？

IC主任：简而言之，这是一个利用视觉识别技术来自动记录来访人员的系统。它能够在不影响用户体验的前提下快速、准确地记录考勤。目前咱们用的系统可以满足管理需求吗？

馆长：目前我们使用一个刷卡的闸机系统来控制进入图书馆的人员，整体还是很不错的。不过有两个问题，一是因为闸机的数量和刷卡响应时间是固定的，所以学生进出图书馆的速度也是固定的。在学校里，学生都是在相近的时间下课来图书馆，所以会有明显的入馆高峰期，排队的现象还是挺严重的。二是刷卡系统其实只是控制了卡，哪张卡在图书馆里是可以确定的，但卡和人并没有关联，借用别人的卡，甚至"蹭"别人的卡进来的情况常有，这些其实都存在安全隐患。

IC主任：明白了，视觉识别技术是可以解决这些问题的，如果图书馆部署这个新系统，您还有哪些期望吗？

馆长：有两个期望，一是看看这个系统能不能收集一些有用的数据，比如人流量、学生数量、老师数量这些基础数据，还有分区域的座位利用率等。对于闸机系统来说，只能提供进出门的数据，在图书馆里的过程数据是无法提供的。二是希望这个系统和图书馆的其他系统联动，比如图书借阅系统，这样就更好了。

IC主任：好的，了解了。我们回去结合您的需求再规划一下。刚才来的路上我也注意了一下，硬件的安装部署大概都没什么问题。

馆长：对，图书馆的硬件环境还是没问题的，电源和网络环境都是很好的。再问您一个问题，数据安全方面这个系统能保障吗？

IC主任：没问题，数据都是被加密的，都会遵循学校的数据保护政策和相关法规。

馆长：行。这个系统的维护和支持是怎么提供的？

IC主任：生产厂家提供全面的技术支持和定期维护服务。操作上的问题信息中心都会协助解决。系统使用起来也很简单，稍做培训就可以上手。上系统之前我们可以做一个宣讲，给图书馆的教职工介绍一下功能。

馆长：好的。

IC 主任：那这次的访谈就到这里，回去后我们会针对您的需求开展进一步的讨论，有了后续的计划再向您汇报。

馆长：好的好的，非常期待。

通过这段访谈对话，可以了解到图书馆馆长对于该智能系统的一些期待以及管理上的需求。这些重要的信息需要整理出来，结合产品的技术能力评估是否能够完全满足，并制订出相应的部署计划。

请使用手机微信扫描二维码，获取"构建智能产品认知"任务实践步骤和练习题。

通过以上两个任务，可以体验到在为智能系统寻找新的应用场景时比较重要的两个环节：构建智能产品认知和寻找新应用场景。首先，通过产品的参数以及自我总结，获得对产品的认知。然后，根据对产品的认知，寻找目标场景。再经过严谨的计划安排，对目标对象实施访谈。最终找到真实的场景需求，配合对产品的认知就能确定该产品能否应用到新场景当中了。

学习单元 4 　 智能系统部署

李明老师携其团队，为无感考勤管理系统开拓了全新的应用场景，特别是在图书馆领域的应用上取得了显著突破。这一创新举措使得图书馆在身份验证、借阅管理、图书归还与续借、数据分析与个性化服务以及安全管理等多个核心环节上，都实现了全面智能化改造与升级，进而为图书馆管理团队带来了更为高效、便捷且安全的管理体验。

为了确保无感考勤管理系统能够在图书馆实际环境中顺利部署并发挥其最大效用，李明老师的团队决定进行周密的部署演练。他们计划将硬件与软件系统进行完整且精细的部署配置，并在模拟的真实场景中进行全面的迁移测试。这一系列举措旨在确保无感考勤管理系统在实际应用中能够达到预期效果，为图书馆的日常运营与管理带来实质性的提升与改善。

一、智能系统部署概述

智能系统的部署是一个非常广阔的概念，部署的具体内容因智能系统的复杂程度以及智能系统的具体应用的不同而差别很大。相较于传统的系统部署也有一些明显的区别。

智能系统的架构往往更为复杂，需要部署人员具备系统架构和集成方面的知识。智能系统通常需要高性能计算资源，部署人员需要了解相关硬件的安装、配置和优化。智能系统在部署时可能会依赖大量数据，部署人员需要掌握数据处理、存储和管理的方法，也需要理解机器学习算法和深度学习模型的工作原理以及训练和部署方法。智能系统在部署之后往往需要持续监控和调优，部署人员也要掌握相关的知识与技能。如果智能系统要与其他系统集成，部署人员还需要具备系统集成的相关知识。

总体来说，智能系统的部署需要的技术栈的广度和深度都有增加，且会格外关注与计算能力相关的内容。数据处理能力在部署时会比传统的系统要求更高，系统的持续集成与持续部署是一个非常有特色的环节。智能系统相关的技术迭代很快，新技术、新算法的更新，对部署人员持续学习的能力也提出了更高的要求。

二、智能系统部署的内容

在部署智能系统的时候，工作内容大概可以分为5个类别：硬件部署、软件部署、应用部署、数据集成以及安全监控。

1. 硬件部署

硬件部署包括很多种类，比如高性能计算硬件、传感器与执行器、存储设备、网络设备、接口与连接器、数据采集设备、嵌入式系统、电源与散热系统、安全设备、用户界面设备等。具体部署什么硬件需要随着应用场景与功能要求而变化。

2. 软件部署

软件的部署内容涵盖种类也非常多，比如操作系统的安装和配置，各类数据库管理系统的部署，消息队列、服务总线、缓存系统等中间件与集成工具的部署以及 AI 框架与库的部署，还会涉及数据采集与处理工具、模型训练与评估工具等辅助类工具。

3. 应用部署

应用部署可能会涉及模型的部署与配置，API 与服务的部署和配置，前端应用的部署。

4. 数据集成

数据集成可能会涉及数据库管理系统的部署，数据存储和检索机制的配置，大数据处理框架的部署等。

5. 安全监控

对于安全监控，可能会涉及监控工具的部署，防火墙的部署，日志管理系统的配置，性能监控和报警机制的配置等。

三、智能系统部署流程

对于智能系统的部署，每个系统都不尽相同，大致的部署流程如下。

1. 需求分析与规划

明确智能系统需要解决的问题，评估所需硬件、软件和数据资源等部署内容，并根据部署环境制订部署计划。

2. 数据准备与处理

对于部署需要数据的智能系统，要确定数据源并收集相关数据，对数据进行清洗和整理，以去除噪声和错误，并提取和构建有助于模型训练的特征。

3. 环境搭建

环境搭建涉及硬件设备的部署及软件环境的安装，并配置网络环境，确保系统组件之间的连接畅通。

4. 模型选择与训练

根据不同的需求选择适合的模型并对模型进行训练，调整超参数使模型实现性能最优。

5. 模型验证与测试

将训练好的模型用验证集进行性能评估，并持续调优，对模型用全新测试集进行测试，确保模型的泛化能力。

6. 模型部署

将训练好的模型转换、集成，并在应用环境中部署。

7. 监控与维护

部署后对智能系统进行实时监控，跟踪模型表现和资源使用情况。根据反馈和性能数据对模型进行迭代优化。

8. 编写文档与培训

在标准达标后，做好系统维护交接工作，编写操作和维护文档，为系统使用者和维护人员提供必要的培训和后续的技术支持。

四、部署技术的演变

随着智能系统的发展日趋成熟，其部署的技术也在逐渐更新。

在智能系统的最初阶段，其部署工作几乎完全依赖于手动部署。手动部署存在部署速度慢、容易出错、难以扩展等问题。

随着技术的发展，部署过程开始使用脚本自动化。通过编写 Shell、Python 等脚本来自动化部署任务、安装软件、配置网络等。这样虽然提高了部署速度并增强了一致性，但仍然需要人工编写和维护脚本。后续又出现了配置管理工具，使得部署过程更加自动化。

从 2013 年起，容器化与容器编排的技术开始兴起，将部署推向了一个更加自动化的阶段。docker 提供了更轻量级的隔离环境，提高了部署的速度和资源利用率，容器编排工具 kubernetes 的出现，使得容器的部署、扩展和管理更加自动化。配合持续集成/持续部署的技术，使得智能系统的快速迭代和持续交付成为可能。

无感考勤管理系统是一个较为成熟的单一功能智能系统，部署环节非常简单，经过李明老师的前期调研，发现重点实验室非常适合加装无感考勤管理系统，既可以管理进出的人员，还可以对人员的安全作业进行监督。在本实践环节中以实验室部署无感考勤管理系统为背景。对硬件部署和应用部署两项任务进行学习。

应用部署

应用部署的前提条件是软件环境已经完备,无感考勤管理系统的软件架构如图 8-18 所示。系统需要运行在配备有操作系统以及 JRE/JDK 环境的服务器上,并使用 Redis 作为缓存、MySQL 作为数据库。此外,还需利用 Maven、NGINX、Navicat 等工具进行管理。本任务默认这些软件环境已经部署完成。

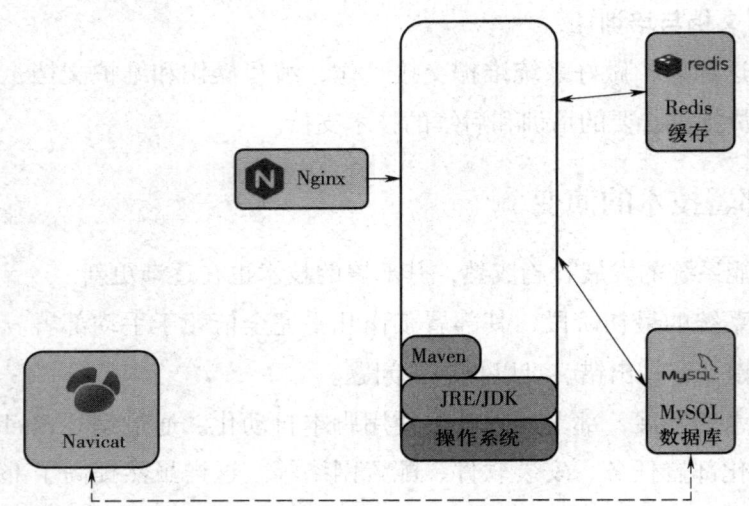

图 8-18 无感考勤管理系统软件架构

李明老师需要在理解软件架构图的基础上对软件进行部署,工作流程如图 8-19 所示。

图 8-19 应用部署流程图

步骤 1:创建数据库

(1)启动 MySQL 数据库。在命令行中输入 net start mysql,启动 MySQL 数据库。

(2)设置数据库登录的用户名为 root,密码为 root123456。

命令为 mysql –u root –p,然后输入 mysqladmin –u root –p password root123456,默认的 root 密码为空。

(3)运用 MySQL 可视化工具(如 Navicat),创建数据库 senseattend,设置编码为 utf8mb4,SQL 语句代码如下所示,也可以通过工具操作来创建数据库。

> DROP DATABASE IF EXISTS senseattend;
> CREATE SCHEMA 'senseattend' DEFAULT CHARACTER SET utf8mb4;

（4）导入 SQL 语句，SQL 语句存储在项目文件夹下的 db 目录中，SQL 文件为 init-mysql.sql 和 sa-plus.sql，如图 8-20 所示。

图 8-20　db 目录中的 SQL 文件

（5）将 init-mysql.sql 和 sa-plus.sql 导入，执行 SQL 语句，数据库 senseattend 下创建了 17 张表，如图 8-21 所示。

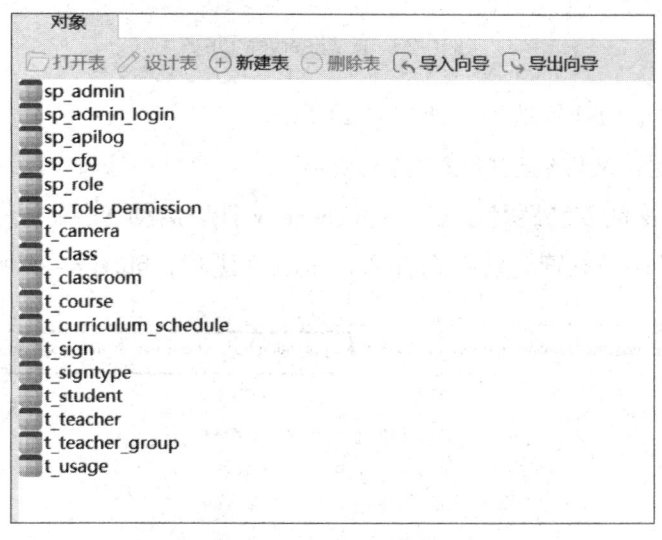

图 8-21　数据库中创建 17 张表

步骤 2：Nginx 服务器的配置

进入存放配置的文件夹 conf 中，如图 8-22 所示。

找到 nginx.conf 配置文件，找到 server（服务）节点，配置 listen 端口地址为 80、server-name 为服务器名称、localhost 中 root 配置为项目下的 sp-admin 路径，如图 8-23 所示。

图 8-22　Nginx 文件夹中的 conf 文件

图 8-23　配置 server 节点

其中 root 地址为项目地址，如图 8-24 所示。

nginx.conf 配置文件经过修改后进行保存。

定位到 Nginx 的安装路径，双击 nginx.exe 文件以启动 Nginx 服务器。

启动后可以在任务管理器中查看到 nginx.exe 进程，如图 8-25 所示。

图 8-24　项目地址

职业模块 8　智能系统运维

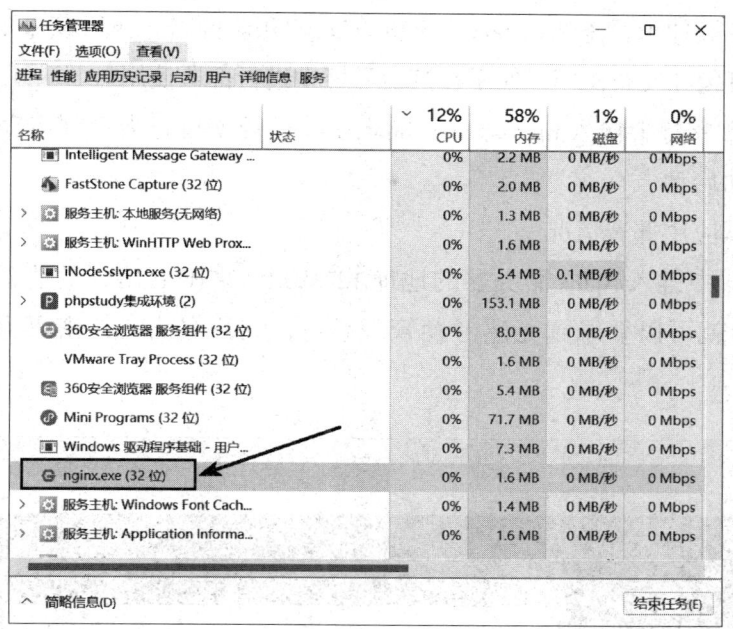

图 8-25　查看任务管理器中的 nginx.exe 进程

步骤 3：使用 Maven 构建运行环境

（1）进入到项目 applicationdevelopment-master_ma\Sa-plus-master\sp-server 的目录下，如图 8-26 所示。

图 8-26　进入项目目录

（2）在地址栏中输入 cmd 命令，打开命令行界面，输入 mvn compile 命令，Maven 项目会自动下载依赖 jar，为代码生成字节码文件等。

（3）在命令行中输入 mvn install 命令。

在 Maven 项目中执行 mvn install 命令，会将项目打包成 jar 并安装到本地仓库中，以便于在其他项目中通过 pom 依赖的方式使用。同时，执行该命令还会对项目进行编译、打包和发布操作，便于在其他环境中进行部署使用。

（4）在命令行中输入 mvn spring-boot：run 运行项目，当看到启动成功字样后说明项目成功启动。

（5）测试应用部署情况

在浏览器中键入 Nginx 服务器的地址 127.0.0.1，在随后出现的消息弹窗中单击"确认"按钮就可以登录到无感考勤管理系统，用户名为 sa，密码为 123456，如图 8-27 所示。

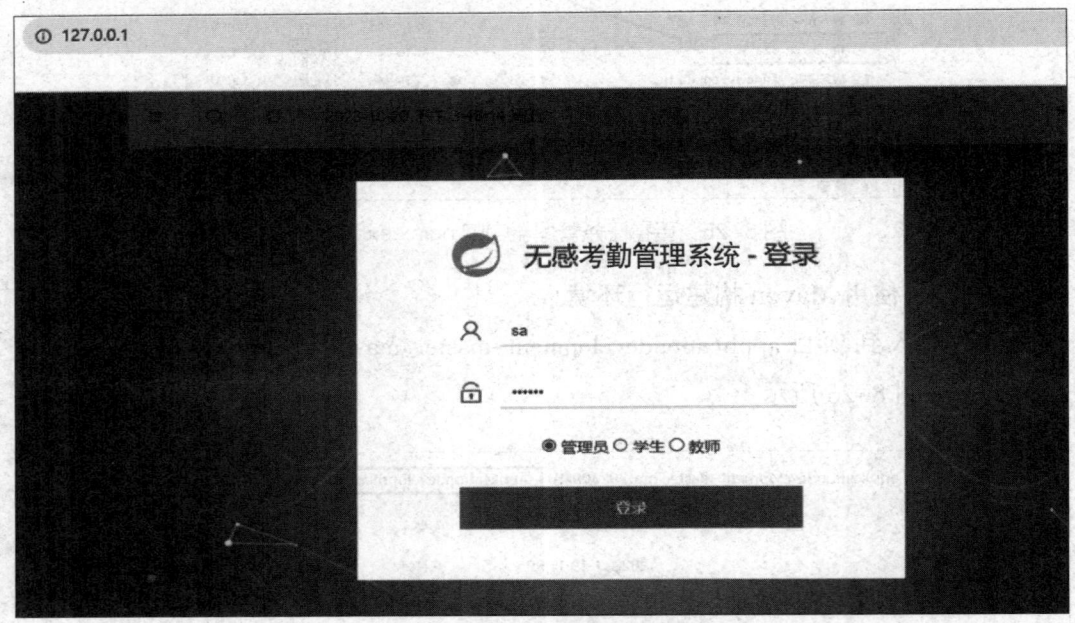

图 8-27　登录无感考勤管理系统

登录到无感考勤管理系统后，项目部署阶段性完成。

请使用手机微信扫描二维码，获取"硬件部署"任务实践步骤和练习题。

通过以上两个实践，完成了系统硬件以及应用的部署。

培训课程 2　智能系统优化

在本培训课程模块中，将深入学习智能系统优化领域的两个核心单元：智能系统数据分析以及智能系统单一功能优化需求提出。

为了增强学习的实践性和针对性，本课程将以学校的无感考勤管理系统作为具体的优化对象。同时，引入先进的数据可视化软件作为强大的分析工具，帮助学员从智能系统运维的独特视角，深入剖析和理解数据，提出针对智能系统的优化需求。

学习单元1　智能系统数据分析

作为学校智能系统运维的负责人，李明老师不仅承担着日常的智能系统运维重任，还肩负着根据智能系统的实际使用情况对其进行持续优化与升级的使命。近期，随着无感考勤管理系统的广泛应用，系统产生了海量运行数据。这些数据蕴含着丰富的信息价值，亟待运维团队进行深入分析，以期挖掘出对系统优化有益的关键信息。

李明老师深知此项工作的挑战性，它要求运维团队不仅要掌握数据分析的基本方法，还需熟悉并熟练运用各类数据分析工具。具体而言，这包括但不限于对字符串数据的精准拆解、利用可视化工具直观展现数据分析结果以及最终撰写出详尽且具有指导意义的分析报告。李明老师期望通过这一系列严谨而细致的工作，充分挖掘数据潜力，为智能系统的持续优化提供有力支持。

一、数据拆解方法与目的

在智能系统的运维过程中,数据拆解是一项至关重要的技能。智能系统产生的数据繁多且复杂,要想从中提取出有价值的信息以改进系统,就需要进行精准且高效的数据分析。而在进行数据分析之前,就需要从数据中拆解出所需要的数据。

1. 字符串数据的拆解

一些智能系统导出的数据以字符串形式存在,这些字符串中蕴含着丰富的特征信息。这些特征信息之间通常通过特定的符号进行分隔,如下划线、空格、逗号等。为了有效分析这些数据,首先需要对其进行拆解。

假设一个智能系统导出了一串数据:"2023-04-01_12:00:00_20 ℃ _50%"。这串数据包含了日期、时间、温度和湿度4个特征,以字符串的形式存在,想要对其中的数个特征进行数据分析,是无法直接完成的,这时就需要将该字符串数据进行拆解,将其拆解成列表或其他格式,再进行特定的提取才能实现数据分析。拆解后的数据以列表格式存在,如('2023-04-01','12:00:00','20 ℃','50%'),也可以输出成如表 8-1 所示的 Excel 格式的数据。

表 8-1 Excel 格式的数据

2023-04-01	12:00:00	20 ℃	50%

2. 表格数据的拆解

与字符串数据相比,表格数据的结构更为清晰,但在实际分析中,往往需要处理多个相关联的表格。这时,不同表格间的特征数据可能需要交叉使用,因此,拆解表格数据,将各个特征独立出来,是提高分析效率的关键。

设想一个智能系统导出了两张表格,一张记录了用户的基本信息(用户 ID、姓名、年龄),另一张记录了用户的活动数据(用户 ID、活动日期、活动类型)。在分析用户活动偏好时,需要将两张表格通过"用户 ID"这一共同特征进行关联,然后拆解出有价值的特征数据,如年龄和活动类型,这样就可以支撑后续的分析。

数据拆解不仅仅是数据分析的预处理步骤，它还能帮助人们更好地理解数据的内在结构，从而发现数据之间的潜在联系。掌握数据拆解的技巧，能够有效提升人们对智能系统的分析能力，进而为智能系统的优化提供有力的数据支持。

二、数据分析的意图分类

数据分析是指用统计分析的方法对智能系统的数据进行分析，将它们加以汇总和整理，以求最大化地开发数据的潜力。数据分析的目的是把隐藏在看似杂乱无章的数据中的信息提炼出来，从而找出其内在规律。数据分析可以帮助人们对智能系统的运行状况做出预判，以保证智能系统的稳定运行。

数据分析有如下几种方法。

1. 描述性分析

描述性分析是最基础最常见的一种分析，这种分析简单易懂，可以快速获得数据的概览，当需要了解数据的基本特征和分布情况时可以使用。分析数据的中心趋势（如均值、中位数）、离散程度（如方差、标准差）、分布形状（如偏度、峰度）等都属于描述性分析。比如在智慧交通系统中，通过描述性分析可以分析车流量的日常变化。

2. 探索性分析

探索性分析顾名思义是在对数据形成初步了解后，需要进一步探索数据之间的关系和模式时进行的分析。这种分析可以通过可视化和统计方法帮助发现数据中的结构和规律，为进一步的分析提供方向。比如，数据变量之间的相关性、异常值以及潜在的数据分组等更深层次的信息，可能通过简单的描述性分析难以全面捕捉，这时就需要用到探索性分析方法来进行尝试。比如在智慧城市管理中，可以通过探索性分析，分析城市交通流量、污染分布等，为城市管理找到新的方向。

3. 预测性分析

当智能系统积累了一定量的历史数据的时候，用户可以对这些数据进行预测性分析来预测未来事件或趋势。时间序列预测、分类和回归问题的预测等都属于预测性分析。这些分析可以帮助决策者进行前瞻性决策，减少不确定性。比如在智能电网中，预测性分析可以用来预测未来的电力需求。

4. 诊断性分析

当需要理解数据背后的原因和因素时，需要进行诊断性分析。这种分析可以获取影响结果的关键因素、因果关系、异常数据的成因等。这种分析可以帮助人们找到问题的根源，为解决问题提供依据。比如在智能制造系统中，可以通过诊断性分析来找出生产线上的瓶颈问题。

三、数据分析的常用工具

在日常的智能系统运维中，最常用到的就是 Excel 软件，这种软件用户界面友好，易于上手，对于小规模数据集的初步分析和可视化图表制作非常合适。

市面上还有很多专门用来做数据分析的软件，比如 QBI、FineBI，都是在数据可视化方面具有良好效果的工具，还有 SAS 可用于数据管理和高级分析，SPSS 可用于社会科学领域统计分析等。

通过编程也可以对数据进行分析，Python 就是一种被广泛使用的语言，它有强大的数据分析库，如 Pandas、NumPy、SciPy、Matplotlib 和 Seaborn 等。它的语法简洁，易于学习，非常适合数据处理和复杂的数据分析任务。还可使用专门为统计分析和图形表示而设计的编程语言，如 R 语言。

四、数据分析报告的编写

进行数据分析之后，需要输出分析报告。在编写报告之前一定要明确编写分析报告的目的和目标读者。编写报告是为了指导决策，还是展示成果，又或是提出改进建议，其撰写的角度会有所差别。目标读者是管理层，还是技术团队，又或者是用户，这些都会影响编写报告的语气、深度和技术细节的程度。

通常一个标准的报告会包括以下几个部分。

1. 标题：需要一个简洁明了，能够反映报告主要内容的标题。
2. 摘要：概述报告的目的、主要发现、结论和建议，帮助读者快速把握报告内容。
3. 目录：如果报告较长，则需要提供目录以便快速导航。
4. 引言：介绍背景信息、智能系统的概述以及数据分析的目的。
5. 方法：描述数据收集和分析所使用的方法、工具和技术。
6. 数据分析：展示数据分析的结果，用图表、图形和表格来辅助说明以便于读者理解。
7. 数据解读：对数据分析结果进行解读，比如趋势、模式或者存在的任何异常情况。

8. 结论：对分析进行概括，提出明确的结论。
9. 建议：基于分析结果提出改进建议或下一步行动建议。
10. 附录：包含原始数据、详细的方法论、计算过程或额外的图表等。
11. 参考文献：列出报告中引用的文献。

不同的报告会根据其目的和读者需求进行定制化与简化。但无论形式如何，一个好报告的标准是统一的。

报告的根基就是数据，所以数据要保证准确。可视化的图表和图形要清晰地展示。报告是基于事实和数据的分析，而不是个人意见，语气要保持客观。语言要简洁明了，避免使用不必要的术语。整体逻辑要连贯，线索要清晰，这样更有说服力。最后，根据结论提出的建议应该是可行的、实用的，避免不切实际的空想。

数据分析与可视化

对于导出的 .xls 格式数据，除了在办公软件里直接出图外，还可以使用 FineBI、QBI 等数据分析工具，这类工具相比办公软件在数据可视化领域更有优势。

李明老师将使用 FineBI 分析工具来完成本任务，具体工作流程如图 8-28 所示。

图 8-28　数据分析流程图

步骤 1：学会数据分析工具的基础操作

（1）创建分析主题

工具的本地模块加载完成后会自动打开网页版，在使用工具进行数据分析时，首先在左侧"我的分析"中选择"新建分析主题"，单击"重命名"按钮，将其命名为"学生数据分析"，如图 8-29 所示。

（2）录入数据

在"学生数据分析"上单击鼠标右键，选择"编辑"，进行数据选择，选择"本地 Excel 文件"，如图 8-30 所示。

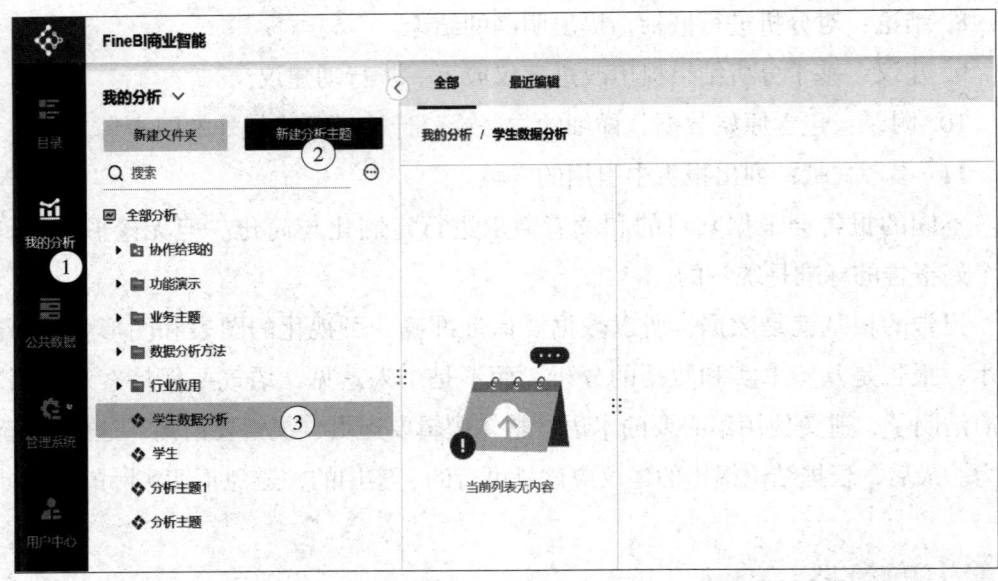

图 8-29　创建分析主题

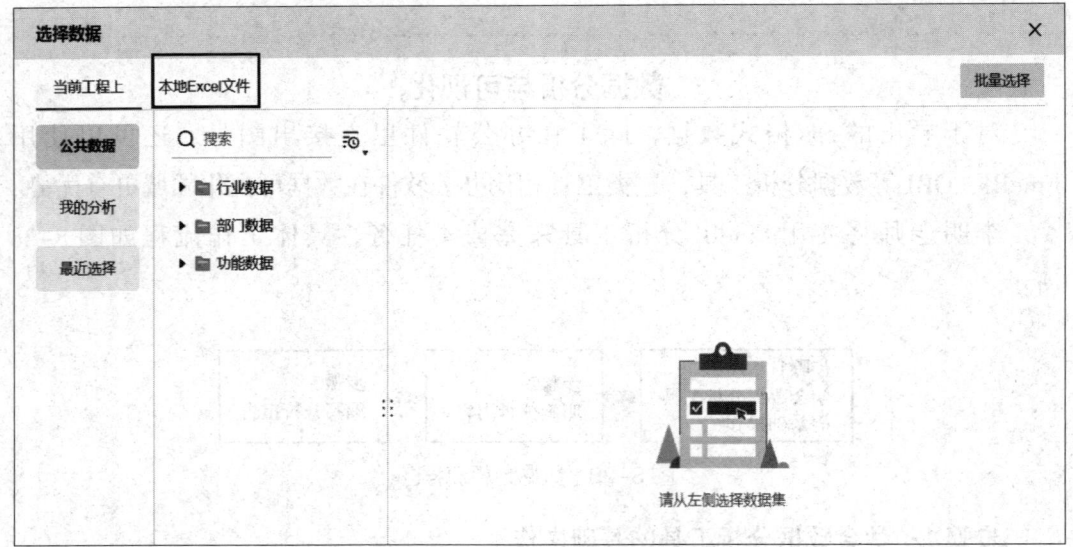

图 8-30　选择本地 Excel 文件数据

选择本地 Excel 文件（图中为 XLSX 工作表），如图 8-31 所示，将存有学生信息的 Excel 文件进行上传，单击"确认"按钮，这样数据就上传成功了，然后单击"全部保存"，如图 8-32 所示。

（3）数据可视化

单击页面左下方进入组件，将左边表中自选区域拖到右边区域，选择图表类型，即可生成可视化图表，如图 8-33 所示。

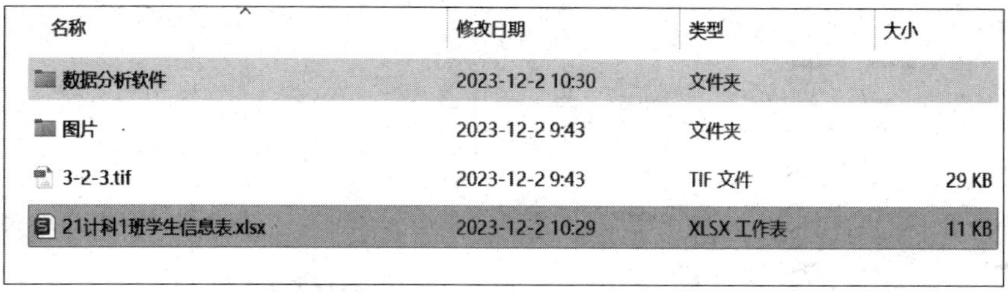

图 8-31 选择存有学生信息的 Excel 文件

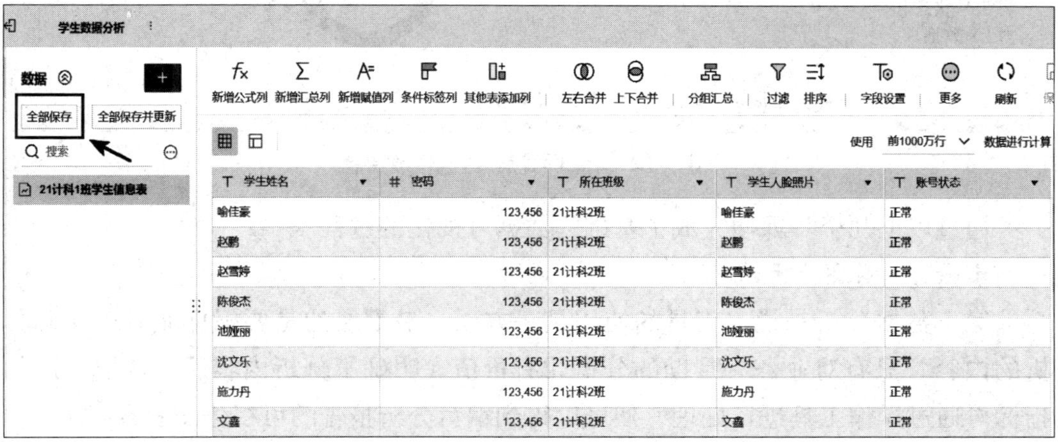

图 8-32 全部保存数据

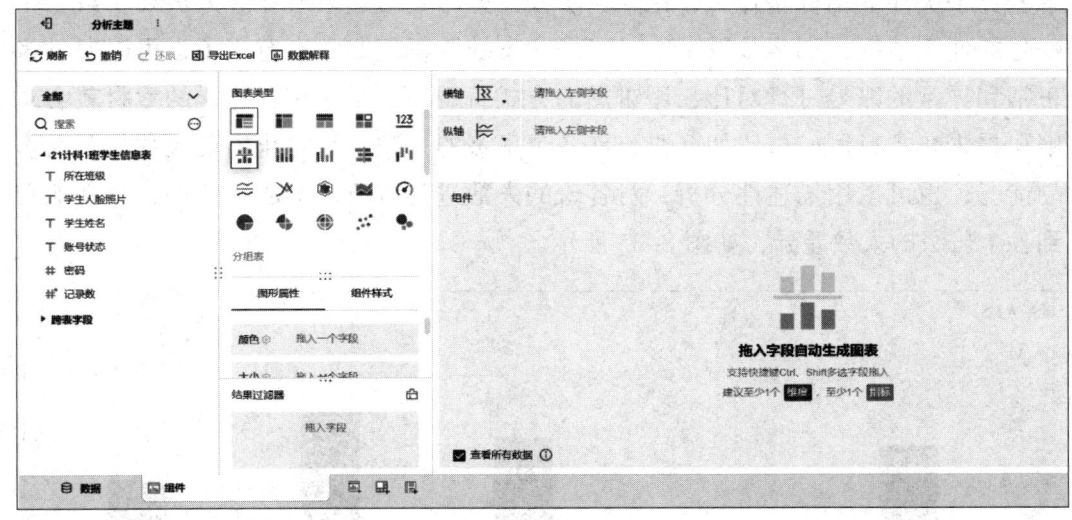

图 8-33 组件界面

还可以单击"新增组件"完成更多数据可视化工作，取名为"账号状态"。将"账号状态"和"记录数"拖入图表区域，选择饼图，即可生成账号状态的饼图，如图 8-34 所示。

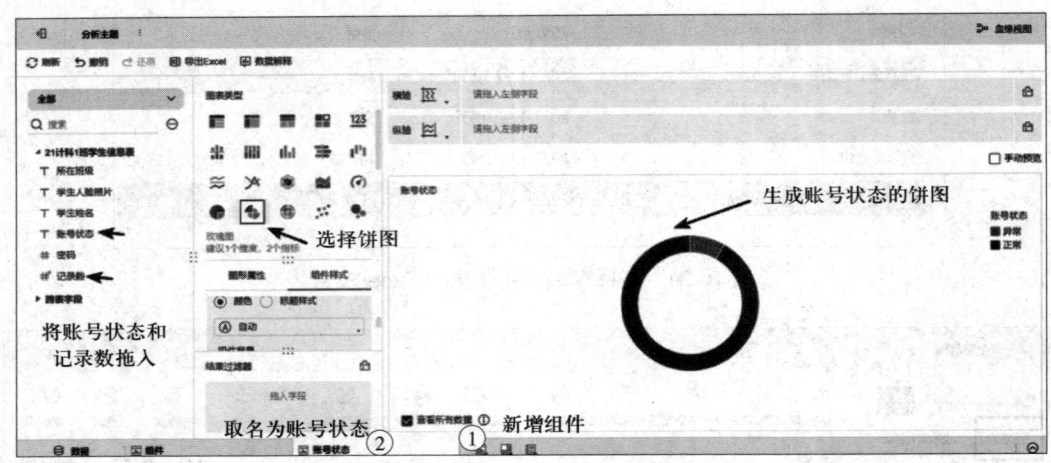

图 8-34　将账号状态数据生成饼图

通过以上几个步骤便完成了基础的数据可视化的过程。

步骤 2：明确分析内容

对于数据分析来说，工具的使用是一方面，最重要的是要根据业务来明确分析的内容，只有对业务有帮助的分析才有价值。明确了分析内容后，选取不同的指标再通过操作工具进行处理，便可以得到编写分析报告的可视化图表素材了。

在数据分析中描述性分析是最基础的，想要明确描述性分析的内容就需要了解业务中关注的指标是什么，比如，学校无感考勤管理系统业务人员要了解学生账号的使用情况，那么步骤 1 中对账号状态的分析就非常有意义了，可以通过将正常和异常的账号进行对比，用饼图的方式直观地展示出来，这样的素材就会对编写报告非常有用。再比如，要统计各个班级的人数，为防止出现人数相差太多的情况，也可以用描述性分析，对各班的人数进行分析，形成柱状图，直观地看到各个班级的人数差异，如图 8-35 所示。

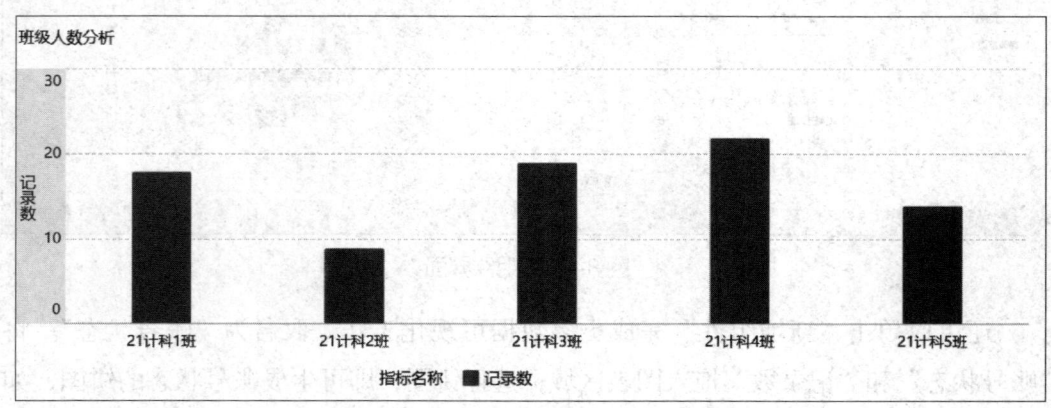

图 8-35　各班人数柱状图

对于其他类型的分析也是如此，比如进行探索性分析就要考虑探索哪些内容对业务有帮助，如业务着重于提高出勤率，在进行数据分析时就可以探索出勤率与哪些因素有关，如图 8-36 所示，用聚合气泡图来展示出勤率与每星期中日期的关系。从图中可以比较明显地看出，星期一的出勤率是最低的。

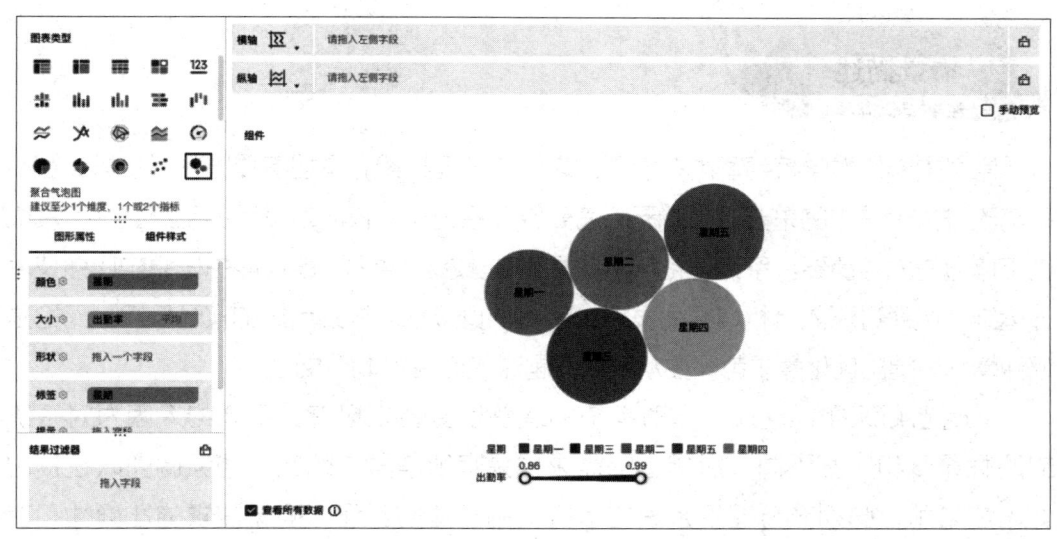

图 8-36　出勤率聚合气泡图

步骤 3：编写分析报告

当有了这些可视化的分析图之后，就需要有条理地对素材进行组织。可按照本单元数据分析报告的编写框架，起一个简洁明了的标题，分析报告中的重要内容并编写摘要，将分析报告的编写背景和分析方法交代清楚后，展示可视化数据并进行解读，最后输出结论并给出相应的建议，若有必要可在文后附上原始数据以及参考文献等内容。

请使用手机微信扫描二维码，获取"Python 数据拆解"任务实践步骤和练习题，可学习如何将字符串数据拆解。

通过以上两个任务，完成了对字符串数据的数据拆解，也完成了对列表数据的分析与可视化。在实践中可以体会到，数据分析关乎最终的导向，只有对业务真正有帮助的分析才是有效的分析。对于数据分析，既要学习工具和技术，更要提升对业务的认知水平。

学习单元2 智能系统单一功能优化需求提出

信息中心作为学校与智能系统厂家之间的关键桥梁,承担着提出并对接各类智能系统改进优化需求的重要职责。无感考勤管理系统作为校内最常用的系统之一,其优化工作显得尤为重要。系统优化需求的提出源于多种情况,既可能由信息中心懂技术的运维人员通过深入分析数据而发现,也可能直接来自终端用户的实际反馈。无论是哪种情况,提出优化需求都需要从表象问题深入挖掘到本质原因。

李明老师深知,这项工作对系统的理解程度要求极高。不同的人因为对系统的理解深度和广度不同,所提出的需求也会有所差异。因此,他强调团队在提出优化需求前,必须充分理解系统的运行机制和业务流程,确保需求的准确性和有效性。

在此基础上,李明老师的团队计划在深入了解智能系统优化需求相关知识后,依据数据分析的结果,系统地梳理出具体的优化需求。他们将结合实际情况,撰写出最终的系统优化提案,旨在通过精准的需求对接和有效的优化措施,不断提升无感考勤管理系统的性能和用户体验。

一、常见智能系统优化内容

针对智能系统提出优化需求是个比较难的工作,不同的人对同一个智能系统会提出差异很大的优化需求,很可能得到不同的内容。对于智能系统来说,人工智能训练师通常可以从以下几个方向来进行思考。

1. 性能优化

思考智能系统是否需要提高运行效率,比如减少延迟,提升处理速度等,或通过升级硬件、优化算法或者改进数据处理流程来减少响应时间。

2. 功能优化

思考智能系统的现有功能是否需要增强，以使智能系统更加符合用户需求。功能优化可以通过添加新功能、改进现有功能或者删除某些不必要的功能达成。例如，通过分析发现，智能家居系统的用户通常处在多任务环境下，可考虑添加语音控制功能增强用户的体验。

3. 可用性优化

关注并思考智能系统的操作界面是否需要提高系统的易用性和易访问性，确保用户能够无障碍地使用系统。例如，改进用户界面设计，使其更直观易懂。

4. 可靠性优化

关注系统有没有出现过稳定性或可靠性差的问题，像死机、报错、无法访问等都属于该类问题。例如，通过增加冗余系统或改进错误处理机制来提高系统的容错能力。

5. 安全性优化

安全对于智能系统来说是一个非常重要的方面，要时刻关注智能系统有没有提升安全性的需求，这可以保护系统免受外部攻击并防止内部数据泄露。例如，加强对数据的保护措施。

6. 可扩展性优化

将眼光放长远，思考智能系统在未来用户数量增加、数据量增长等情况下是否还能适用。例如，设计模块化的系统架构以便于扩展。

二、提升自身敏感度的方法

对于提出优化需求来说，只有优化需求的思考框架是不够的，人工智能训练师还需要提升自身的能力与敏感度。以下有几条建议。

1. 提升数据分析能力

人工智能训练师应不断学习数据分析的相关知识，练习数据分析的操作技能，这有助于积累大量分析案例，明确哪些数据可以分析出哪些内容，也有助于将注意力集中在分析本身，不被分析操作干扰。另外，较强的数据分析能力也有助于从数据中提取更有价值的信息。

2. 加深对系统的理解

在日常的操作中，要不拘泥于表面的操作，更要深入理解智能系统的工作原理、架构和技术栈。若面对每一步操作时都能想到背后的原理，就可以更准确地识别系统的瓶颈和改进点。

3. 用户洞察

要关注用户的需求和行为。这可以通过用户调研、反馈收集和用户行为分析来实现。了解用户有助于提出更符合用户需求的优化建议。

4. 行业知识

平时要多关注行业动态和技术发展趋势，多积累业内的前沿知识，这有助于提出创新的优化建议，保持系统的竞争力。

5. 沟通协作

好的优化建议往往需要团队合作来实现，因此人工智能训练师需要提高自身的沟通和协作能力，与团队成员、用户和其他相关人员保持良好的沟通，共同探讨和评估优化需求。

三、如何提出智能系统功能优化需求

当分析出问题时，应该怎样提出需求呢？首先，在撰写优化需求时，应使用清晰的语言和结构，避免使用过于技术性或模糊的术语。其次，需求提出要清晰、具体、可行，要让看到优化需求的相关部门和领导充分了解需求的背景、目的、预期效果和实施要求等内容。具体要素见表8-2。

表8-2 优化需求文本要素

序号	要素	内容
1	需求背景	描述当前功能的状态和存在的问题，说明为什么需要进行优化，需求背景可能是性能问题、用户体验不佳、安全隐患、技术债务等
2	需求目标	明确优化的目的，比如提高效率、增强稳定性、改善用户体验等，定义优化成功的标准和衡量指标
3	功能描述	详细描述当前功能的工作原理和使用场景，指出具体哪部分功能需要优化
4	优化建议	提出具体的优化方案或建议，如果可能，提供多个方案供选择，并分析各方案的优缺点
5	影响分析	评估优化可能带来的影响，包括对其他系统功能的影响、对用户的影响等，分析优化实施的风险和潜在问题
6	资源需求	估计优化所需的资源，包括人力、时间、成本等，如果需要额外资源，则应说明理由和来源

续表

序号	要素	内容
7	实施计划	提出优化的实施步骤和时间表,包括测试计划和上线计划
8	验收标准	定义优化完成后的验收流程和标准,确保优化效果能够被量化和验证

根据数据分析结论提出优化需求

李明老师需要根据数据分析结论向相关人员提出优化需求,具体工作流程如图 8-37 所示。

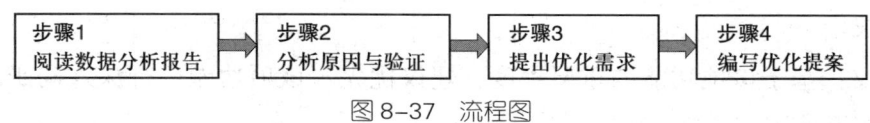

图 8-37 流程图

步骤 1:阅读数据分析报告

李明老师拿到数据分析报告后看到了以下内容。

数据显示,无感签到管理系统中签到记录表的点击率为 75%,课程编排表的点击率为 30%,如图 8-38 所示。

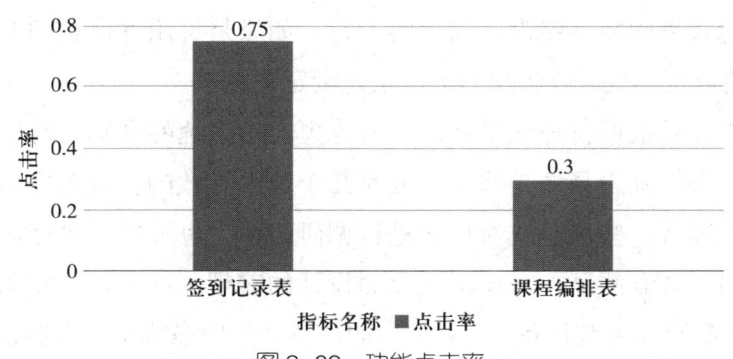

图 8-38 功能点击率

而用户查看签到记录表的平均时长为 10 分钟,查看课程编排表的平均时长为 5 分钟,如图 8-39 所示。

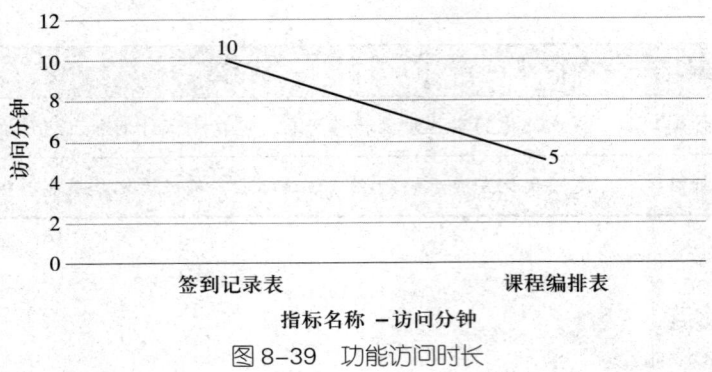

图 8-39 功能访问时长

数据解读如下。

通常情况下,点击率高说明用户对于该项功能有较高的需求或兴趣。而访问时长长可能意味着该功能提供了丰富的信息,或者在使用时遇到了某些困难。访问签到记录表的功能为查看学生签到情况,并对签到情况进行导出,操作内容比其他功能少,因此推断,访问签到记录表的内容有不合理的情况,导致用户停留时间较长。

建议:基于该项功能的重要程度,建议优先对该项功能进行深入调研,及时优化,提升使用满意度。

步骤 2:分析原因与验证

根据分析报告的内容,在分析原因时可以根据常见优化内容的分类依次思考,个人思考不明白的时候可以组织小组进行讨论。

已知查看签到记录表功能的内容存在不合理因素导致用户停留时间延长,如果是性能优化问题,有可能是签到记录表加载时间长;如果是功能优化问题,有可能是签到记录表内容有错误,与事实不符;如果是可用性优化问题,有可能是签到记录表的设置不良,导致用户无法快速浏览。

以上这些都是根据自身或团队的分析能力、对系统的理解、对用户的洞察所进行的假设,为了确定具体是哪一个或哪几个原因导致的,就需要做进一步的验证。可以自行进行一些试验或对用户进行调研访谈,也可以对界面做一些改动后进行一段时间的 A/B 测试,对比不同界面设计的表现。甚至如果有条件,可以借助一些工具(如眼动追踪设备),对用户的注意力集中在哪里,哪些信息被忽略等进行深度分析。

这样,就会形成一系列的假设与验证的队列。依次进行排除就可以找到真正的原因。

请想想还有哪些假设，能通过什么方法来验证。

步骤3：提出优化需求

发现问题后就要想办法解决问题，而解决问题的思路就是优化需求。每个人对系统的理解深度不同，对行业知识的掌握程度不同，很可能产生不同层面的解决思路，也就会出现不同的优化需求。可以将发现的问题在问题转化需求表中转化成对应的优化需求，见表8-3。

表8-3　问题转化需求表

发现问题	
优化需求	

假设现在要解决重复考勤的问题，引起这一问题会有很多种可能，如识别误差、网络延迟导致签到数据重复发送、软件逻辑缺陷导致无法正确处理人员徘徊的情况等。这些可能都要逐一排查。对于人工智能训练师来说，知识掌握得越多，能够想到的可能性就越全面，最终提出优化需求的质量就越高。

对照这些可能，需要做一些排查工作，比如检查摄像头的状态，检查网络稳定性，模拟测试快速通过与徘徊场景下的签到情况。不同的问题原因就会产生不同的优化需求，见表8-4。

表8-4　重复考勤数据问题转化为优化需求

发现问题	考勤数据中有重复考勤数据
优化需求	可能性1：升级摄像头硬件或优化识别算法 可能性2：添加提醒，引导签到人员快速通过签到区域以避免重复签到 可能性3：调整软件处理逻辑，同一人员在5分钟内重复签到不予记录 可能性4：优化数据处理流程，减少数据传输和处理的延迟

步骤4：编写优化提案

有了优化需求后，就可以按照一定的格式编写优化需求，以便让相关人员全面地了解情况。以添加语音提醒功能为例，就可以写成以下形式。

需求名称：添加语音提醒功能。

需求背景：在使用无感考勤管理系统时，发现学生在签到后徘徊于签到区域导致重复签到的问题。这不仅影响了考勤数据的准确性，也增加了系统的无效负荷。

需求目标：通过添加语音提醒功能，提醒学生在签到后快速通过签到区域，以减少或避免重复签到的情况发生。

功能描述：在学生完成签到后，系统将自动触发语音提醒功能，播放"签到成功，请快速通过"等提示语，引导学生迅速离开签到区域。

优化建议如下。

（1）设计简短明了的语音提示，确保学生能够迅速理解并作出反应。

（2）考虑到不同时间段的噪声水平，语音提醒的音量应可调，以确保清晰可闻。

（3）语音提醒应具备一定的抗干扰能力，避免在嘈杂环境下失效。

影响分析如下。

（1）此功能的实施将显著减少重复签到的情况，提高考勤数据的准确性。

（2）语音提醒可能会对教室附近的教学活动造成短暂干扰，需合理安排使用时间。

至此，一个起点为数据分析的智能系统功能优化需求就形成了。

请使用手机微信扫描二维码，获取"根据用户反馈提出优化需求"任务实践步骤和练习题。

通过两个任务，我们学习了如何提出优化需求，优化需求都可以涉及哪些方面，认识到数据分析能力、对系统的理解程度、对用户的洞察都直接影响着优化需求的提出，而人工智能训练师具备的行业的相关知识以及过程中的沟通情况，也都在影响着最终的智能系统优化走向。